中等职业学校教育创新规划教材
新型职业农民中职教育规划教材

动物营养与饲料

刘国芹　吴桂香　主编

中国农业大学出版社
·北京·

内 容 简 介

通过对饲料原料的选择、鉴别、配制、储备再到饲喂等环节的操作实施，让学者系统掌握动物的营养特点和饲料配制技术。整本教材本着“知识够用，边学边做”的原则，以实践操作为主题，以知识链接为补充，突出了实践技能。教材的内容避免了概念连篇，将大量的现代畜牧业设施和养殖方法以图文并茂、通俗易懂的形式展现给读者，符合中等职业学校教育及新型职业农民培训的特点和要求，为广大中职学生、养殖专业户、农业社会化服务人员以及农村基础干部等提供学习参考。

图书在版编目(CIP)数据

动物营养与饲料/刘国芹，吴桂香主编. —北京：中国农业大学出版社，2015.10
ISBN 978-7-5655-1412-8

Ⅰ.①动… Ⅱ.①刘…②吴… Ⅲ.①动物营养-营养学②动物-饲料 Ⅳ.①S816

中国版本图书馆 CIP 数据核字(2015)第 236689 号

书　名 动物营养与饲料
作　者 刘国芹　吴桂香　主编

策划编辑	张　蕊　张　玉	**责任编辑**	张　蕊
封面设计	郑　川	**责任校对**	王晓凤
出版发行	中国农业大学出版社		
社　址	北京市海淀区圆明园西路 2 号	**邮政编码**	100193
电　话	发行部 010-62818525，8625		读者服务部 010-62732336
	编辑部 010-62732617，2618		出　版　部 010-62733440
网　址	http://www.cau.edu.cn/caup	**e-mail**	cbsszs @ cau.edu.cn
经　销	新华书店		
印　刷	北京时代华都印刷有限公司		
版　次	2015 年 10 月第 1 版　2019 年 11 月第 2 次印刷		
规　格	787×980　16 开本　16.5 印张　304 千字		
定　价	45.00 元		

中等职业学校教育及新型职业农民中职教育教材编审委员会名单

编审人员

主　编　刘国芹　邯郸市农业学校高级讲师
　　　　吴桂香　武汉市农业学校高级讲师

副主编　李同新　南阳农业职业学院高级讲师
　　　　杨菲菲　武汉市农业学校高级讲师

参　编　马　卓　南阳农业职业学院讲师
　　　　朱运杰　北京阳和春动物营养有限公司畜牧师
　　　　辛潇静　邯郸市农业学校讲师

主　审　李玉冰　寇建平　陈肖安

编写说明

积极开展与创新中等职业学校教育和新型职业农民中职教育，提高现代农业与社会主义新农村建设一线中等技术“应用型”人才及新型职业农民的综合素质、专业能力，是发展现代农业和建设社会主义新农村的重要举措。为贯彻落实中央的战略部署，提升中等“应用型”人才及新型职业农民的培养质量，同时也为各地培育中等技术“应用型”人才及新型职业农民中职教育提供基础保障，特根据《教育部关于“十二五”职业教育教材建设的若干意见》《中等职业学校新型职业农民培养方案》和《中等职业学校专业教学标准（试行）》等文件精神，紧紧围绕培养中等技术应用型人才，培养生产、服务、管理第一线需要的人才，并遵循中等职业学校教育与新型职业农民中职教育的基本特点和规律，编写了《动物营养与饲料》中职教育教材。

《动物营养与饲料》是养殖专业类核心课教材之一。本教材构思新颖，内容丰富，结构合理，定位于中等职业教育，紧扣岗位要求，以行动导向的教学模式为依据，以学习性工作任务实施为主线，以学生为主体，通过学习性工作任务中教、学、做、说（写）合一来组织教学，物化了本门课程历年来相关职业院校教育教学改革中所取得的成果，并统筹兼顾中等职业学校教育及新型职业农民中职教育的学习特点。

本教材根据项目驱动式教学的需要，以引导学生主动学习为目的，进行体例架构设计，以适应中等职业学校教育和新型职业农民中职教育创新和改革的需要。教材以畜禽生产中的饲料制作技术为主线，从饲料原料的选择、鉴别开始，经过饲料的加工、配制再到饲料的正确使用，系统阐明了饲料生产的各个环节。教材编写时，始终本着“以实践操作为主题，以知识链接为补充”的精神，充分体现“产学结合”、在“做中学”的职业教育特点，引入了畜牧业标准化养殖的新要求、新技术，也与养殖业的岗位技能相接应，体现了现代畜牧业的新特点、新要求。同时，在各任务的实施中，也注重了培养学生具有诚实、守信、肯干、敬业、善于与人沟通和合作的职业品质以及具有分析问题和解决问题的能力。教材中积极融进新知识、新观念、新方法，也融入国家最新的相关专业政策，呈现课程的职业性、实用性和开放性。

本教材内容深入浅出、通俗易懂，具有很强的针对性和实用性，是中等农业职业教育及新型职业农民中职教育的专用教材，也可作为现代青年农场主的培育教材，还可为养殖者、饲料生产者提供参考，及相关技术及管理人员培训的教材和参考用书。

本教材由河北省邯郸市农业学校刘国芹和武汉市农业学校吴桂香担任主编，由南阳农业职业学院的李同新、马卓，邯郸市农业学校的辛潇静，武汉市农业学校的杨菲菲以及北京阳和春动物营养有限公司的朱运杰畜牧师共同参与编写。北京农业职业学院的李玉冰老师、农业部科技教育司寇建平处长和原农民教育培训中心陈肖安同志对教材进行了主审，另外，教材编写过程中也得到邯郸市磁县农牧局马文斌同志的大力支持，在此一并表示感谢。

由于编者水平有限，加之时间仓促，教材中存在着不同程度的错误和不妥之处，衷心希望广大读者及时发现并指正，更希望广大读者对教材编写质量提出宝贵意见，以便修订和完善，进一步提高教材质量。

编　者

2015 年 5 月

目　录

模块一　动物的营养与饲料原料的选择

模块二 动物饲料的配方设计与生产

模块三　饲料的质量检验与常规分析

附　录

模块一　动物的营养与饲料原料的选择

项目一　动物生产中水的营养与供给

项目二　蛋白质营养与饲料选择

项目三　碳水化合物营养与饲料选择

项目四　脂类的营养与利用

项目五　矿物质营养与饲料选择

项目六　维生素饲料营养与补充

项目七　饲料添加剂原料的选择

【导读】

岗位任务：通过学习掌握动物的基本营养需求，并能根据营养需求选择合适的饲料原料，为畜禽生产提供营养保障。

岗位目标：掌握水、碳水化合物、蛋白质、脂类、矿物质、维生素的营养作用，缺乏时临床表现。能从营养学角度对饲料原料进行分类，能根据动物营养需求选择饲料原料。重点：饲料原料与营养的关系。难点：各种营养物质的利用及缺乏判断。

能力素质要求：把难以理解的营养需求与易感易知的饲料原料建立对应关系，学以致用，根据生产需要，善于找出问题、学会分析问题、解决问题。

项目一　动物生产中水的营养与供给

任务一　鸡生产中水的营养与供给

【学习目标】

掌握散养及规模化饲养的蛋鸡、肉鸡生产中水的供给方式、供水量及水缺乏的表现。

【操作与实施】

一、鸡场的饮水设备

在鸡的养殖过程中，饮水设备直接影响到鸡的生产性能和健康状况。因此，采用哪种饮水器要根据鸡的大小和饲养方式，以及养殖户自身的经济条件而定。

鸡场的饮水设备分为：槽式饮水器、杯式饮水器、吊塔式饮水器（图 1-1）、真空式饮水器（图 1-2）和乳头式饮水器（图 1-3，图 1-4）。

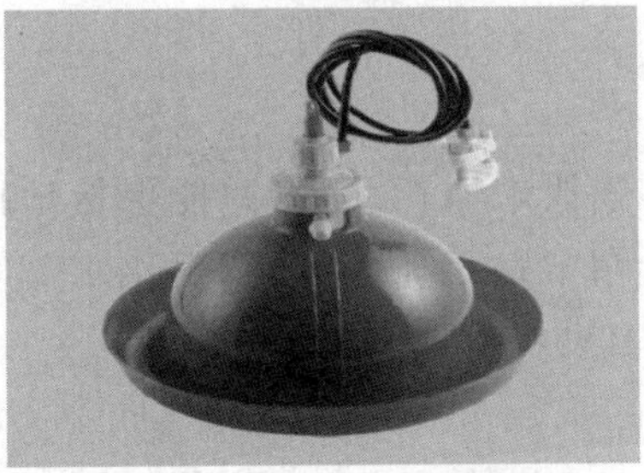

图 1-1　吊塔式饮水器

图 1-2　真空式饮水器

图 1-3 乳头式饮水器

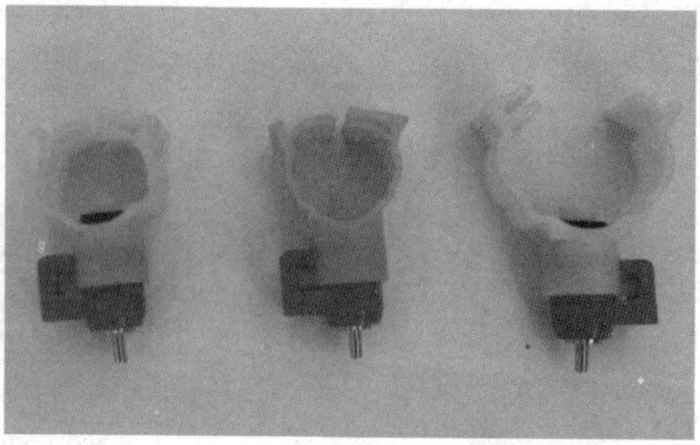

图 1-4 乳头式饮水嘴

前三者结构简单、使用方便、供水可靠、价格便宜，但饮用水直接暴露于空气中，水易蒸发，不仅造成水的浪费、鸡舍潮湿，而且水体易被污染，引发传染性疾病，不利于防疫与彻底清洗。

乳头式饮水器水质不易污染，能减少疾病的传播，蒸发量少，而且使用后清洗方便、劳动强度低，是一种封闭式的理想饮水设备。

吊塔式饮水器主要用于平养鸡舍，用绳索吊在离地面一定高度（与雏鸡的背部或成鸡的眼睛等高）。真空式饮水器主要用于平养鸡舍。乳头式饮水器适用于笼养和平养鸡舍给成鸡或 2 周龄以上雏鸡供水。

二、供水设施的安装放置及注意事项

(一)水槽式饮水器

水槽一般安装于鸡笼食槽上方，是由镀锌板、搪瓷或塑料制成的“V”形槽，每根 2 m，由接头连接而成。水槽一头通入长流动水，使整条水槽内保持一定水位供鸡只饮用；另一头流入管道将水排出鸡舍。槽式饮水设备简单，但耗水量大。安装要求在整列鸡笼几十米长度内，水槽高度误差小于 5 cm，误差过大不能保证正常供水。

(二)杯式饮水器

杯式饮水设备分为阀柄式和浮嘴式两种。该饮水器耗水少，并能保持地面或笼体内干燥。平时水杯在水管内压力下使密封帽紧贴于杯体锥面，阻止水流入杯内。当鸡饮水时将杯舌下啄，水流入杯体，达到自动供水的目的。

(三)吊塔式饮水器

吊塔式又称普拉松饮水器，靠盘内水的重量来启闭供水阀门，即当盘内无水时，阀门打开，当盘内水达到一定量时，阀门关闭。该饮水器的优点是适应性广，不妨碍鸡群活动。

(四)真空式饮水器

由水筒和盘两部分组成,多为塑料制品。筒倒扣在盘中部,并由销子定位。筒内的水由筒下部壁上的小孔流入饮水器盘的环形槽内,能保持一定的水位。

(五)乳头式饮水器

乳头式饮水器有锥面、平面、球面密封型三大类。该饮水器利用毛细管原理,使阀杆底部经常保持挂有一滴水,当鸡啄水滴时便触动阀杆顶开阀门,水便自动流出供其饮用。平时则靠供水系统对阀体顶部的压力,使阀体紧压在阀座上防止漏水。该设备要求配有适当的水压和纯净的水源,使饮水器能正常供水。

乳头式、杯式、吊塔式饮水器要与供水系统配套,供水系统由过滤器、减压装置和管路等组成(图 1-5)。

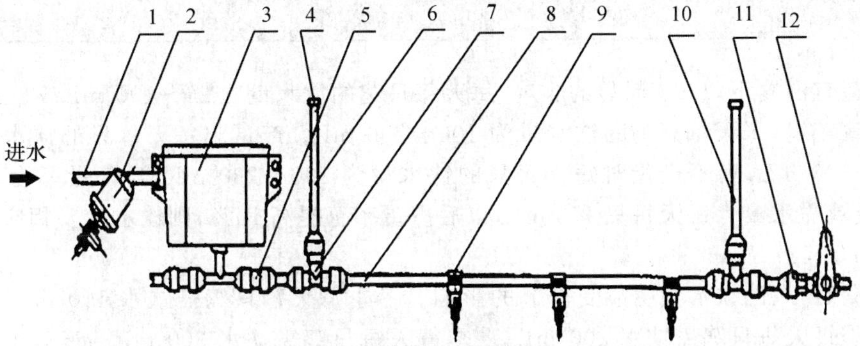

图 1-5　饮水系统示意图

1.进水软管　2.过滤器　3.水箱　4.管帽　5.塑料直通　6.首段水位显示管　7.塑料三通　8.供水管　9.乳头式饮水器　10.尾端水位显示器　11.阴螺纹直接头　12.尾端防水球阀

三、饮水量及其调节

鸡的饮水量与采食量有关,一般蛋鸡的饮水量是采食量的 2 倍左右,肉用仔鸡的饮水量是采食量的 1.5 倍左右。

但是鸡的饮水量受很多因素的影响,主要有饲料种类、采食量、环境温度、水温、鸡的体重、活动程度及产蛋率等,其中以产蛋率和环境温度的影响最大(表 1-1)。

表 1-1 每 100 只母鸡每天的饮水量 L

周龄	环境温度 21℃		环境温度 32℃	
	蛋用型	肉用型	蛋用型	肉用型
2	3.8	6.36	6.3	10.98
4	5.8	9.84	10.0	16.96
6	7.2	12.30	12.7	21.20
8	8.0	13.32	15.0	22.98
10	10.0	14.57	17.7	25.17
12	11.8	15.90	19.5	27.44
14	12.7	17.03	21.8	29.41
16	13.6	18.17	23.6	31.34
18	14.5	19.30	25.0	33.31
20	15.4	20.44	26.8	31.34

适宜温度下，1～6 周龄的雏鸡，每天每只鸡的饮水量为 20～100 mL；7～12 周龄的青年鸡，每天每只鸡的饮水量为 100～200 mL。产蛋鸡每天每只的饮水量为 230～300 mL，鸡不产蛋时每天每只的饮水量为 200～230 mL；当产蛋率为 50% 时，蛋鸡需水量为每天每只 170 mL，以后产蛋率每提高 10%，则饮水量要相应增加 12 mL。

同时，鸡的饮水量明显受季节的影响。冬季每天每只鸡需饮水 100 mL；春季和秋季每天每只鸡需饮水 200 mL；夏季每天每只鸡需饮水 300 mL。鸡对生理盐水极为敏感，厌恶温水。当日粮中食盐、纤维素和蛋白质增高时，饮水量增加。

日粮中加酶制剂和微量元素，饮水量也会增加。

四、水缺乏的判断

鸡胃的持水能力有限，为使鸡保持良好的生产性能，必须持续不断地供给新鲜饮水。若水分缺乏，鸡对饲料的消化吸收不良，血液浓稠，体温上升，生长和生产性能均会受影响，而且粪尿中的水分也会显著下降，甚至造成动物脱水。

（一）失水 1%～2%

干渴，食欲减退，尤其不愿进食干饲料，生产水平下降。以蛋鸡为例（图 1-6）。

（二）失水 8%

严重干渴，食欲丧失，抗病力下降。

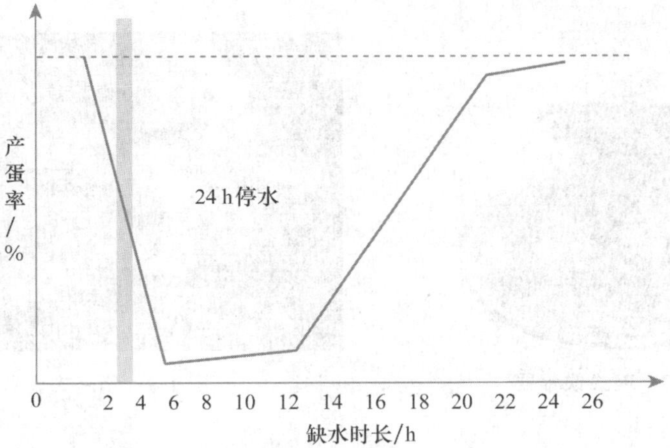

图 1-6　蛋鸡 24 h 缺水造成的生产水平下降

(三)失水 10%

生理失常,代谢紊乱。可导致鸡完全停食,消化机能衰退甚至完全丧失,免疫能力和抗病能力也会减弱。

(四)失水 20%

死亡;蛋鸡对缺水反应更为严重。若持续缺水为 24 h,产蛋率下降 30%,若之后补充足够饮水,仍需 25～30 d 才能恢复之前的生产性能;缺水 36 h 以上时,蛋鸡的死亡率明显升高。

任务二　猪生产中水的营养与供给

【学习目标】

掌握猪生产中水的供给方式、供水量及水缺乏的表现。

【操作与实施】

一、猪场的饮水设备

猪场饮水设备是自动饮水器,主要有碗式自动饮水器(图 1-7 至图 1-9)、鸭嘴式自动饮水器、乳头式自动饮水器(图 1-10)等。

图 1-7 碗式饮水器

图 1-8 猪碗式饮水器

图 1-9 猪用饮水碗

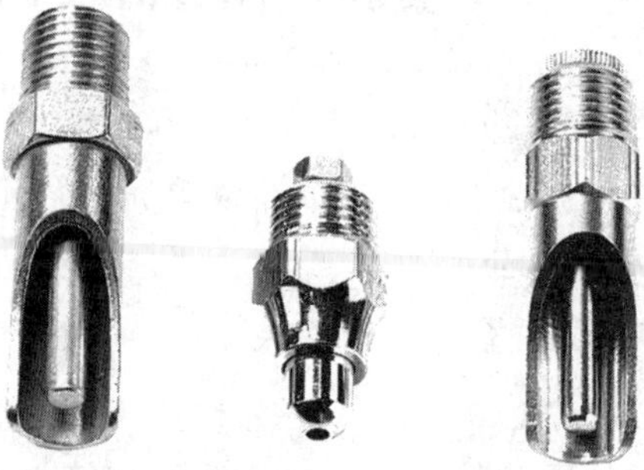

图 1-10 鸭嘴式和乳头式饮水器

二、供水设施的安装放置及注意事项

(一)鸭嘴式自动饮水器

因其形状像鸭嘴而得名。鸭嘴式猪用自动饮水器主要由阀体、阀芯、密封圈、回位弹簧、塞盖、滤网等组成。其当猪饮水时,嘴含饮水器,咬压下阀杆,水从阀芯和密封圈的间隙流出,进入猪的口腔,当猪嘴松开后,靠回位弹簧张力,阀杆复位,出水间隙被封闭,水停止流出。鸭嘴式自动饮水器重量轻,性能好,节水性也好,所以在很多猪场广泛应用。

安装这种饮水器的角度有水平的和45°两种,离地高度随猪体重变化而不同。

饮水器要安装在远离猪只休息区的排粪区内。定期检查饮水器的工作状态,清除泥垢,调节和紧固螺钉,发现故障及时更换零件。

鸭嘴式自动饮水器,一般的有大小两种规格,乳猪和保育仔猪用小型的(流量

2～3 L/min)，中猪和大猪用大型的(流量 3～4 L/min)。

(二)乳头式自动饮水器

乳头式猪用自动饮水器的最大特点是结构简单，由壳体、顶杆和钢球三大件构成。猪饮水时，顶起顶杆，水从钢球、顶杆与壳体一间隙流出至猪的口腔中；猪松嘴后，靠水压及钢球、顶杆的重力，钢球、顶杆落下与壳体密接，水停止流出。这种饮水器对泥沙等杂质有较强的通过能力，但密封性差，并要减压使用，否则，流水过急，不仅猪喝水困难，而且流水飞溅，浪费用水，弄湿猪栏。

安装乳头式饮水器时，一般应使其与地面成 45°～75°倾角，离地高度因猪群类别而异(表 1-2)。

表 1-2　自动饮水器安装高度　cm

猪群类别	鸭嘴式	碗式	乳头式
公猪	55～65	25～30	80～85
母猪	55～65	15～25	70～80
后备母猪	50～60	15～25	70～80
仔猪	15～25	10～15	25～30
保育猪	30～40	15～20	30～45
生长猪	45～55	15～25	50～60
育肥猪	55～60	15～25	70～80

(三)碗式自动饮水器

因其形状碗而得名。主要由杯体、阀门、阀杆、弹簧、出水压板、密封胶圈等部分组成。当猪拱动出水压板时，出水压板使阀杆偏斜，水从饮水器芯与阀杆之间的缝隙流入杯中，供猪引用。当猪嘴停止拱动时，在弹簧的作用下阀杆复位，饮水器芯与阀杆之间不再有缝隙，水流被切断，停止供水。杯式自动饮水器的密封胶圈、弹簧易损坏，有时密封面易夹有泥沙等杂质，导致漏水，致使猪床和舍内潮湿，此时应及时更换密封胶圈、弹簧或清除杂质以排除故障。

在群养猪栏中，每个自动饮水器可负担 15 头猪饮用；在单养猪栏中，每个栏内应安装一个自动饮水器。但需要注意的是，猪在不同的饲养阶段，其自动饮水器的安装高度也不相同。

三、供水量及供水调节

根据猪的生理特性提供饮水。猪每采食 1 kg 干饲料，需饮水 2～5 L。哺乳期的母猪需饮水量则更大。实际生产中猪的需水量受很多因素的影响(表 1-3,表 1-4)。

表 1-3 猪的水需求量

阶段	每天的需求量/L	与饲料摄取量相应的水量/(L/kg)
仔猪(30 kg 前)	2.8	2.5～3.0
肉猪(30～30 kg)	8～12	2.5～3.0
肉猪(45～115 kg)	12～20	2.5～3.0
后备猪	12	—
妊娠猪	12～25	—
哺乳猪	10～30	—
公猪	20	—

猪的饮水量受季节影响很大,冬季猪的饮水量稍低,每采食 1 kg 干饲料,需饮水 2～4 L;春秋两季猪每采食 1 kg 干饲料,需饮水 8 L;夏季猪每采食 1 kg 干饲料,需饮水 10 L。

表 1-4 环境温度、供水量及饮水量

猪舍的气温/℃	5			35		
供水速度/(L/min)	0.1	0.6	1.1	0.1	0.6	1.1
饮水时间/(min/d)	32.6	7.4	4.2	31.3	13.4	9.9
饮水量/(L/d)	3.3	4.4	4.6	3.1	8.0	10.8

因此,无论饲喂配合饲料或混杂饲料或单一饲料,都必须随时给猪提供足够量的清洁饮用水,并在饲喂精饲料的同时搭配一些青绿多汁的青饲料。

四、水缺乏的判断

猪体内一旦缺水,其生理活动就会受到影响,导致猪饲料消化吸收不好,血液浓度变浓变稠、体温升高等,使饲料报酬降低,饲养成本提高,养殖效益降低。

饮水不足对猪的影响,当猪体内的水分减少 8%时,会产生严重的干渴感,食欲丧失,消化功能减缓,并因黏膜干燥而降低机体对传染病的抵抗力。供水条件好的比供水条件差的产仔母猪平均窝产仔头数多 7.5%,窝断奶成活率高 6.8%。

任务三　牛羊生产中水的营养与供给

【学习目标】

掌握牛、羊生产中水的供给方式、供水量及水缺乏的表现。

【操作与实施】

一、选购适合牛、羊饮水的设备

在牛羊生产中，虽然生产用途生产规模有所不同，饮水设备主要有饮水槽和饮水器。

（一）饮水槽

饮水槽常用在散栏式饲养的自由卧栏两侧，以及牛羊的运动场内，可以同时为多头动物提供饮水。

自动饮水槽（图 1-11）可通过浮球阀自动补水，达到预先设定的水位，自行调节水位，让牛羊自由饮水。牛恒温式饮水槽（图 1-12）可预先手动设定温度后，陶瓷材料将水加热到所设温度即开始保温工作，保证牛随时能喝到温度适宜的水。

图 1-11　自动饮水槽

图 1-12　恒温饮水槽

(二)自动饮水器

牛羊的自动饮水器分为碗式自动饮水器和牛恒温饮水器。常用在拴系式饲养畜舍中,并设在饲喂牛槽边。

碗式饮水器(图 1-13 至图 1-16),是牛、羊饮水时拱动压板,压板推动出水阀,水从水管流入水碗供牛、羊饮用;饮水后,压板在弹簧作用下复位,切断水路,停止供水。用水节约,饮水卫生。

图 1 13 牛用碗式饮水器

图 1-14 牛用碗式饮水器

图 1-15 牛马用饮水碗

图 1-16 羊用碗式饮水器

图 1-17 牛恒温饮水器

牛恒温饮水器是利用专业的设计和特殊的保温材料,有效的保温和隔热,使饮水器中的水温始终保持在 3～10℃(冬季 3～5℃,夏季 8～10℃)(图 1-17)。

饮水设备的设计和安装位置以利于牛羊饮水为前提,如成年奶牛每分钟最大饮水量可以达到 23 kg,饮水设备水流量的设计应该能满足奶牛最大饮入速度。

奶牛在饲料采食最快的 1 h 内饮水量也最大，常常是采食和饮水交替进行。所以，应该给奶牛饲槽附近安置供水装置。奶牛在泌乳后喜欢饮水。夏季在运动场内也应该保证动物随时获得饮水。

(三)连通式饮水器

我国中小型奶牛场常见的借助液体连通器原理制作的饮水器。材料来源简单，造价较低，但奶牛采食过程中容易将饲料碎屑等带入饮水器，长时间不清理容易污染水质，有时也容易造成饮水器内水溅出，弄湿牛床。

连通式饮水器(图 1-18)，一般多为长方形，长为 30～40 cm，宽为 20～25 cm，深度为 15～30 cm；饮水器供水流量较小时，可以适当增加深度，保证奶牛饮水高峰时水量充足。饮水器内水面距离饮水器上缘 5～8 cm，减少水溅出。

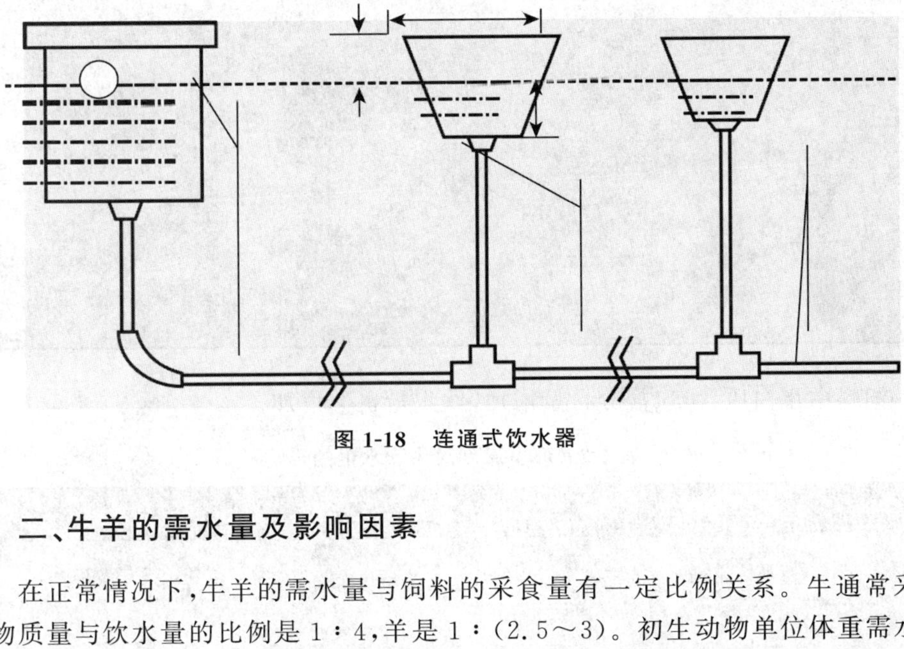

图 1-18　连通式饮水器

二、牛羊的需水量及影响因素

在正常情况下，牛羊的需水量与饲料的采食量有一定比例关系。牛通常采食干物质量与饮水量的比例是 1∶4，羊是 1∶(2.5～3)。初生动物单位体重需水量比成年动物要高，活动量大饮水量会增加，紧张时比安静时需要更多的水。高产奶牛需水量大，如日泌乳 10 kg，日需水量 45～50 kg；日泌乳 40 kg，日需水量 100～110 kg。母牛处于泌乳期比干乳期需水量也较高。

动物需水量受多种因素的影响，变动很大。主要影响因素有动物的种类(表 1-5)，饲料的组成(表 1-6)以及环境温度(表 1-7)。

表 1-5 适宜环境条件下动物对水的需要量

动物	需水量/(L/d)
肉牛	22～66
奶牛	38～110
绵羊和山羊	4～15

表 1-6 饲草水分含量与绵羊饮水之间的关系

每天水的摄入量/[L/kg(干物质基础)]	饲草含水/%
3.7	10
3.6	20
3.3	30
3.1	40
2.9	50
2.3	60
2.0	65
1.5	70
0.9	75

饲料中蛋白质含量、盐分含量增加，饮水量也会增加。

表 1-7 环境温度对牛饮水量的影响

温度/℃	饮水量/(kg/每千克饲料)
－17～10	3.5
10～15	3.6
15～21	4.1
21～27	4.7
27 以上	5.5

羊在－17～27℃的气温环境中，每采食 1 kg 饲料，需要饮水 2～3 kg。一般气温高时，则需水量较高。

三、确保饮水质量

(一)水源不受污染

水源周围 50～100 m 内不得有污染源，应避开农药厂、化工厂、屠宰场等。在城区应选择水质较好的自来水，在农村应选择地下深井水。如用地面水作饮用水时，应根据水质情况进行沉淀、净化、消毒处理后才可饮用。一般每立方米水加 6～10 g 漂白粉或消毒水处理；选井水时，最好是深井水，水井应加盖密封，防止污物、污水进入等。

(二)水质符合要求

饮水水质要符合《无公害食品——畜禽饮用水水质》标准(表 1-8)，为确保水质良好，应经常对饮水进行监测。硬度过大的水一般可采取饮凉开水的方法降低其硬度。高氟地区，可在饮水中加入硫酸铝、氢氧化镁以降低氟含量。国外家畜饮用水标准可参考(表 1-9)。

表 1-8　畜禽饮用水水质标准(NY 5027—2008)

项目		标准值	
		畜	禽
感官性状及一般化学指标	色	≤30°	
	浑浊度	≤20°	
	臭和味	不得有异臭、异味	
	总硬度(以 $CaCO_3$ 计)/(mg/L)	≤1 500	
	pH	5.5～9.0	6.4～8.5
	溶解性总固体/(mg/L)	≤4 000	≤2 000
	硫酸盐(以 SO_4^{2-} 计)/(mg/L)	≤500	≤250
细菌学指标	总大肠菌群，MPN/100 mL	成年畜 100，幼畜和禽 10	
毒理学指标	氟化物(以 F^- 计)/(mg/L)	≤2.0	≤2.0
	氰化物/(mg/L)	≤0.2	≤0.05
	砷/(mg/L)	≤0.2	≤0.2
	汞/(mg/L)	≤0.01	≤0.001
	铅/(mg/L)	≤0.10	≤0.10
	铬(六价)/(mg/L)	≤0.1	≤0.05
	镉/(mg/L)	≤0.05	≤0.01
	硝酸盐(以 N 计)/(mg/L)	≤10.0	≤3.0

表 1-9 家畜饮用水质量标准

指标	推荐的最大值/(mg/L)	
	TFWQG(1987)	NRC(1974)
常量离子		
钙	1 000	—
硝酸盐-N 及亚硝酸盐-N	100	440
亚硝酸盐-N	10	33
硫酸盐	1 000	—
重金属离子及微量元素离子		
铝	5.0	—
砷	0.5	0.2
铍	0.1	—
硼	5.0	—
镉	0.02	0.05
铬	1.0	1.0
钴	1.0	1.0
铜	5.0	0.5
氯化物	2.0	2.0
铅	0.1	0.1
汞	0.003	0.01
钼	0.5	—
镍	1.0	1.0
硒	0.05	—
铀	0.2	—
钒	0.1	0.1
锌	50.0	25.0

引自 NRC(1998)。

(三)保证饮水器具卫生

饮水器具应保持清洁卫生，每天冲刷，定期消毒。尤其夏季更应注意保持清洁卫生，防止微生物滋生，水质变坏。另外，运动场上的水槽卫生情况也不能忽视，也要每天进行冲洗，定期消毒。

四、水缺乏

动物失去水分是连续的，而饮水是间断的。为了维持动物正常的生理机能和生产性能，我们就需不断地给动物提供干净清洁的饮水。水是组成体液的主要成分，对牛羊体内的正常物质代谢有特殊的作用。只有充足饮水，才能有良好的食欲，所采食的草料才能很好消化吸收，血液循环与体温调节才能正常进行。牛羊缺水比缺草还难以忍受和维持生命。如长期饮水不足，就会引起唾液减少，瘤胃发酵困难，消化不良，体躯消瘦。牛羊缺水，血液浓度升高，成活率降低。长期缺水，还会导致体内代谢受阻，容易发生食滞或百叶干等疾病。尤其是奶牛，产奶量下降。一般每吃 1 kg 草料需水 2～3 kg。应坚持每天饮水两次，最少一次，一定要饮足，以满足牛羊对水的需求。有条件，最好安装自动饮水器，任牛羊自由饮水。

【注意事项】

在牛羊生产中，合理供水是保证动物健康和生产性能的重要条件，对于奶牛来说，每泌乳 1 kg，需要 1.5～5 kg 水。泌乳奶牛通过饮水满足机体水需要量的 80%～90%。保证饮入尽可能多的洁净的水是实现奶牛高产的必要条件。而动物的饮水量受季节的影响很大，为减少严寒和酷暑的应激，应注意以下事项。

1. 合适的饮水温度

夏季喝凉水，早春冬季喝温水。冬季奶牛忌饮冰碴水，冰碴水容易引发消化不良，从而诱发消化道疾病，严重影响其产奶量。要保证喝上温水，水温一般不低于 10～12℃，夏季要饮凉水，或在饮水中添加些抗热应激的药物，如小苏打、维生素 C 等，或在高温天气给奶牛饮凉绿豆汤，以减缓奶牛的热应激，提高奶牛的产奶量。有条件的畜牧场可安装恒温饮水器。

2. 充足的饮水量

养殖场可在牛舍内安装自动饮水器，让牛随时喝到水。如定时供水，每日饮 3～4 次，夏季可增至 5～6 次。增加饮水器具、饮水次数和饮水时间，保证充足的饮水，提高生产性能。

3. 合理的饮水时间

牛羊早晨不空腹饮水。尤其是冬天，没有食物，本来天气就冷，再喝上一肚子凉水，就会使牛羊体温骤降，容易感冒发烧，尤其怀孕后的牛羊空肚子喝冷水最易流产。应补草料后再饮水，而后再出牧，以增加产热量。

4. 适当的饮水形式

为了促进羊多饮水、饮足水，可给羊用精饲料汤。方法是：先用开水把精饲料冲开，搅拌均匀，使之变成糊状，然后对上一定数量的水，搅拌均匀给羊饮用即可。

【知识链接】

水是生命之源。动物可以失去全部体内的脂肪，蛋白质的一半，体重的一半，动物都能生存；不饮水，摄取其他养分，只能存活 7 d。

一、水的营养作用

(一)水是动物机体的主要组成成分

水是机体细胞的一种主要结构成分，通过细胞充盈使机体维持一定的形态。水一般是随年龄和体重的增加而减少。机体内的水分大部分是与蛋白质结合成胶体(表 1-10)。

表 1-10 动物体中水的百分含量 %

动物	动物体内含水量
新生犊牛	74
绵羊(瘦)	74
绵羊(肥)	40
仔猪(8 kg)	73
肥猪(100 kg)	49
母鸡	56
雏鸡	85

(二)水是一种理想的溶剂

很多化合物容易在水中电解，以离子形式存在。体内各种营养物质的吸收、转运和代谢废物的排出必须溶于水后才能进行。

(三)水是一切化学反应的介质

由于动物体内酶的作用，使水参与每一个化学反应。

(四)调节体温

水能储蓄热能，迅速传递热能和蒸发散失热能，有利于恒温动物体温的调节。水的导热性好，有助于深部组织热量的散失。

(五)润滑和缓冲作用

各器官间的组织液中的水，可以减少关节和器官间的摩擦力，起到润滑保护作用。

水还是动物产品的重要组成部分。

二、动物体内水的平衡及调节

（一）水的来源

1. 饮水

饮水是动物获得水的主要方式，与动物的种类、生理状态、生产水平、饲料、环境温度等有关。一般情况，鸡的饮水量和饲料采食量有关，在饲喂配合饲料情况下，鸡的供水量应为采食干物质量的 2～2.5 倍，产蛋鸡为 1.5～2 倍。

2. 饲料水

饲料中的水是动物获取水的另一个重要方式，动物采食不同性质的饲料，获取水分的多少各异。各类饲料中均含有水，如青饲料中含水量 70%～90%，谷实类 12%～14%，饼粕类 10%，粗饲料 12%～20%，鸡通过采食饲料，使体内水分得到补充。

3. 代谢水

不同营养素在代谢过程中产生水的程度不同。体内 1 g 脂肪、1 g 碳水化合物和 1 g 蛋白质氧化，将分别产生 1.19 g、0.56 g 和 0.45 g 水。内源水量很小，不能满足鸡对水的需要，能满足需水量的 5%～10%。动物种类不同，代谢水的重要性不同。

（二）水的流失

动物体内的水经复杂的代谢过程后，通过粪和尿的排泄、肺脏和皮肤的蒸发，以及离体产品等途径排出体外，保持动物体内水的平衡。

1. 粪和尿的排泄

动物由尿排出的水受总摄水量的影响。摄水量多，尿的排出量则增加。通常随尿液排出的水可占总排水量的一半左右。动物的最低排尿量取决于必须排出溶质的量及肾脏浓缩尿液机制的能力。不同动物由尿排出的水分不同。禽类排出的尿液较浓，水分较少；大多数哺乳动物排出的水分较多。不同动物尿液浓度的近似值（渗透 mol/L）：人 1.5；牛 1.3；兔 1.9；绵羊 3.2；骆驼 3.1。肾脏对水的排泄有很大的调节能力，一般饮水量越少、环境温度越高、动物的活动量越大，由尿排出的水量就越少。

粪便中的排水量，随动物种类不同而不同。牛粪含水高达 80%，在非热应激期间粪中水分排泄水分量超过尿中排泄量。绵羊、山羊和鹿粪，要形成黏状粪便，粪中含水仅 65%～70%，从粪中排泄的水占总排泄量的 13%～24%。而奶牛在正常情况下为 30%～32%。所以，反刍动物由粪排出的水相对较多。粪中水分也受饲料性质的影响，如动物采食高纤维饲粮，粪中水分相应增加。

2.肺脏和皮肤的蒸发

肺脏以水蒸气形式呼出的水量，随环境温度的提高和动物活动量的增加而增加。

由皮肤表面失水的方式有两种：一是血管和皮肤的体液中的水分可简单地扩散到皮肤表面蒸发。这种扩散方式随皮肤的温度和血液循环的变化而变化。通过皮肤扩散作用和呼吸道蒸发而失掉的水，被称为不感觉的失水。母鸡以这种方式失水可占总排水量的17%～35%。二是通过排汗失水。排汗量也随气温的变化而变化。在适宜的环境条件下，排汗丢失的水不多，但在热应激时，具有汗腺、自由出汗的动物失水较多。人、马经汗排泄的水分量相当大，出汗也是一种有效的散热方式，其效率相当于呼吸散热的400%，在散热的同时，水分也大量蒸发。

3.经动物产品排泄

泌乳动物除以上几种方式失水外，泌乳也是水排出的重要途径。牛乳平均含水高达87%。每产1 kg牛乳，可排出0.87 kg水。实验证明，奶牛每形成1 kg乳，需供水4～5 kg。充分满足奶牛饮水，可保证产乳量。产蛋家禽每产1 g蛋，排出水0.7 g左右，一枚60 g重的蛋，含水42 g以上，产蛋家禽缺水，产蛋率明显下降。

水的摄入由渴感调节，渴感主要是由于动物失水而引起细胞外液渗透压升高，刺激下丘脑视前区的 渗透压感受区而产生。同时，也可由传入神经直接 传入神经中枢而引起。水的排出，由肾脏通过排泄尿量来调节。肾脏的排尿量受垂体后叶分泌的抗利尿素控制。

项目二　蛋白质营养与饲料选择

任务一　植物性蛋白质饲料的识别及感官鉴定

【学习目标】

学会识别动物生产中常用的植物性蛋白质饲料原料的种类并对其品质能进行感官鉴定，为畜禽生产提供蛋白质来源。

【操作与实施】

一、豆类饼(粕)的识别及感官鉴定

大豆饼(粕)是我国主要的蛋白质饲料之一。大豆饼是以大豆为原料通过机械压榨法取油后的大豆饼(图 1-19，图 1-20)。

图 1-19　大豆饼

图 1-20　大豆饼

一般来讲，每千克豆饼的干物质中消化能均在 12.55 MJ 以上，粗蛋白质含量在 40%以上，蛋白质的生物学价值高于任何一种饼类饲料。其中畜禽所必需的赖

氨酸含量达 2.5%～3%，比玉米高 10 倍。

大豆粕是以大豆为原料，经过浸提法或经预压后再浸提取油后的副产品(图 1-21，图 1-22)。

图 1-21　大豆粕

图 1-22　大豆粕

大豆粕蛋白质含量高，粗蛋白质含量在 40%～48%，各种必需氨基酸的含量均较高，赖氨酸 2.5%～3.0%，色氨酸 0.6%～0.7%，蛋氨酸 0.5%～0.7%，且富含烟酸、泛酸、胆碱等各种维生素。粗纤维含量较低，可消化性好，适口性好，用途广，为猪、禽的良好饲料，大约 85%的豆粕被用于家禽和猪的饲养。

但大豆中含有胰蛋白酶抑制因子、血细胞凝集素、致甲状腺肿物质、抗维生素因子、植酸、脲酶、大豆抗原、赖丙氨酸、皂甙、雌激素、胀气因子等抗营养物质。因此，生豆粕是不能做饲料用的。一些不法商人常用大麦麸片、稻壳、米糠等和磨细的黄土玉米面混合制成细小颗粒，然后着上色做成“豆粕料”，也有单用磨细的黄土制粒着色的，掺在豆粕内，致使豆粕粗蛋白含量降至 30%以下。

豆粕必须达到相应的标准才能作为饲料饲用(表 1-11)。

表 1-11　豆粕的质量标准

项目	带皮大豆粕		去皮大豆粕	
	一级	二级	一级	二级
水分	≤12.0%	≤13.0%	≤12.0%	≤13.0%
粗蛋白	≥44.0%	≥42.0%	≥48.0%	≥46.0%
粗纤维	≤7.0%	≤7.0%	≤3.5%	≤4.5%
粗灰分	≤7.0%	≤7.0%	≤7.0%	≤7.0%
脲酶活性(以氨态氮计)/(mg/min·g)	≤0.3	≤0.3	≤0.3	≤0.3
氢氧化钾蛋白质溶解度	≥70.0%	≥70.0%	≥70.0%	≥70.0%

豆粕的实验室检测指标多，检测方法复杂，我们可用简便的方法对豆粕进行品质鉴别。

(一)看颜色

优质的豆粕呈黄色或浅黄色，有光泽且色泽一致。较生的豆粕颜色较浅，有些偏白，豆粕过熟时，则颜色较深，近似黄褐色，再观察豆粕形状及有无霉变、发酵、结块和虫蛀并估计其所占比例。好的豆粕呈不规则碎片状，豆皮较少，无结块、发酵、霉变及虫蛀。有霉变的豆粕一般都有结块，并伴有发酵，掰开结块，可看到霉点和面包状粉末。最后取一把豆粕在手中，仔细观察有无杂质及杂质数量，有无掺假。

(二)闻气味

闻豆粕的气味，是否有正常的豆香味，是否有生味、焦煳味、发酵味、霉味及其他异味。若味道很淡，则表明豆粕较陈。掺假的豆粕由浓香变为淡淡的香或根本无香味。

(三)尝味道

真豆粕有豆香味 。咀嚼豆粕，尝一尝是否有异味，如生味、苦味或霉味等。

(四)手捏搓

用手感觉豆粕水分。用手捏或用牙咬豆粕，感觉较绵的，水分较高；感觉扎手的，水分较低。把粒度整齐，偏大的取走后，然后把剩下细小的，用右手食指和拇指捏起，使劲一搓，一看便知，真正的豆粕，即使是再细小的颗粒，用两个手指是搓不细的。

(五)水浸法

取适量样品放入大玻璃杯中，用水浸泡 2 h，然后用一小棒轻轻搅动，若有分层现象的，上层为豆粕、中层为玉米面(饼)、下层为黄土、钙粉、石粉等。

(六)滴碘酒

取少量样品放于载玻片中，在样品上滴几滴碘酒，1 min 后若有物质变为蓝黑色，就证明掺有玉米、麸皮、稻皮等。

二、棉籽饼、棉籽粕的识别及感官鉴定

棉籽饼、棉籽粕是棉籽榨取油后的副产物。压榨取油后的称饼(图 1-23)，预榨浸提或直接浸提后的称粕(图 1-24)。棉籽经脱壳后取油的副产物称棉仁饼。

图 1-23 棉籽饼

图 1-24 棉籽粕

棉籽饼、棉籽粕蛋白质组成不太理想，精氨酸含量高达 3.6%～3.8%，而赖氨酸含量仅有 1.3%～1.5%，只有大豆饼、大豆粕的一半。蛋氨酸也不足，约 0.4%。同时，赖氨酸的利用率较差。故赖氨酸是棉籽饼、粕的第一限制性氨基酸。饼、粕中有效能值主要取决于粗纤维含量，即饼、粕中含壳量。维生素含量受加热损失较多。矿物质中含磷多，但多属植酸磷，利用率低。棉籽中含有对动物有害的棉酚及环丙烯脂肪酸，尤其是棉酚的危害很大。因此，在使用棉饼、粕时，要根据饲喂对象及饼、粕中游离棉酚的含量加以限量。反刍家畜在有优质粗料及多汁青料的情况下，棉籽饼、粕的用量不受限制，不会造成中毒。对单胃动物要限制喂量，最好使用经过脱毒处理的棉籽饼、棉籽粕。

棉籽饼、棉籽粕质量从以下几方面鉴别：

(一)观察棉粕的颜色、形状等

好的棉粕多为黄色粉末，黑色碎片状棉籽壳少，棉绒少，无霉变及结块现象。抓一把棉粕在手中，仔细观察有无掺杂，估计棉籽壳所占比例及棉绒含量高低，若棉籽壳及棉绒含量较高，则棉粕品质较差，粗蛋白较低，粗纤维较高。

(二)用手感觉

用力抓一把棉粕，再松开，若棉粕被握成团块状，则水分较高，若成松散状，则水分较低。将棉粕倾倒，观察手中残留量，若残留较多，则水分较高，反之较少。用手摸棉粕感觉其湿度，一般情况下，温度较高，水分较高，若感觉烫手，大量堆码很可能会自燃。

(三)闻棉粕的气味

看是否有异味、异臭等。

三、菜籽饼(粕)的识别及感官鉴定

菜籽饼(粕)中含粗蛋白35％～42％,粗纤维含量为12％～13％,属低能量的蛋白质饲料。菜籽饼(粕)氨基酸组成较平衡,蛋氨酸含量较高,富含铁、锰、锌和硒,其中,硒的含量是常用植物饲料中最高的。由于菜籽饼(图1-25)和菜籽粕(图1-26)中含有硫甙、芥籽饼(粕)在饲料中的应用受到很大限制。

图1-25　菜籽饼

图1-26　菜籽粕

随着"双低"和"双零"油菜品种的推广,菜籽饼(粕)在饲料中应用比重越来越大。它的品质也可以从感官鉴别。

(一)先观察菜籽饼(粕)的颜色及形状,判断其生产工艺类型

浸提的菜籽饼(粕)呈黄色或浅褐色粉末或碎片状,而压榨的菜籽饼(粕)颜色较深,有焦煳物,多碎片或块状,杂质也较多,掰开块状物可见分层现象。压榨的菜籽饼(粕)因其品质较差,一般不被选用(但有可能掺入浸提的菜籽饼(粕)中)。再观察菜籽饼(粕)有无霉变,掺杂,结块现象,并估计其所占比例(菜籽饼(粕)中还有可能掺入沙子、桉树叶、菜籽壳等物)。

(二) 闻菜籽饼(粕)味道

是否有菜油香味或其他异味,压榨的菜籽饼(粕)较浸提的菜籽饼(粕)味道香得多。

(三)抓一把菜籽饼(粕)

掂一掂其分量,若较重,可能有掺沙现象,松开手将菜籽饼(粕)倾倒,使其自然落下,观察手中菜籽饼(粕)残留量,若残留较多,则水分及油脂含量都较高。同时,观察其有无霉变、氧化现象。再用手摸菜粕感觉其湿度,一般情况下,温度较高,水分也较高,若感觉烫手,大量堆码很可能会引起自燃。

四、其他饼粕类饲料

（一）亚麻饼

亚麻饼是用亚麻籽为原料，以机榨法取油后的副产品（图 1-27）。

亚麻饼粗蛋白含量达 35%，但含有亚麻籽胶，单胃动物难以消化。其中的抗营养因子阻碍了在单胃动物中的应用，影响了它的饲用价值。

（二）亚麻仁（粕）

亚麻仁（粕）是用亚麻籽为原料，以有机溶剂浸提法取油后的副产品（图 1-28）。

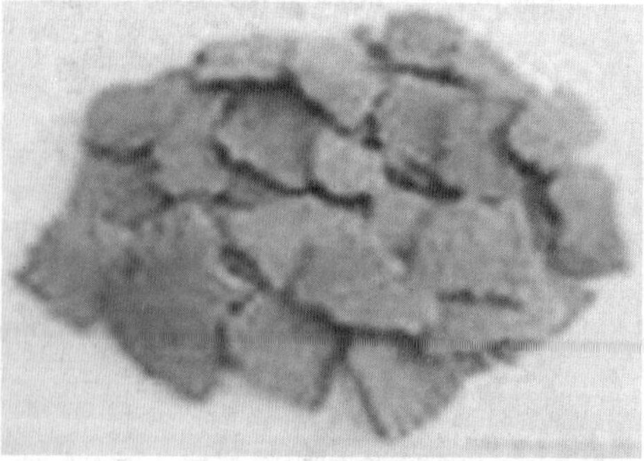

图 1-27 亚麻饼

图 1-28 亚麻仁（粕）

亚麻粕中粗蛋白质及各种氨基酸含量与棉、菜籽饼（粕）近似，粗纤维约含 8%。脱壳工艺可明显提高亚麻仁（粕）的饲用价值。

需要注意的是，亚麻仁粕中含有亚麻苦苷，经酶解后会生成氢氰酸，因此应用时主要应考虑氢氰酸中毒。

（三）花生饼

花生饼（图 1-29）粗蛋白质 43.9%、钙 0.25%、磷 0.52%、赖氨酸 1.5%～1.8%、蛋氨酸＋胱氨酸 1.05%、色氨酸 0.48%、粗纤维 5%～8%。其中消化能、代谢能和粗蛋白质是饼类饲料中最高的。

（四）花生粕

花生粕（图 1-30）粗蛋白质含量约含 48%，高于豆饼中的含量 3%～5%。但蛋白质品质低于豆饼（粕）。精氨酸含量高，但赖氨酸含量仅为豆饼的一半。

值得注意的是，花生粕在使用时应注意赖氨酸与精氨酸的比例，调配得当。此外，花生饼极易被黄曲霉菌污染，产生毒性很强的黄曲霉毒素。

图 1-29　花生饼

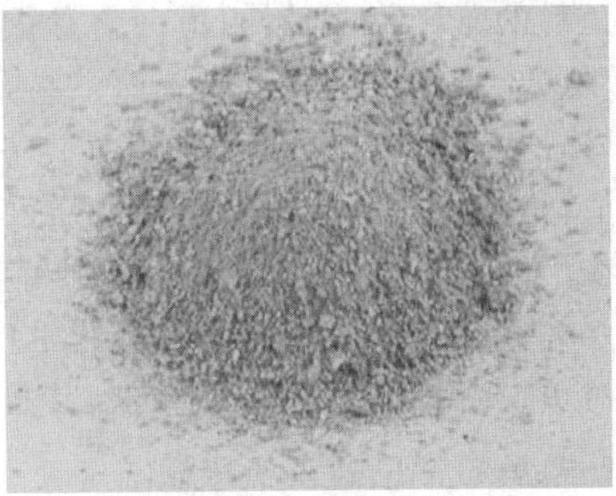

图 1-30　花生粕

任务二　动物性蛋白质饲料的识别及感官鉴定

【学习目标】

学会识别动物生产中常用的动物性蛋白质饲料原料的种类并对其品质能进行感官鉴定，为畜禽生产提供蛋白质来源。

【操作与实施】

一、鱼粉的识别及感官鉴定

鱼粉是全鱼或鱼下脚料加工成的产品(图 1-31，图 1-32)。

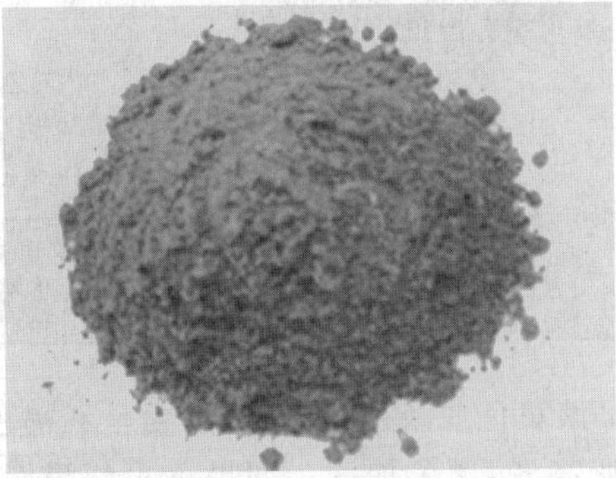

图 1-31　鱼粉

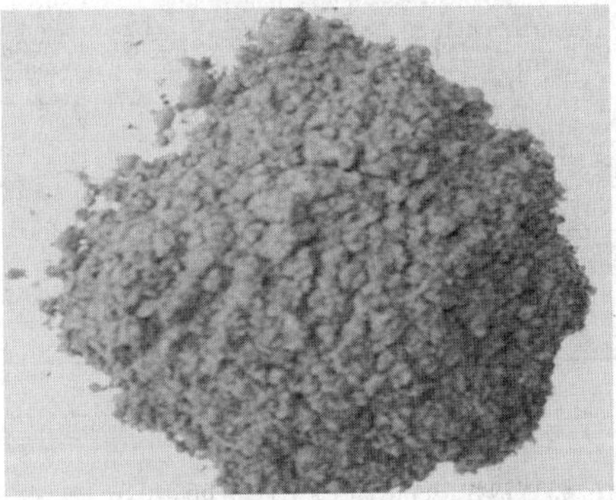

图 1-32　鱼粉

鱼粉的营养特性是:粗蛋白含量很高40%~70%,蛋白质品质好,生物学价值高,赖氨酸、色氨酸、蛋氨酸、胱氨酸高,精氨酸低。富含B族维生素,钙、磷含量高,比例好,所有磷都是可利用磷。

值得注意的是,鱼粉易发霉变质及氧化酸败。鱼粉的适口性差,价格贵,影响了它在配合饲料中的添加量。鱼粉在全价配合饲料中的比例一般为:雏鸡和肉鸡3%~5%;蛋鸡3%;猪3%以下;犊牛代乳料5%以下。其他反刍动物少用。

对鱼粉而言,首先要识别掺假,其次才是检验营养指标,以进一步判断品质优劣。

(一)鱼粉常见的鱼粉掺假

(1)以增加鱼粉重量为目的而掺入豆粕、菜籽粕、棉粕、花生粕等。

(2)以增加总氮为目的掺入非蛋白氮如尿素、氯化铵、二缩脲、磷酸脲等。

(3)以低质动物蛋白质掺入鱼粉中,如掺入羽毛粉、毛发粉、血粉、皮革粉、肉粉等。

(4)以低质或变质鱼粉掺入好的鱼粉,特别是进口鱼粉中,这种现象较严重。

(二)检测鱼粉品质主要有以下几种物理方法

1. 感官检查法

根据鱼粉成分的形状、结构、颜色、质地、光泽度、透明度、颗粒度等特征来检查(表1-12)。

(1)标准鱼粉一般为颗粒大小均匀一致、稍显油腻的粉状物,可见到大量疏松呈粉末的鱼肌纤维及少量的骨刺、鱼鳞、鱼眼等物;颜色均一,呈浅黄、黄棕或黄褐色;手握有疏松感,不结块,不发黏,不成团;有浓郁的烤鱼味,略有鱼腥味。

表1-12 鱼粉的感官要求

项目	特级品	一级	二级	三级
色泽	红鱼粉黄棕色、黄褐色鱼粉正常颜色;白鱼粉呈黄白色			
组织	膨松、纤维状组织明显、无结块、霉变	较膨松、纤维状组织明显无结块、无霉变		松软粉状物、无结块、无霉变
气味	有鱼香味,无焦灼味和油脂酸败味		具有鱼粉正常气味,无异臭、无焦灼无和明显油脂酸败味	

(2)鱼粉色泽随鱼种而异,墨罕敦鱼粉呈淡黄色或淡褐色,沙丁鱼粉呈红褐色,白鱼粉为淡黄或灰白色。加热过度或含油脂高者,颜色加深。如果鱼粉色深偏黑红,外观失去光泽,闻之有焦煳味,为储藏不当引起自燃的烧焦鱼粉。如果鱼粉表面深褐色,有油臭味,是脂肪氧化的结果。如果鱼粉有氨臭味,可能是储藏中脂肪

变性。如果色泽灰白或灰黄，腥味较浓，光泽不强，纤维状物较多，粗看似灰渣，易结块，粉状颗粒较细且多成小团，触摸易粉碎，不见或少见鱼肌纤维，则为掺假鱼粉，需要进一步检验(表 1-13)。

表 1-13　鱼粉的理化指标

项　目	指　标			
	特价品	一级品	二级品	三级品
粗蛋白质/%	≥65	≥60	≥55	≥50
粗脂肪/%	≤11(红鱼粉) ≤9(白鱼粉)	≤12(红鱼粉) ≤10(白鱼粉)	≤13	≤14
水分/%	≤10	≤10	≤10	≤10
盐分(以 NaCl 计)/%	≤2	≤3	≤3	≤4
灰分/%	≤16(红鱼粉) ≤18(白鱼粉)	≤18(红鱼粉) ≤20(白鱼粉)	≤20	≤23
砂分/%	≤1.5	≤2	≤3	
赖氨酸/%	≥4.6(红鱼粉) ≥3.6(白鱼粉)	≥4.4(红鱼粉) ≥3.4(白鱼粉)	≥4.2	≥3.8
蛋氨酸/%	≥1.7(红鱼粉) ≥1.5(白鱼粉)	≥1.5(红鱼粉) ≥1.3(白鱼粉)	≥1.3	
胃蛋白酶消化率/%	≥90(红鱼粉) ≥88(白鱼粉)	≥88(红鱼粉) ≥86(白鱼粉)	≥85	
发挥性盐基氮(VBN)/(mg/100 g)	≤110	≤130	≤150	
油脂酸价/(KOH)/(mg/g)	≤3	≤5	≤7	
尿素/%	≤0.3	≤0.7		
组胺/(mg/kg)	≤300(红鱼粉)	≤500(红鱼粉)	≤1 000(红鱼粉)	≤1 500(红鱼粉)
	≤40(白鱼粉)			
铬(以 6 价铬计)/(mg/kg)	≤8			
粉碎粒度/%	≥96(通过筛孔为 2.80 mm 的标准筛)			
杂质/%	不含非鱼粉原料的氮物质(植物油饼粕、皮革粉、羽毛粉、尿素、血粉肉骨粉等)以及加工鱼露的废渣			

2. 漂浮法

取少许样品放入洁净的玻璃杯子中，加入10倍体积的水，剧烈搅拌后静置。观察水面漂浮物和水底沉淀物，如果水面有羽毛碎片或植物性物质(稻壳粉、花生壳粉、麦麸等)或水底有沙石等矿物质，说明鱼粉中掺入该类物质。

3. 气味测试法

根据样品燃烧时产生的气味判别是否掺入植物性物质。真品燃烧时是毛发燃烧的气味，如果出现谷物干炒的芳香味，说明掺入植物性物质。

另外还可以根据气味辨别是否掺入尿素。只需取样品20 g放入小烧瓶中，加10 g生大豆粉和适量水，加塞后加热15～20 min，去掉塞子后如果能闻到氨气味，说明掺入尿素。

4. 气泡鉴别法

取少量样品放入烧杯中，加入适量稀盐酸或白醋，如果出现大量气泡并发出吱吱声，说明掺有石粉、贝壳粉、蟹壳粉等物。

5. 显微镜检法

显微镜检法是最常用的一种方法，可以识别出大多数掺假物，但因为需要使用立体显微镜，故一般常用于大中型饲料企业或养殖户。

使用显微镜检法需要熟悉一些常见掺假物的典型显微特征。谷壳粉中谷壳碎片外表面有纵横条纹；麦麸中麦片外表面有细皱纹，部分有麦毛；棉籽饼中棉籽壳碎片较厚，断面有褐色或白色的色带呈阶梯形，有些表面附有棉丝；菜籽饼中菜籽壳为红褐色或黑色，较薄，表面呈网状；贝壳粉颗粒方形或不规则，色灰白，不透明或半透明；花生壳有点状或条纹状突起，也有成锯齿状；碱处理的骨粒出现小孔。

二、肉粉、肉骨粉的识别及感官鉴定

(一)肉粉

肉粉是用动物屠宰后或肉品加工厂的下脚料经干燥而得到的产品(图1-33)，纯肉粉中不含骨头。

肉粉营养特性：蛋白质为45%～50%，以结缔组织蛋白为主，品质不好，赖氨酸含量较高，但蛋氨酸和色氨酸含量低，利用率变化大。含粗脂肪4.8%～7.2%，粗灰分20.1%～24.8%，钙5.3%～9.2%，磷2.5%～4.7%，属良好的钙、磷来源。

肉粉是很好的动物性饲料，优质肉粉相当或稍次于鱼粉。在猪和鸡的饲粮中都有添加使用，奶牛中可用量多，但肉牛和绵羊很少使用。

但在生产中应用应注意以下问题：

(1)肉粉含脂肪高，不宜存放过久，以防脂肪氧化酸败，造成鸡群生产性能下降的损失。

(2)优质肉粉含灰分4%～7%,掺有皮革粉或其他物质,往往使灰分超过21%,高的达40%以上。据张若寒测定,含灰分44%的肉粉,其赖氨酸、苏氨酸、异亮氨酸三种氨基酸的消化率仅为52%～53%。所以对含灰分高的肉粉不可使用。

(3)肉粉的用量不可过高。肉粉含色氨酸和含硫氨基酸少,用量最好不超过4%,并注意这两种氨基酸的平衡。

(4)注意肉粉质量。据美国AAFCO(美国饲料管理人员协会)的规格规定,除了必不可少的微量夹杂物外,不得混有杂毛、角、皮、粪便等物,也不得掺杂血粉,胃蛋白酶不溶物应在14%以下。

(二)肉骨粉

肉骨粉是用动物屠宰后或肉品加工厂的下脚料经干燥而得到的产品,加工中含有骨头(图1-34)。

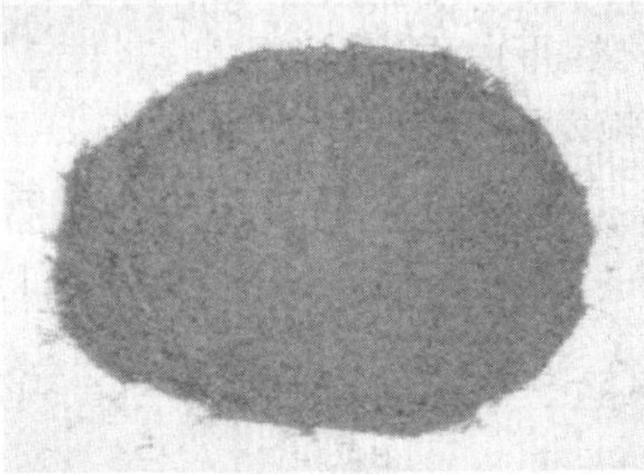

图1-33　肉粉

图1-34　肉骨粉

肉骨粉粗蛋白质的含量20%～50%,与鱼粉和豆粕相比,优质肉骨粉氨基酸消化率比鱼粉的低3%～8%,约为豆粕的95%。

肉骨粉加工方法及原料品质的变化使肉骨粉的产品外观有很大差异。一般幼龄畜禽不宜使用,猪鸡饲粮以5%以下为宜。反刍动物禁用,它的品质可以用以下方法鉴别。

1.看其颜色、形状

肉骨粉是呈黄色至淡褐色和深褐色粉状物,含脂肪高的色深,牛羊肉骨粉颜色较深,猪肉骨粉颜色较浅,含有细骨粒、肉质和脂肪球。

2.借助镜检可见黄色至淡褐色或深褐色固体颗粒,显油腻

组织形态变化很大,肉质表面粗糙并黏有大量细粉,一部分可看到白色或黄色条纹和肌肉纤维纹理,肉质为较硬的白色、灰色或浅棕黄色的块状颗粒,不透明或半透明,带点儿斑点,边缘圆钝。经常混有血粉特征,也有混入动物毛发的,毛发特

征为长而粗，弯曲。颜色不同，羊毛通常是无色的半透明弯曲线条。

3. 闻

肉骨粉闻之有腊肉香味。若有异味、异臭、氨味和焦味则表明此肉骨粉不新鲜，存放时间过长，已腐败。

4. 抓

抓一把肉骨粉握紧，松开后，能自然散开，否则可判断此肉骨粉水分及脂肪含量较高。

5. 口含

口含少许能成团，咀嚼时有肉松感，有肉香味，无其他异味，无细硬物，若有且多，则表明砂份含量较高，味咸则盐分含量高，味苦则表明曾自燃或烘焦过。

三、血粉、羽毛粉等其他蛋白质饲料

(一)血粉

血粉是将畜、禽血液脱水加工成的粉状动物性蛋白质饲料(图 1-35)。

血粉营养丰富，含 80％以上的粗蛋白质。赖氨酸、亮氨酸含量高，赖氨酸含量居天然饲料之首。

需要注意的是，血粉适口性差，氨基酸组成不平衡。在肉仔鸡、仔猪饲料中用量小于 2％，成年猪饲料中小于 10％。

(二)羽毛粉

羽毛粉(图 1-36)是家禽羽毛加工处理后的产品。粗蛋白质含量很高，达 80％～85％，但 85％～90％为角蛋白，含硫氨基酸含量很高，居天然饲料之首，以胱氨酸为主，但蛋氨酸、赖氨酸、色氨酸含量较低，氨基酸不平衡。因加工方法不同，羽毛粉的生物利用率变异较大。

图 1-35 血粉

图 1-36 羽毛粉

（三）蚕蛹

蚕蛹（图 1-37）中含有一半以上的粗蛋白质和 1/4 以上的粗脂肪，既可用作蛋白质补充料，又可补充畜禽饲料能量之不足。但蚕蛹中含不饱和脂肪酸较多，不便贮存。

（四）啤酒糟

啤酒糟是啤酒生产的副产物（图 1-38）。是大麦提取可溶性碳水化合物后的残渣。

图 1-37　蚕蛹

图 1-38　啤酒糟

营养特性：粗蛋白含量 22%～27%，粗纤维 13%～18%，矿物质和维生素含量丰富。

饲喂价值：能量低，肉鸡不宜用；中大鸡可用 5%～20%；犊牛 20%以下，其他反刍动物可用到 50%。

任务三　非蛋白质氮的利用

【学习目标】

学会尿素等非蛋白质氮在牛、羊生产中的正确使用。

【操作与实施】

一、非蛋白质氮的利用及注意事项

（一）非蛋白质氮的利用

非蛋白质氮是指蛋白质之外的其他含氮化合物，如可饲用的硫酸铵、醋酸铵、氯化铵、双缩脲、异丁基二脲、尿素等。它们是简单的纯化学物质，对于动物并无能量的营养效应。其作用只是供给瘤胃微生物合成蛋白质所需的氮源，从而起到补充蛋白质营养的作用。使用非蛋白氮作为反刍动物蛋白质营养的补充来源，已在全世界范围内普遍采用，并取得了显著效果。生产中常用的是尿素（图 1-39，图 1-40）。

图 1-39 颗粒尿素

图 1-40 粉末尿素

尿素[$Co(NH_2)_2$]为白色晶体，无臭，味微咸苦，易溶于水，吸湿性强。纯尿素含氮量为 46.6%，商品尿素一般含氮为 45%，折算为粗蛋白质则每千克尿素相当于 2.8 kg 的粗蛋白质。如果说豆饼含粗蛋白质 40%，那么每千克尿素则相当于 7 kg 豆饼的粗蛋白质含量。

反刍动物瘤胃微生物能产生脲酶，可分解尿素。当尿素进入瘤胃后，被脲酶分解产生氨和二氧化碳。微生物利用氨作为氮源营养，合成菌体蛋白，最后被消化分解为氨基酸而被机体吸收利用。

（二）尿素使用的注意事项

1. 尿素只能供成年反刍动物使用

一般认为 6 月龄以上的反刍动物使用效果好，而幼年动物使用不但效果不佳，还会出现氨中毒。

2. 饲喂尿素要有适应期

根据动物种类和生长阶段的不同，适应期有长有短，一般为 2～3 周。同时应注意顺序渐近，饲喂量由少到多。使用时不要时用时停，以免影响瘤胃微生物的平衡。

3. 饥饿或空腹时不能饲喂。

空腹状态的家畜饲喂尿素时，会增加中毒的可能性，因此饲喂时应少喂多餐。

4. 不能将尿素单独饲喂，更不能溶于水中饮用，否则随水进入真胃，引起中毒

喂前 1 h 和喂后 2 h 内不能饮水。

5. 在添加尿素的日粮中，必须有一定数量的容易消化的碳水化合物和蛋白质

在粗饲料为主的日粮中，添加尿素时，应适当增加含淀粉的精料；为了提高尿素的利用率，一般在补加尿素的日粮中，蛋白质水平以 9%～12%为宜。

6. 牛羊在喂尿素时，应禁用或少用生豆类、生豆饼、紫花苜蓿、南瓜、紫穗槐叶等

主要原因是：

(1)生豆类、生豆饼、紫花苜蓿、南瓜、紫穗槐叶等饲料均属含尿素酶的饲料，尿素酶在瘤胃中可加速尿素分解，并在短时间内大量释放氨，使瘤胃中有益菌不能大量繁殖，因而不能获得大盘菌体蛋白，牛羊饲喂尿素也就失去了作用和意义。同时，释放出的氨被瘤胃吸收后可引起牛羊尿素中毒，造成直接经济损失。

(2)尿素和含高蛋白的饲料同时饲喂，影响尿素饲喂效果。上述各种饲料除南瓜外，豆饼、黄豆、黑豆等粗蛋白含量均在 20%以上，因而不宜与尿素同时饲喂。凡是粗蛋白含量超过 12%的饲料，即使不含尿素酶也应禁止同时与尿素饲喂牛羊。

7. 高产奶牛(产奶量 25 kg/d 以上)不宜喂含尿素的饲料

因为在产奶量较高时，瘤胃中微生物合成菌体蛋白速度降低，而不能很好地利用尿素，不仅会造成浪费，还对牛健康有不利影响和加重对环境的污染。

二、非蛋白质氮的添加

反刍动物瘤胃中氨的利用率与氨的释放速度及氨的浓度密切相关。若释放速度过快，氨则不能全部被微生物所利用，使一部分氨通过肠壁由血液带到肝中再转化为尿素而排入尿中，造成饲料浪费。当血液中氨的浓度升高到一定程度时，便发生氨中毒。故保持瘤胃内的微生物环境，平衡尿素在瘤胃内的释放速度与瘤胃内的微生物合成菌体蛋白质的速度是牛羊有效利用尿素的关键。

(一)适宜的喂量

尿素可替代日粮中 20%～30%的粗蛋白质，其余的蛋白质需从日粮中获得。尿素的饲喂量可按每 100 kg 体重喂量为 20～30 g，或精饲料的 2%～3%，或日粮干物质总量的 1%～2%。一般成年牛每头日供给量不得超过 100 g，育肥肉牛日喂量可达 80～100 g，肉羊日喂量可达 30～50 g。在饲喂时，饲料与尿素要拌和均匀，1 d 的喂量要分 2～3 次喂给。

(二)正确的喂法

1. 制成尿素青贮料或氨化饲料饲喂

玉米或小黑麦蛋白质含量低，青贮时添加尿素可以提高粗蛋白含量。一般按青贮原料鲜重的 0.5%添加尿素，最多不超过 1%。

2.拌入精料混合料饲喂

肉牛、奶牛、育成牛饲喂时，可把尿素均匀拌入精料混合料中喂给。一般尿素在混合精料中添加比例2%～3%，否则适口性较差。

3.与易消化碳水化合物含量高的饲料混匀饲喂

将尿素与易消化的饲料如甜菜渣、果渣、甘蔗渣等均匀混合，供牛羊采食。

4.均匀洒在生长的牧草上

在放牧前将尿素喷洒在缺乏蛋白质的低劣牧草上，而后立即进行放牧。这种方法的缺点是浪费较大。

5.制作尿素食盐舔砖

将尿素、食盐、微量元素及饲料混合，制成舔砖，供牛舔食，为了增加适口性，也可添加少许糖蜜。

6.包被尿素或糊化淀粉尿素

目的是提高尿素的利用率，减慢其降解速度，包被材料可用羧甲基纤维素钠或不饱和脂肪酸酯。将淀粉糊化并与尿素混合，既可以提供能源与碳，又可起到包被尿素的作用。

三、尿素中毒及其防治

饲料混拌不匀，配比不当，饮水不当或稀喂，饲喂的粗饲料质量太差，喂给尿素前采食太少等都可导致尿素中毒。

牛在食入中毒量的尿素后，30～60 min即出现症状，起初表现为沉郁和呆滞，接着表现不安和感光过敏，呻吟，反刍停止，鼓气，肌肉抽搐，步态不稳，反复出现强直性痉挛，呼吸困难，脉搏加快，出汗，流涎，后期病畜倒地，四肢呈游泳状运动，常因窒息而死亡。

解剖后无特征性变化，有的仅表现为轻微的肺水肿，充血和瘀斑。瘤胃内容物有氨臭味，口鼻充满泡沫状液体，有的可见到全身性静脉淤血，器官充血，严重肺水肿，胸腔积液，心包积水，肝脏、肾脏脂肪变性，有的心内膜和心外膜下出血。

尿素中毒无特效疗法，可采用对症治疗。但发现中毒症状后立即停喂尿素，病初可洗胃或使用泻剂。口服大量食醋酸化瘤胃内容物，疗效较好。口服抗菌药，抑制瘤胃内细菌，减少氨的产生。

最常用的治疗方法是灌服20～40 L凉水，使瘤胃液温度下降，从而抑制尿素的溶解，使氨的浓度下降。也可服用食醋500～1 000 mL或灌服白糖水1 000 mL，抑制尿素的分解。还可以配合20%硫代硫酸钠100～200 mL，或10%葡萄糖酸钙200～500 mL，静脉注射。瘤胃鼓气时，进行瘤胃穿刺放气后再用鱼石脂10～

30 g,75%酒精 50～100 mL,水 500～1 000 mL,灌服。

任务四 动物蛋白质营养不足的判断

【学习目标】

掌握动物蛋白质营养不足的临床表现,并从饲料来源、代谢利用、疾病、寄生虫等多方面分析造成动物蛋白质营养不足的原因。

【操作与实施】

一、动物蛋白质营养不足时机体外观症状观察

蛋白质和核酸是生命活动的物质基础,是塑造一切细胞和组织结构的重要成分。蛋白质在动物营养中占有特殊地位,它的营养作用是其他营养物质不能替代的。但是蛋白质的补充必须适量,过多或过少都会对动物体造成伤害。

(一)蛋白质不足的后果

饲料中蛋白质不足或蛋白质品质低下,影响动物的健康、生长、繁殖及生产性能,其主要表现有:

1. 消化机能紊乱

饲粮中蛋白质的缺少会影响消化道组织蛋白质的更新和消化液的正常分泌。动物会出现食欲下降,采食量减少,营养不良及慢性腹泻等现象。

2. 幼龄动物生长发育受阻

幼龄动物正处于皮肤、骨骼、肌肉等组织迅速生长和各种器官发育的旺盛时期,需要蛋白质多。若供应不足,幼龄动物增重缓慢,生长停滞,甚至死亡(图 1-41,图 1-42)。

图 1-41 鸡生长受阻

图 1-42 猪生长受阻

3. 易患贫血症及其他疾病

动物缺少蛋白质，体内就不能形成足够的血红蛋白和血细胞蛋白而患贫血症（图1-43至图1-45）。并因血液中免疫抗体数量的减少，使动物抗病力减弱，容易感染各种疾病。

图1-43 猪贫血

图1-44 鸡贫血

4. 影响繁殖

公畜性欲降低，精液品质下降，精子数目减少；母畜不发情，性周期失常，卵子数量少，质量差，受胎率低。受孕后胎儿发育不良，产生弱胎、死胎或畸形胎儿（图1-46）。

图1-45 牛贫血

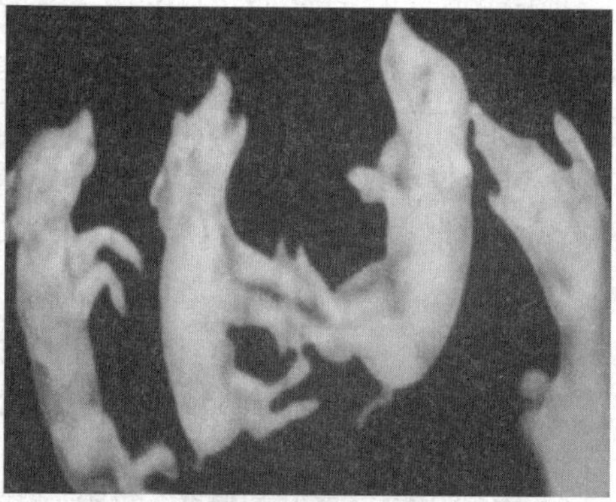

图1-46 胎儿发育不良

5. 生产性能下降

可使生长动物增重缓慢，泌乳动物泌乳量下降，绵羊的产毛量及家禽的产蛋量减少，而且动物产品的质量也降低。

(二)蛋白质过量的危害

饲粮中蛋白质超过动物的需要,不仅造成浪费,而且多余的氨基酸在肝脏中脱氨,形成尿素由肾随尿液排出体外,加重肝肾负担,严重时引起肝肾的病患,夏季还会加剧。

二、动物贫血的临床症状及血细胞变化观察

动物贫血根据病因学可分为四类:失血性贫血、溶血性贫血、营养性贫血和再生障碍性贫血。一般生长较快的幼龄动物和处于生产高峰期的母畜易发生贫血。幼畜发病后,因缺少组成机体的原料而生长发育迟缓。因机体蛋白质缺乏,血液的胶体渗透压降低,血液中的水分外渗而导致皮下发生水肿。还可导致营养性贫血,血液中的血细胞总数下降,血红蛋白的含量也降低,外观可见鸡冠苍白等症状。由于血液中免疫球蛋白含量下降,动物的体质下降,抗病能力差,易继发其他传染性疾病而死亡。产蛋的母鸡主要表现为产蛋量下降甚至停产,母畜生产性能下降。种公畜精子活力差,配种能力下降,种蛋的受精率和孵化率都降低。由于蛋白质营养不足,铁的缺乏,血红蛋白的合成减少,体积变小,导致发生小细胞低色素性贫血。

三、造成动物蛋白质营养不足的其他因素分析

蛋白质是复杂的有机物质,主要由氨基酸组成,是禽类生长所需要的三大营养物质之一。不同的蛋白质中各种氨基酸的比例也不同,各种不同的氨基酸在家禽的生命活动中是必需的,它是组成机体的主要成分,并组成酶、激素和抗体,参与机体的新陈代谢活动。

在生产实践中,动物发生蛋白质营养不足,除去饲料蛋白质质量直接关系外,还与动物种类、应激、代谢、采食量、环境等其他因素有着密切关系(图 1-47)。

(一)动物的种类、年龄

动物的种类不同,对饲料中蛋白质的消化能力差异很大,反刍动物最高,猪次之,蛋鸡差、肉鸡最差。脂肪型猪比瘦肉型猪对劣质蛋白原料的消化率更高。

幼龄畜禽消化吸收能力差。随着日龄的增长,蛋白质消化吸收率一般表现为先上升后下降趋势。

若畜禽生长发育迅速,新陈代谢旺盛,就需要更多的蛋白质,特别是一些体内不能够合成的必需氨基酸,如精氨酸、赖氨酸、蛋氨酸等。当饲料中蛋白质含量不足或蛋白质的品质较差时,就可发生蛋白质缺乏症。近年来由国内培育的或由国

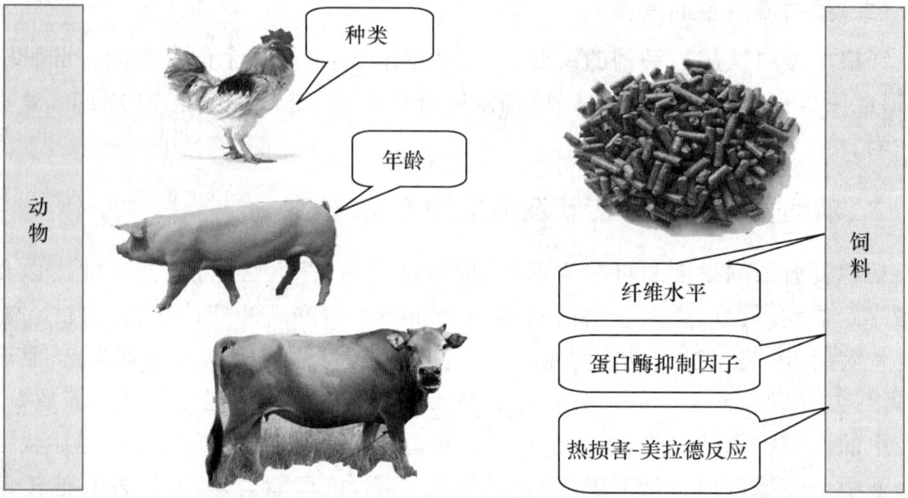

图 1-47 影响蛋白质营养的因素

外引进的一些生长速度快的品种，特别是肉用鸡，更易发生蛋白质营养不足导致贫血。

(二)粗纤维含量和种类

饲粮粗纤维含量提高，增加食糜排空速度，减少了与消化酶接触的时间；粗纤维吸附蛋白酶，降低酶活性，抑制蛋白质水解。果胶可以形成凝胶，阻碍消化酶与食糜蛋白质的混合。木质素可能通过与氨基酸形成疏水键发挥作用，显著降低粗蛋白质和氨基酸消化率。

(三)抗营养因子

胰蛋白酶抑制因子、单宁、外源凝集素、皂苷、脲酶、植酸、非淀粉多糖、低聚糖、致过敏因子等都会影响饲料蛋白质的消化利用。

(四)饲料加工调制

适当的热处理不但使蛋白质变性，有利于消化酶发挥作用，而且能够破坏蛋白酶抑制因子。但是，热处理温度过高或时间过长，对氨基酸的消化吸收有不利影响。

美拉德(Maillard)反应：蛋白质加热 150℃以上，干燥的条件下蛋白质肽链上的游离氨基(如赖氨酸 ε-氨基)与还原糖(如葡萄糖或乳糖)中的醛基形成了一种氨糖复合物，不能被蛋白酶消化。

(五)饲料添加剂

植酸酶、纤维素酶、蛋白酶、酸制剂、抗生素等在饲料中的添加,影响饲料中蛋白质的消化吸收和利用。

【注意事项】

羽毛粉、蹄角粉、水解粉、牛毛粉、家禽的羽毛和家畜的蹄壳、角、毛等,是屠宰场的废弃物。我国年产羽毛、蹄壳、角等几十万吨,其蛋白质的化学成分与一般蛋白质的成分一样,不同的是其分子形状似纤维,分子结构中多肽链之间形成了很多二硫键(—S—S—),结构紧密结实,在水、稀酸及盐类溶液中不溶解,不经处理在动物体内很难消化吸收。为了利用这些蛋白质资源,必须采用特殊方法破坏其二硫键。目前,国内外对羽毛、蹄壳、角的处理一般采用物理和化学的方法。

(一)加工方法

1.物理法高压蒸煮水解角蛋白质的工艺流程

高压加热蒸煮→干燥→粉碎。

角蛋白质加工的关键是保证产品最佳营养价值,蒸煮不透,羽毛粉消化率低;蒸煮过分,既造成养分损失,又不利动物消化吸收。一般认为,蒸汽压力 445 kPa,温度 121℃,蒸煮 30 min 是较理想的水解方法。也可以用膨化法加工角质蛋白:将初步水解的羽毛、蹄壳,放在 150℃温度环境下膨化,所得产品质地疏松、消化率提高,但营养物质损失较多。

2.化学法

(1)酸处理。用酸水解法处理毛发,可先提取 3%~5%的胱氨酸,这是一种重要的医药工业原料,经济价值很高,然后将残渣挤去酸液,干燥粉碎过筛用于饲料。

(2)碱处理。在羽毛中加入 0.2%苛性钠溶液,加热至煮沸,洗去碱液或用稀盐酸中和,干燥粉碎过筛即成羽毛粉。

化学法处理角蛋白质与水解法比较,粗蛋白质含量低,易黏结。

3.酶解法

威克斯和威尔德在美国专利(3,587,461)中阐述,用精选的中性碱或碱性蛋白酶,或这两种蛋白酶的混合物在液体介质中水解羽毛。

4.微生物发酵法

用微生物发酵方法加工角蛋白质,已引起国内外的重视。美国北卡罗来纳州立大学 Jason 新近发现一种羽毛降解菌,并创建了把羽毛转化成具有营养性粉料的加工方法。该法加工的产品,可提供相当于大豆饼的蛋白质,营养全面。

(二)羽毛、蹄角粉的一般成分及氨基酸含量(表 1-14,表 1-15)

表 1-14 羽毛、蹄角一般成分

	干物质/%	占干物质/%						
		粗蛋白质	粗纤维	灰分	乙醚抽出物	无氮浸出物	钙	磷
生羊羔蹄	38.6	69.5	0.0	15.8	14.7	0.0	2.10	8.75
角蹄粉	89.6	88.6	0.0	5.6	4.7	1.1	0.80	0.73
羽毛粉	93.0	91.4	0.4	3.8	3.9	0.5	0.42	0.50
水解猪毛粉	36.8	96.7	0.0	1.0	2.3	0.0	0.34	0.14
水解羊毛粉	80.5	51.6	12.2	26.0	10.2	0.0		

表 1-15 羽毛、蹄角粉蛋白质的氨基酸含量

	水解羽毛粉	膨化羽毛粉	(加尿素)水解蹄解粉	膨化蹄解粉
蛋白质/%	82.19	80.96	89.87	87.92
氨基酸(每 100 g 蛋白质中的氨基酸含量)				
天门冬氨酸	6.46	5.66	8.09	7.55
苏氨酸	3.86	3.47	4.18	3.98
丝氨酸	9.88	8.39	7.27	6.79
谷氨酸	8.72	8.14	16.0	15.2
脯氨酸	9.53	9.38	4.24	4.20
甘氨酸	9.78	8.57	7.16	6.66
丙氨酸	5.16	4.58	4.88	4.70
胱氨酸	2.95	2.16	1.53	1.50
缬氨酸	6.62	5.90	5.20	5.06
蛋氨酸	0.49	0.49	1.24	1.30
异亮氨酸	4.02	3.64	3.87	3.75
亮氨酸	8.84	7.76	9.07	8.69
酪氨酸	4.84	4.57	6.18	6.17
苯丙氨酸	4.81	4.40	3.84	3.72
赖氨酸	0.92	0.98	4.25	4.09
组氨酸	0.51	0.49	1.11	1.14
精氨酸	6.71	5.95	10.8	10.0
色氨酸	0.46	0.43	1.08	1.04
氨基酸总量	94.55	84.96	99.99	95.54

从表1-14,表1-15中可以看出,角蛋白质产品的粗蛋白含量都很高,是一种优质蛋白来源。但是与鱼粉相比,其赖氨酸、蛋氨酸、色氨酸和组氨酸含量偏低,配入禽畜日粮中往往不能获得氨基酸平衡。

(三)应用

(1)在鸡、鸭日粮中添加3%羽毛粉,可以取代2%鱼粉和3%大豆饼,有利于羽毛生长,缩短换羽期和防止鸡的啄癖。羽毛粉用于肉鸡日粮中时,在添加适量赖氨酸和蛋氨酸的情况下,添加5%的羽毛粉可取代3%的进口鱼粉。鸡饲料中添加适宜羽毛粉,还可以减少啄肛。水解毛发粉在家禽日粮中的添加比例在3%以下为宜。

(2)在猪日粮中添加4%羽毛粉,可以作为蛋白质饲料。水解毛发粉喂猪效果不好,应避免使用。

(3)在牛日粮中用25%～50%的毛发粉取代大豆饼,牛的增重变化不大。

(4)在兔的日粮中添加3%羽毛粉,可以提高兔的产毛量,体重也明显增加。

(5)在水产饲料中添加3%～5%的羽毛粉,罗非鱼、对虾的成活率,日增重都有所提高。

【知识链接】

蛋白质是生命过程的重要物质,是组成机体结构物质,体内活性物质的主要成分,是组织更新、修补的原料。蛋白质占动物机体固形物总量的50%左右,肌肉、肝、脾、肾等实质器官的蛋白质含量可高达80%以上。由此可见,饲料中蛋白质的供应对畜禽生存和生产具有重要的作用。

对猪、鸡蛋白质、氨基酸营养的认识是从对总蛋白质的需要,到必需氨基酸和非必需氨基酸的需要,以至可利用氨基酸需要和完全蛋白质的概念,最终到理想氨基酸模式理论的建立(ARC,1981,NRC,1988)。氨基酸是构成蛋白质的基本单位,所以动物蛋白质的营养,实质上是对氨基酸的营养。

蛋白质是由氨基酸组成的。如果饲料蛋白质中的氨基酸的组成种类齐全而且比例适宜,它转化为动物体蛋白质的效率就高。

一、有关氨基酸的一些概念

动物体内蛋白质合成和降解代谢是一个连续的过程,生长动物体内蛋白质的合成大于分解,成年后合成与分解处于平衡,但是在这一过程中总有一些氨基酸分解成尿素或尿酸排出体外。用于体蛋白质合成的氨基酸大约60%(生长动物)和80%(成年动物)来自体蛋白的降解,剩余的20%～40%必须由饲料提供,这就构成了单胃动物对氨基酸的需要量。

(一)必需氨基酸

必需氨基酸指在动物体内不能合成,或者能合成但合成速度及数量不能满足需要,必须通过饲料提供的氨基酸。

对成年单胃动物必需氨基酸有8种。即赖氨酸、蛋氨酸、色氨酸、缬氨酸、苏氨酸、苯丙氨酸、亮氨酸、异亮氨酸。对生长动物有10种,即除上述8种外,尚需补充精氨酸、组氨酸。对于家禽必需氨基酸有11种,除与猪相同的10种外,还有甘氨酸,甘氨酸可在鸡体内合成,但不能满足它的需要(排出尿酸),因此也是必需氨基酸。对雏鸡有13种,除上述10种外,尚需补充甘氨酸、胱氨酸、酪氨酸。

一般饲养条件下,反刍动物对必需氨基酸的需要量约40%依赖微生物合成,其余60%则来自饲料。对于中等生产水平的反刍动物,上述来源的氨基酸一般可满足其对必需氨基酸的需要,但是对于高产乳牛和高产绵羊,上述来源的氨基酸却不能充分满足需要,从而限制了反刍动物生产潜力的发挥。据研究,日产奶15 kg以上的乳牛,蛋氨酸和亮氨酸是限制性氨基酸,而日产奶30 kg以上的乳牛,除上述氨基酸外,赖氨酸、组氨酸、苏氨酸、苯丙氨酸可能都是限制性氨基酸。

现已确认,蛋氨酸乃是反刍动物的最主要限制性氨基酸,这是因为高产乳牛泌乳和高产绵羊产毛需要大量蛋氨酸,而许多因素却限制了蛋氨酸的供给量。其中主要因素:

(1)瘤胃微生物合成的蛋氨酸数量相对较少。

(2)植物性饲料特别是粗饲料中往往缺乏蛋氨酸。

(3)饲料含有的蛋氨酸和瘤胃中合成的蛋氨酸,其中有30%~60%在瘤胃中遭到破坏分解而不能进入小肠被机体吸收利用。

(二)半必需氨基酸

半必需氨基酸是指机体内以必需氨基酸作为前体合成的氨基酸,反应是不可逆的,饲粮中补充半必需氨基酸可以在一定程度上节约对应的必需氨基酸。

如:由蛋氨酸合成半胱氨酸和胱氨酸;由苯丙氨酸氧化生成酪氨酸;由甘氨酸合成丝氨酸。半胱氨酸或胱氨酸、酪氨酸以及丝氨酸就是半必需氨基酸。

实践中,饲料中胱氨酸满足动物的需要可使其对蛋氨酸需要量降低40%,酪氨酸满足需要则可使苯丙氨酸需要量降低30%。

(三)条件性必需氨基酸

条件性必需氨基酸是指动物在某一生长阶段或生理状态下,内源合成量不能满足需要,必须由饲粮提供的氨基酸。

精氨酸对高产母猪和断奶仔猪,谷氨酰胺对仔猪和肠道损伤动物,组氨酸对妊娠母猪,脯氨酸对哺乳仔猪,甘氨酸对家禽,蛋氨酸对高产奶牛或快速生长肉牛。

(四)非必需氨基酸

非必需氨基酸是指动物体内能够合成或由其他氨基酸转化代替,无须饲料提供即可满足需要的氨基酸。如丙氨酸、谷氨酸、丝氨酸、羟谷氨酸、脯氨酸、瓜氨酸、天冬氨酸等。

饲料中的氨基酸分为必需氨基酸和非必需氨基酸,但从营养角度考虑都是动物合成体蛋白和产品蛋白所必需的营养,且它们之间的关系密切。非必需氨基酸一般占动物总氨基酸需要的55%,如果非必需氨基酸不能满足需要,机体将利用必需氨基酸合成,结果引起必需氨基酸的缺乏。在饲养实践中不可忽视。

(五)限制性氨基酸

饲料或日粮中缺少一种或几种必需氨基酸时,就会限制其他氨基酸的利用,使整个日粮蛋白质的利用率下降,我们就将这缺少的氨基酸称作该日粮的限制性氨基酸。

常用饲料中,赖氨酸、蛋氨酸、色氨酸不能满足动物的需要,这3种氨基酸称为限制性氨基酸。通常,按其短缺的程度依次列为第一、第二、第三……限制性氨基酸。例如,在常用植物性饲料中,赖氨酸、蛋氨酸的含量满足不了猪禽的需要,另外,赖氨酸在组织中不能合成,不能复原,也不能由其他氨基酸替代。因此,对于生长猪,称赖氨酸为第一限制性氨基酸,称蛋氨酸为第二限制性氨基酸。实践表明,适当添加赖氨酸、蛋氨酸,能有效地提高饲料蛋白质的利用率。

在家畜饲养中,不仅要求饲粮中有一定的蛋白质数量,而且要求有一定的质量。蛋白质的质量决定于其中所含的必需氨基酸量及其平衡情况。

饲料种类不同,所含必需氨基酸的种类和数量有显著差别。一般地说,动物性蛋白质含必需氨基酸全面而且比例适当,品质较好。谷类及其他植物性蛋白质含必需氨基酸不全面,量也较少,因而品质较差。动物则由于种类和生产性能等不同,对必需氨基酸的需要量也有明显差异。因此,同一种饲料对不同动物或不同种饲料对同一种动物,限制性氨基酸的种类和顺序不同。谷实类饲料中赖氨酸均为猪和肉鸡的第一限制性氨基酸,蛋白质饲料中一般蛋氨酸比较缺乏。大多数玉米-豆饼型日粮,蛋氨酸和赖氨酸分别是家禽和猪的第一限制性氨基酸。

二、蛋白质的营养价值

(一)非反刍动物饲料中蛋白质营养价值评定方法

1. 粗蛋白质(CP)

粗蛋白质反映饲料或饲粮含氮物质的总量,是饲料营养价值评定和配合饲粮的基础指标。测定方法简单,应用广泛。

2. 可消化粗蛋白质(DCP)

饲料中蛋白质能够被消化吸收的部分,是饲料总蛋白质减去粪中排出的部分。即饲料粗蛋白质含量乘以消化率。

饲料可消化蛋白质含量是表达蛋白质质量的指标之一。

3. 蛋白质的生物学价值(BV)

表观生物学价值(ABV)指动物沉积氮与吸收氮之比。

$$ABV=\frac{食入氮-(粪氮+尿氮)}{食入氮-粪氮}\times 100\%$$

真生物学价值(TBV)在ABV基础上从粪氮中扣除内源的代谢粪氮(MFN),从尿氮中扣除内源尿氮(EUN)。

$$TBV=\frac{食入氮-(粪氮-MFN)-(尿氮-EUN)}{食入氮-(粪氮-MFN)}\times 100\%$$

BV反映了蛋白质消化率和可消化蛋白质的平衡。不同饲料对同一种动物蛋白质的生物学价值不同(表1-16),BV高,说明饲料中蛋白质可消化氨基酸组成与动物需要更接近。

表1-16 不同饲料对猪的表观生物学价值(BV)

饲料	BV	饲料	BV
鸡蛋	96	小麦麸	64
牛奶	92	生大豆	64
鱼粉	76～90	棉籽	64
肌肉	75	玉米	54～60
大豆(热处理)	75	豌豆	48
马铃薯	71	小麦谷蛋白	40
酵母	70	蚕豆	38
谷物	64～67	明胶	25

4. 净蛋白利用率(NPU)

净蛋白利用率指动物体沉积的氮与食入的氮的比。

$$NPU=\frac{沉积氮}{食入氮}\times 100\%=\frac{食入氮-(粪氮+尿氮)}{食入氮}\times 100\%$$

也可以应用BV×氮的消化率。

净蛋白利用率是饲料蛋白质营养价值的综合评定指标,既反映了饲料蛋白质的消化性,也反映了消化产物中氨基酸组成的平衡状况。

5. 蛋白质效率比(PER)

蛋白质效率比是动物体增重与食入蛋白质或氮的比例。

$$PER=\frac{体增重(g)}{蛋白质或氮的食入量(g)}$$

蛋白质效率比也是饲料蛋白质营养价值的综合评定指标,与净蛋白利用率相比,用体增重代替了蛋白质或氮的沉积量,更为简单、直观。

蛋白质的生物学价值、净蛋白利用率、蛋白质效率比、化学比分和必需氨基酸指数缺陷,都不具有可加性,反映的是单一饲料的营养价值,不能预测几种饲料配合使用时氨基酸互补效果,从饲粮原料的营养价值也不能推测出饲粮的营养价值。在评定饲料营养价值时存在片面性,目前已很少使用。

6. 氨基酸含量

氨基酸含量是目前饲料营养价值评定和饲料配方时经常使用的指标之一,是饲料中氨基酸的化学分析值。它具有可加性,可以反映饲料氨基酸平衡状况,但不能反映饲料蛋白质的消化性。

7. 可消化氨基酸

可消化氨基酸是摄入的饲料氨基酸减去粪中排出的氨基酸。

按照排泄物收集部位的差异,可分为回肠末端可消化氨基酸和肛门可消化氨基酸。

按照是否从粪氮中扣除内源氨基酸分为表观可消化氨基酸和真可消化氨基酸。

表观可消化氨基酸(ADAA)是食入氨基酸与粪中排出氨基酸的差。

真可消化氨基酸(TDAA)是从ADAA中扣除内源排泄氨基酸后的氨基酸量。

在扣除氨基酸内源排泄量时,用无氮日粮法测定内源氨基酸含量,这种方法测得的真可消化氨基酸称为标准可消化氨基酸。

8. 可利用氨基酸

可利用氨基酸特指动物摄入饲料中可以被用于蛋白质合成的那部分氨基酸。

这部分氨基酸与氨基酸摄入量的比值称为饲料的氨基酸利用率。

在家禽饲料营养价值评定中通常采用可利用氨基酸和氨基酸利用率。

(二)反刍动物饲料中蛋白质营养价值评定方法

1. 粗蛋白质体系和可消化粗蛋白质体系

Mitchell(1951)提出，以蛋白质生物学价值为基础。

主要缺点表现在：

(1)没有考虑饲粮蛋白质在瘤胃中可以分为降解蛋白(RDP)和非降解蛋白质(UDP)两部分，以及瘤胃微生物合成菌体蛋白的数量和效率。

(2)没有区分真蛋白(TP)和非蛋白氮(NPN)的营养价值，导致对非蛋白氮的营养价值估计偏高。

(3)没有反映微生物蛋白和非降解蛋白进入小肠后，被吸收氨基酸的数量和组成。到达小肠后的粗蛋白质或可消化粗蛋白质的数量和质量已经发生了变化。因此很难准确评定饲料蛋白质的价值和需要量。

2. 英国降解和非降解蛋白质(RDP-UDP)体系

将饲粮蛋白质分为降解蛋白(RDP)和非降解蛋白质(UDP)两部分。

将 RDP 进一步划分为快速降解蛋白(QDP)和慢速降解蛋白(SDP)，分别用尼龙袋技术和微生物标记技术测定瘤胃降解蛋白和微生物蛋白。

优点：该体系较好地反映了蛋白质在瘤胃中的消化代谢过程，而且考虑到了微生物蛋白的合成及其合成效率，强调饲料中 RDP 对瘤胃微生物的可利用性和 UDP 在真胃和小肠中的可消化性。

3. 美国可代谢蛋白质体系(MP)

MP 指瘤胃饲粮非降解蛋白质和微生物蛋白质在小肠中被吸收的量，与小肠可消化蛋白质的概念相同。

代谢蛋白质体系包括以下参数：

(1)瘤胃可降解蛋白质转化为微生物蛋白质的效率为 100%，吸收蛋白质的 40%在代谢中损失掉。

(2)提出了尿素发酵潜力(Urea Formation Potential，UFP)的概念和相应估测公式，估算饲粮中尿素能被利用的量。

4. 康奈尔净碳水化合物——蛋白质体系(CNCPS)

CNCPS 将化学分析法和反刍动物的消化利用结合起来，操作简单，易于标准化和计算机模型化，可以精确估测反刍动物饲料蛋白质营养价值。

康奈尔的净碳水化合物——蛋白质体系将微生物划分为两类，发酵非结构性碳水化合物（NSC）的微生物和发酵结构性碳水化合物（SC）的微生物。

SC 细菌仅利用氨作氮源，而 NSC 细菌可利用氨、氨基酸和肽等氮源。

根据饲料在瘤胃中的降解度，将蛋白质划分为非蛋白氮、真蛋白和不可利用氮三部分，并进一步将真蛋白分为三部分：快速降解部分、中速降解部分和慢速降解部分。

5. 其他蛋白质评定体系

德国可降解蛋白质体系；法国小肠可降解蛋白质（PDI）体系；中国小肠可消化蛋白质体系；瑞士小肠可吸收蛋白质体系；北欧小肠可吸收氨基酸（AAT）体系；北欧瘤胃蛋白质平衡（PBV）体系；荷兰小肠可消化蛋白质体系。

主要区别在于对蛋白质降解率的测定方法和微生物蛋白质合成量估测参数的差异，参数的差异产生了评定体系的差异。

三 、蛋白质的消化代谢特点

(一)单胃动物对蛋白质的消化

单胃动物对饲料中的蛋白质的消化是在消化道内的胃蛋白酶、胰蛋白酶、肠蛋白酶等（表 1-17）作用下分解为氨基酸，消化过程如图 1-48 所示。

表 1-17　与蛋白质消化相关酶的作用位点

消化酶	作用位点
胃蛋白酶	含苯丙氨酸或酪氨酸的肽键
胰蛋白酶	特异性水解赖氨酸等碱性 AA 提供羧基的肽键
糜蛋白酶	特异性水解以芳香族氨基酸提供羧基的肽键
羧基肽酶（来源于胰腺和小肠腺）	从肽链的羧基端顺序切下单个氨基酸
氨基肽酶（来源于小肠腺）	从肽链的氨基端顺序切下单个氨基酸
二肽酶（来源于小肠腺）	把二肽水解成游离氨基酸

大部分氨基酸是在小肠中被吸收进入血液的，随血液进入身体各种组织合成体组织和形成畜产品。试验证明各种氨基酸的吸收速度不相同。一些氨基酸的吸收速度的顺序是：胱氨酸＞蛋氨酸＞色氨酸＞亮氨酸＞苯丙氨酸＞赖氨酸≈丙氨酸＞丝氨酸＞天门冬氨酸＞谷氨酸。小肠中未被消化的蛋白质进入大肠，部分受肠道细菌作用，分解为氨基酸和氨，为细菌所利用，合成菌体蛋白，与未消化的蛋白质一起由粪中排出。

禽类的蛋白质消化代谢特点与单胃动物相似。

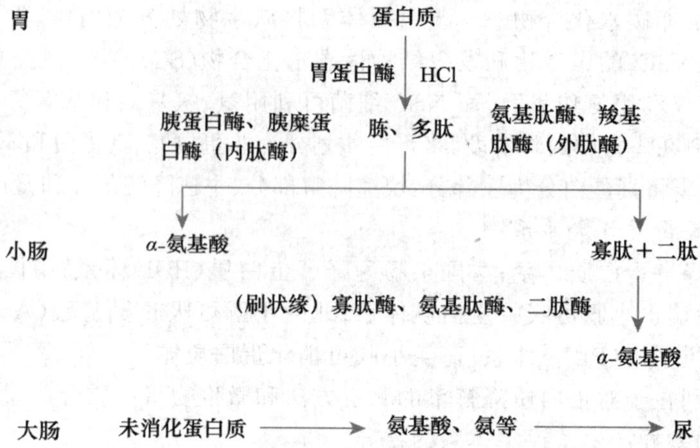

图 1-48 单胃动物蛋白质的消化示意图

(二)反刍动物对蛋白质的消化

反刍动物真胃和小肠中蛋白质的消化和吸收与单胃动物无差异。但由于反刍动物瘤胃中微生物的作用,使反刍动物对蛋白质和含氮化合物的消化利用与单胃动物有很大的不同(图 1-49)。

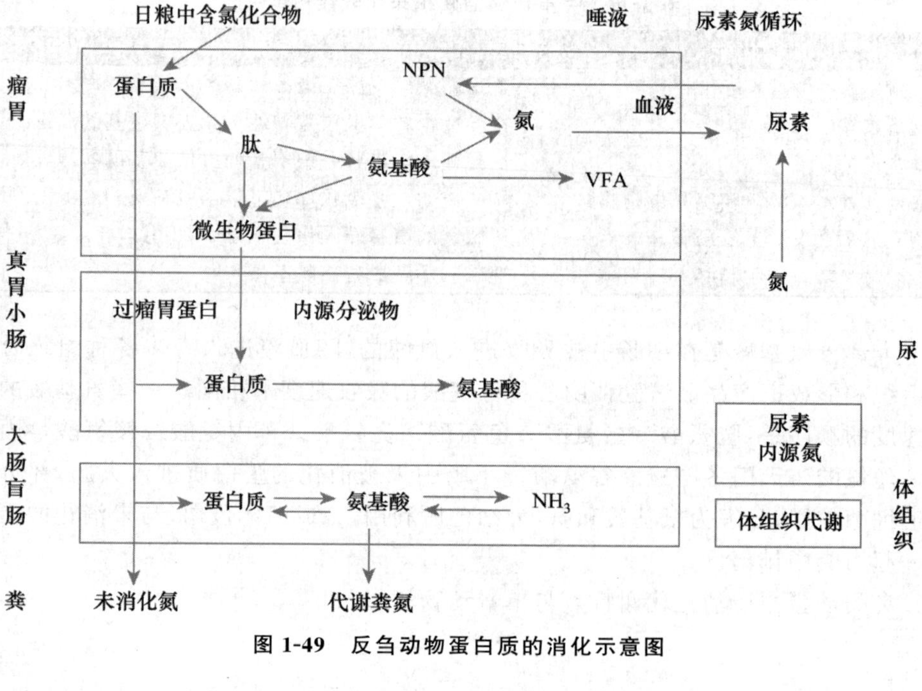

图 1-49 反刍动物蛋白质的消化示意图

1.饲料蛋白质在瘤胃中的消化和吸收

饲料蛋白质进入瘤胃后，一部分被微生物降解生成氨，生成的氨除用于微生物合成菌体蛋白外，其余的氨经瘤胃吸收进入门静脉，随血液进入肝脏合成尿素，合成的尿素一部分经唾液和血液返回瘤胃再利用；另一部分从肾排出，这种氨和尿素的合成和不断循环，称为瘤胃中的氮素循环。它在反刍动物蛋白质代谢过程中具有重要意义。它可减少食入饲料蛋白质的浪费，并可使食入蛋白质被细菌充分利用合成菌体蛋白，以供畜体利用。

饲料蛋白质经瘤胃微生物分解的那一部分称瘤胃降解蛋白质（RDP），不被分解的部分叫作非降解蛋白质（UDP）或过瘤胃蛋白。饲料蛋白质被瘤胃降解的那部分的百分含量称降解率。各种饲料蛋白质在瘤胃中的降解率和降解速度不一样，蛋白质溶解性愈高，降解愈快，降解程度也愈高。

2.过瘤胃蛋白和微生物蛋白的消化吸收

瘤胃中80%的微生物能利用氨，其中26%可全部利用氨，55%可以利用氨和氨基酸，少数的微生物能利用肽。瘤胃微生物能在氮源和能量充足的情况下，合成足以维持正常生长和一定产奶量的蛋白质。

瘤胃微生物蛋白质的品质次于优质的动物蛋白，与豆饼和苜蓿叶蛋白相当，优于大多数的谷物蛋白。

对瘤胃微生物在反刍动物营养中的作用也得一分为二：一方面它能将品质低劣的饲料蛋白质转化为高质量的菌体蛋白，这是主流；另一方面它又可将优质的蛋白质降解。这是我们在反刍动物蛋白质营养实践中要特别关注的问题。

3.反刍动物瘤胃蛋白质消化的优缺点

(1)可以利用非蛋白氮合成微生物菌体蛋白和必需氨基酸，满足反刍动物的维持需要，并保证一定的生产水平。

(2)可以利用劣质蛋白质合成微生物菌体蛋白，利用非必需氨基酸合成必需氨基酸，提高饲料蛋白质营养价值。

(3)瘤胃蛋白质消化的缺点在于大量饲料蛋白质在瘤胃中被微生物降解，存在能量和蛋白质的双重损失。

不同饲料原料蛋白质降解率不同（表1-18），瘤胃蛋白质降解率不仅决定了过瘤胃蛋白的数量，也影响着微生物蛋白的合成量。

适宜的瘤胃蛋白质降解率有利于充分发挥瘤胃的消化吸收优势，避免饲粮蛋白质的浪费。

表 1-18　不同饲料原料蛋白质降解率比较

类别	降解率/%	饲料原料
A	80±10	酪蛋白、大麦、小麦、菜籽粕(饼)、向日葵粕(饼)、青草
B	60±10	豆饼粕(热处理)、棉籽粕(饼)、亚麻粕(饼)、青干草、青贮料
C	40±10	玉米、肉骨粉、压扁的大麦
D	≤30	鱼粉、肉粉、羽毛粉、血粉、压扁的小麦、甲醛处理的精料

项目三　碳水化合物营养与饲料选择

任务一　谷实类及其他淀粉类饲料的识别与利用

【学习目标】

认识谷实类饲料的营养价值、掌握不同谷实类饲料的营养特点、为不同动物选择合适的碳水化合物饲料。

【操作与实施】

一、玉米

玉米的能量含量在谷实类籽实中居首位，在各类配合饲料中占一半左右（图 1-50）。玉米适口性好，用途广，其用量超过任何其他能量饲料，所以玉米被称为“饲料之王”。玉米在我国的产量仅次于水稻和小麦，70%～75%的玉米用于饲料，15%～20%的玉米用作粮食，10%～15%的玉米用于工业原料。

玉米的品种很多，如马齿玉米、硬质玉米、甜玉米、蜡质玉米、粉质玉米、爆粒玉米、有稃玉米、高赖氨酸玉米、高油玉米等，按颜色分，有黄色玉米、白色玉米、杂色玉米等，常用作饲料的是黄色玉米。

玉米粒皮层光滑，半透明，并带有似指甲纹路和条纹，这是玉米粒区别于豆仁的显著特点，另外，玉米粒的颜色也比豆仁深，呈橘红色。

（一）玉米的结构

玉米的种子主要由种皮、胚乳和胚三个部分组成（图 1-51）。

图 1-50 玉米

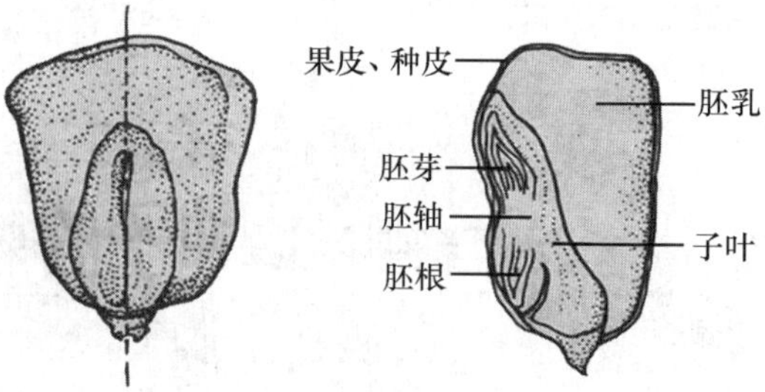

图 1-51 玉米的结构示意图

1. 种皮

果皮与种皮紧密相连不易区分，习惯上均称之为种皮。种皮主要由纤维素构成，表面光滑，一般无色，包围整个种子，占种子总重量的 6%～8%。具有保护种子不受外力机械损伤和防止病虫害入侵的作用。

2. 胚乳

玉米的胚乳位于种皮内部，最外层由单层细胞组成，这些细胞充满含有大量蛋白质的糊粉粒，组成糊粉层(占种子重量的 5%～10%)。糊粉层下的胚乳分为粉质胚乳、角质胚乳(二者是由蛋白质所占比例不同来区分的)。胚乳占种子总重量的 80%～85%，起到储藏养料，供给种子萌发的作用。

3. 胚

新生植物体的雏体，构成种子的最重要部位。胚由胚根、胚芽、胚轴、子叶(盾片)组成。胚根与胚芽的顶端具有生长点，由胚性细胞组成，种子萌发时，这些胚性细胞能很快分裂、长大，使胚根和胚芽分别伸长，突破种皮，长成新植株的根、茎、叶。同时，胚轴也一起生长，成为幼根或幼茎的一部分。子叶是植物体最早的叶，它是种子植物胚的组成部分之一，在大多数植物中为储藏养料或幼苗时期进行同化作用的器官。玉米的胚占种子总重量的 10%～15%。

(二)玉米的营养特性

1. 可利用能值高

玉米饲喂动物能量利用率高，猪 DE 值 14.4 MJ/kg，家禽 ME 值 13.8 MJ/kg，奶牛 NE 值 8.7 MJ/kg。原因与粗脂肪(3%～4%)、无氮浸出物(72%)含量高、粗纤维含量(仅 2%)低有关。

2. 蛋白质含量低

玉米粗蛋白质含量 7%～9%，50%蛋白质为醇溶蛋白，与谷蛋白相比，必需氨基酸少，缺乏赖氨酸(0.24%)和色氨酸(0.09%)，蛋白质品质差。

3. 脂肪含量较高

玉米脂肪含量为3%～4%，其中85%的脂肪存在于胚芽中，脂肪酸中亚油酸59%，油酸27%，硬脂酸2%，亚麻酸0.8%，花生油酸0.2%。玉米中亚油酸含量约占2%，在所有谷物中含量最高。当玉米占日粮50%以上时，完全可以满足畜禽对亚油酸的需要。由于粗脂肪含量较高且多为不饱和脂肪，所以粉碎后玉米粉与空气接触面积增大，增加了脂肪酸败的可能性。

4. 碳水化合物

无氮浸出物含量高达72%，其中主要是淀粉，消化率高。

5. 矿物质

玉米含钙0.02%，磷0.25%，其中50%～60%为植酸磷。微量元素中铁、铜、锰、锌、硒含量均较低。

6. 维生素和色素

黄玉米中含有丰富的维生素A原（β-胡萝卜素）和维生素E（α-生育酚），但缺乏维生素D和维生素K。在水溶性维生素中，维生素B_1居多，但维生素B_2和维生素B_5较少。黄玉米胚乳中含有3种色素：β-胡萝卜素、叶黄素、玉米黄质，其中β-胡萝卜素是牛体脂和乳脂色素的来源，叶黄素和玉米黄质则与蛋鸡的蛋黄颜色、肉鸡肤色和褪色着色有关。

（三）玉米的饲用价值

1. 鸡

玉米是鸡最重要的饲料原料，其能值高，最适于肉用仔鸡的肥育用，而且黄玉米对蛋黄、爪、皮肤等有良好的着色效果。在鸡的配合饲料中，玉米的用量高达50%～70%。

注意事项：粉碎粒度稍粗较合适，全部过4目，8目筛上物＜15%。

2. 猪

玉米养猪的效果也很好，但要避免过量使用，以防热能太高而使背膘厚度增加。由于玉米中缺少赖氨酸，所以任何体重的猪日粮中均应添加赖氨酸。

注意事项：

（1）避免过量使用，影响背脂厚度。

（2）以粗粉、压片、湿饲效果较好，过细诱发猪胃溃疡。

（3）注意补充赖氨酸和磷。

3. 反刍动物

玉米适口性好，能量高，可大量用于牛的混合精料中，但最好与其他体积大的糠麸类饲料搭配使用。

注意事项：

(1)大量使用时与体积较大的糠麸类并用，以免引起瘤胃臌胀。

(2)以破碎、压片效果较好。整粒玉米喂牛，18%～33%直接排出体外。

(3)压片在饲料效率及生长方面都优于整粒、细碎或粗碎的玉米。

(4)补充维生素 A，β-胡萝卜素转成 A 能力比其他家畜差。

二、玉米霉变鉴别及脱霉技术

(一)饲料级玉米的质量标准(表 1-19)

表 1-19 玉米质量标准(GB 1353—2009)

等级	容重/(g/L)	不完善粒含量/%		杂质含量/%	水分含量/%	色泽、气味
		总量	其中:生霉粒			
1	≥720	≤4.0	≤2.0	≤1.0	≤14.0	正常
2	≥685	≤6.0				
3	≥650	≤8.0				
4	≥620	≤10.0				
5	≥590	≤15.0				
等外	<590	—				

不完善粒：虫蚀(图 1-52)、病斑(图 1-53)、破损(图 1-54)、生芽(图 1-55)、生霉(图 1-56)、热损伤(图 1-57)等。

杂质：ϕ3.0 mm 圆孔筛下物、无饲用价值玉米、玉米以外物(图 1-58)。

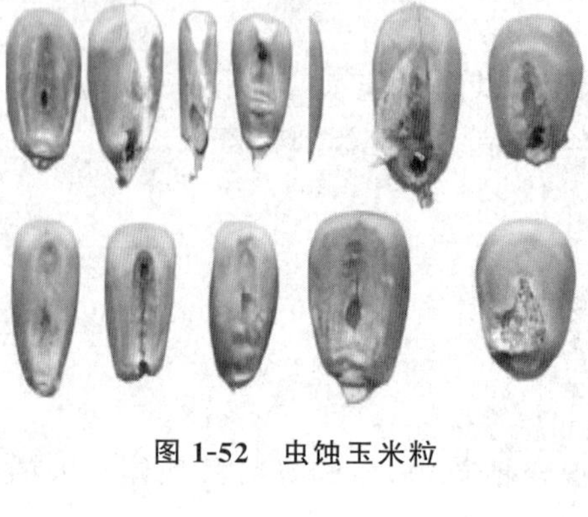

图 1-52 虫蚀玉米粒

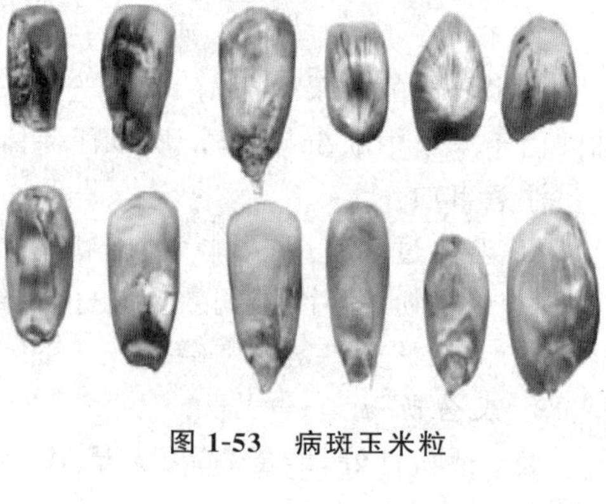

图 1-53 病斑玉米粒

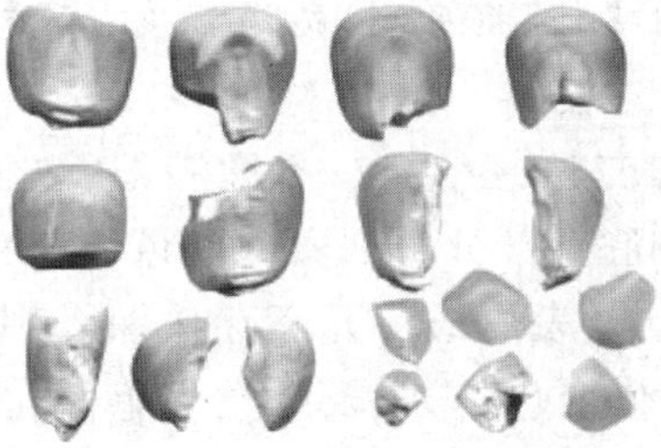

图 1-54　破损玉米粒

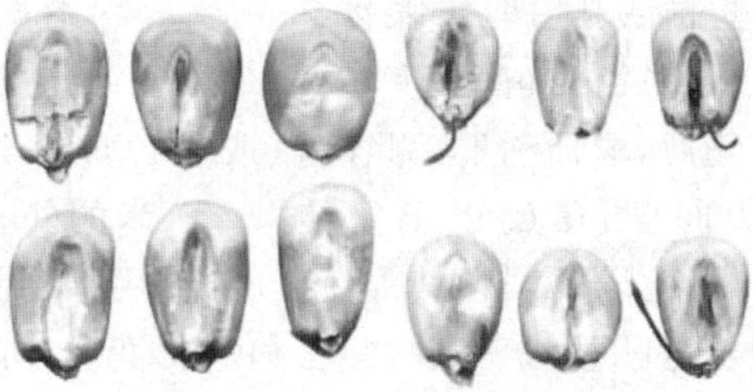

图 1-55　生芽玉米粒

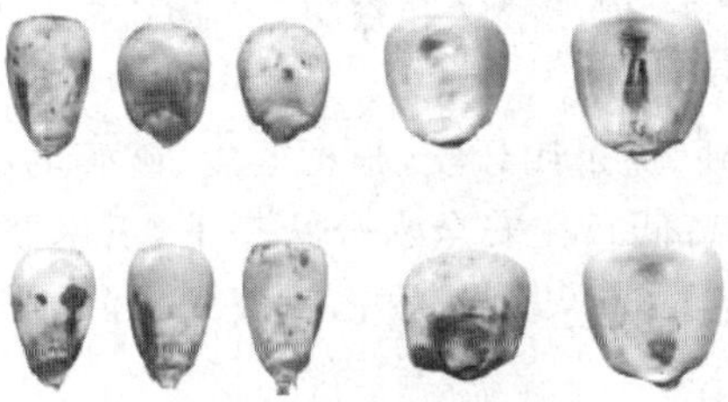

图 1-56　生霉玉米粒

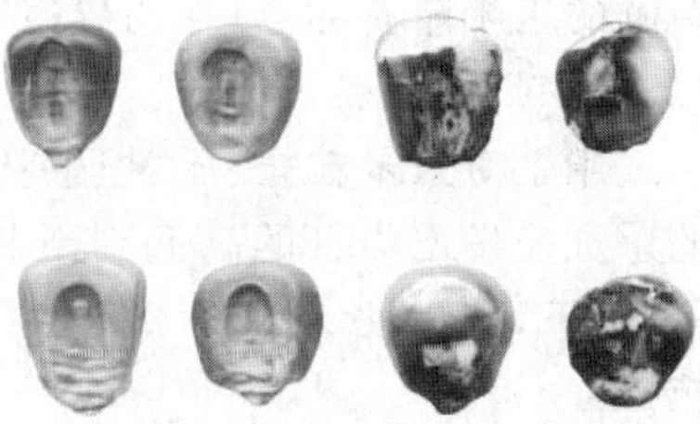

图 1-57　热损伤玉米粒

(二)玉米品质的感官鉴别

玉米的品质好坏对动物生长以及饲料的质量都有很重要的影响,如何鉴别玉米质量对饲养者和玉米加工者十分重要。

1. 观察其颜色及形状

较好的玉米呈黄色且均匀一致,无杂色玉米。优质玉米颗粒整齐均匀,水分高的玉米粒形膨胀、光泽性强(图 1-58,图 1-59)。

轻型杂质　异粮粒

图 1-58　玉米中的杂质

图 1-59　优质玉米籽实

2.随机抓一把玉米在手中,嗅其有无异味,粗略估计(目测)饱满程度、杂质、霉变、虫蛀粒的比例,初步判断其质量

随后,取样称重,测容重(或千粒重),分选霉变粒、虫蛀粒、不饱满粒、热损伤粒、杂质等异常成分,计算结果。玉米的外表面和胚芽部分可观察到黑色或灰色斑点为霉变,若需观察其霉变程度,可用指甲掐开其外表皮或掰开胚芽作深入观察。区别玉米胚芽的热损伤变色和氧化变色,如为氧化变色,味觉及嗅觉可感氧化(哈喇)味。

3.味道判别

新鲜的玉米略有甜味,初粉碎时有生谷味,但无酸味和霉味。

4.触觉判别

通过用手对玉米粒捻、压、捏感觉其软硬,通过用牙咬,根据硬度、破碎的程度、牙齿的感觉及发出声音的高低判断其水分高低。在安全水分状态下,玉米脐部收缩,明显凹下,有皱纹,齿碎时震牙并有清脆的声音,用指甲掐较费劲,握于手中有刺手感。

(三)玉米霉变鉴别及处理措施

1.玉米霉变的危害

玉米是我国饲料和养殖业的主要大宗原料,在生产和贮存的过程中,由于不当的生产方式和环境条件,导致玉米容易霉变(图 1-60,图 1-61)。霉变后的玉米产生黄曲霉毒素、呕吐毒素、玉米赤霉烯酮、T-2 毒素、烟曲毒素、赭曲霉毒素等,造成各大养殖场的群体发病。由于 T-2 毒素和呕吐毒素等毒素的影响,造成母猪的流产、发情配种率差,后备母猪和育肥猪表现外阴肿大,在家禽上表现:雏鸡的霉菌性肺炎,长期的呼吸道症状,产蛋鸡产蛋率下降,肉鸡育肥期生长缓慢,饲料转化率严重下降。

图 1-60 霉变的玉米

图 1-61 霉菌污染的玉米粒

这些霉菌毒素化学及物理稳定性强，耐高温、耐持久、耐加工过程中的各种处理，因此简单的处理加工及烹饪很难消除霉菌毒素对畜禽和人类的危害，人畜长期食用低剂量的霉变玉米，霉菌毒素会在体内沉积。特别是对畜禽而言，霉菌毒素会在畜禽肌肉组织内富集，并通过食物链危害人类健康，这种有害物质的残留远比药物残留危害严重得多。

2. 霉变玉米鉴别方法

正常玉米籽粒多为黄白色，颗粒饱满，无损害、无虫咬、虫蛀和发霉变质现象。发霉玉米可见胚部有黄色或绿色、黑色的菌丝，质地疏松，有霉味。

(1)发霉后的玉米皮特别容易分离。

(2)观察胚芽，玉米胚芽内部有较大的黑色或深灰色区域为发霉的玉米，在底部有一小点黑色为优质的玉米。

(3)在口感上，好玉米越吃越甜，霉玉米放在口中咀嚼味道是很苦的。

(4)在饱满度上，霉玉米密度小，籽粒不饱满，取一把放在水中游漂浮的颗粒。另外，我们还要警惕不法商贩用口水油抛光已经发霉玉米并进行烘干的处理，还有一些不法分子将已经发芽的玉米用除草剂喷洒，在进行烘干销售。

(5)玉米粒发黑的，是长时间高湿高温造成的；胚芽外皮有绿的，是脱粒早，来不及晒造成的；胚芽皮内有绿的或黑的，是闷的时间长了。

3. 玉米霉变的处理措施

玉米霉变较轻的情况下，可以通过脱毒处理加以利用。

(1)物理脱毒法。

①水洗法。将霉变玉米粉碎，加入 3～4 倍的水，进行搅拌静置浸泡，每日搅拌换水 2 次，直至浸泡的水由茶色变成无色为止，洗后尽快使用。

②脱胚去毒法。霉变玉米的毒素主要集中分布在玉米的胚芽部分。先将玉米磨成 1.5～4.5 mm 的小颗粒，加入 5～6 倍清水，然后进行搅拌，胚芽部分碎片因密度较轻而浮在水面上，将其捞出或随水倒掉，如此反复数次，即可达到脱胚去毒的目的。

③物理吸附。使用能够吸附并捕获霉菌毒素分子的矿物质——硅酸铝盐、沸石、膨润土、活性炭、硅藻土等，或是牛血清白蛋白、酯化甘露寡糖等。

(2)化学脱毒法。使用石灰水、苏打、过氧化氢处理或补充合成盐类泻药如硫酸镁。

①碱煮处理法。按每 1 000 g 发霉玉米加清水 3 000 g，再加入 500 g 苏打粉或 1 000 g 石灰共煮，待煮到饲料裂开时，让其冷却，然后再加清水冲洗到没有碱味时即可使用。

②中草药熏蒸法。用含芳香油的中草药如山苍子油在 60℃ 条件下熏蒸发霉

玉米,对黄曲霉毒素有解毒去毒的作用。

霉变较为严重的玉米应集中收购、专仓储存、及时送质检机构检测,经检验毒素含量超标的玉米,只能作为工业用粮定向销售,严防流入口粮市场和饲料加工,霉变严重的必须销毁不得使用。

三、麸皮及次粉的识别及利用注意事项

(一)麸皮与次粉概述

麸皮和次粉都是小麦加工的副产品,作为饲料也都存在自己独特的营养特性,在养殖业的使用范围也越来越广泛。麸皮成分可因小麦面粉的加工要求不同而不同,一般由种皮、糊粉层、部分胚芽及少量胚乳组成,其中胚乳的变化最大。在精面生产过程中,只有85%左右的胚乳进入面粉,其余部分进入麦麸,这种麦麸的营养价值很高。在粗面生产过程中,胚乳基本全部进入面粉,甚至少量的糊粉层物质也进入面粉,这样生产的麦麸营养价值就低得多。一般生产精面粉时,麦麸约占小麦总量的30%,生产粗面粉时,麦麸约占小麦总量的20%。次粉由糊粉层、胚乳和少量细麸皮组成,是磨制精粉后除去小麦麸、胚及合格面粉以外的部分。小麦加工过程可得到23%~25% 小麦麸,3%~5%次粉和0.7%~1%胚芽。营养成分见表1-20。

表1-20 麦麸和次粉的营养成分 %

成分	DM	CP	EE	CF	NFE	粗灰分	每千克猪DE/MJ	每千克鸡ME/MJ
小麦麸	87	15	3.7	9.5	—	4.9	9.38	6.82
次粉	87.9	14.3	2.4	3.5	65.4	2.2	13.77	11.93

(二)麸皮与次粉的品质感官鉴别

1.麸皮的感官鉴别

麸皮作饲料用水分含量不得超过13.0%。不得掺入饲料用小麦麸以外的物质。以粗蛋白质、粗纤维、粗灰分为质量控制指标按含量分为三级(表1-21)。

表1-21 饲料用麸皮的质量标准 %

质量指标	等级		
	一级	二级	三级
粗蛋白质	≥15.0	≥13.0	≥11.0
粗纤维	<9.0	<10.0	<11.0
粗灰分	<6.0	<6.0	<6.0

麸皮的品质可通过以下步骤进行感官鉴别：

(1)观察颜色、形状。麸皮外观一般呈麦黄色，片状或粉状(图 1-62)，色泽新鲜一致，无发酵、霉变、结块。

(2)闻麸皮气味。正常新鲜的麸皮有麦香味。若有其他异味、异臭、发酵味、霉味等说明异常。

(3)抓一把麸皮在手中，仔细观察是否有掺杂和虫蛀；掂一掂麸皮分量，若较坠手则可能掺有钙粉、膨润土、沸石粉等物，将手握紧，再松开，感觉麸皮水分，水分高较粘手，再用手捻一捻，看其松软程度，松软的麸皮较好。

(4)将手插入麸皮中抽出，如手上黏有白色粉末且不易抖落则说明掺有滑石粉，如易抖落则是残余面粉。再用手抓起一把麸皮用力攥，如果麸皮成团，则为纯正麸皮；若攥时手有胀的感觉，则掺有稻谷糠；如在手心有较滑的感觉，则说明有滑石粉。

2. 次粉的感官鉴别

次粉外观呈粉状。粉白色至浅褐色，色泽新鲜一致(图 1-63)。无发酵、霉变、结块及异味异嗅。作为饲料用的次粉水分含量不得超过 13.0%。不得掺入饲料用次粉以外的物质。以粗蛋白、粗纤维及粗灰分为质量控制指标，按含量分为三级(表 1-22)。

图 1-62 麸皮

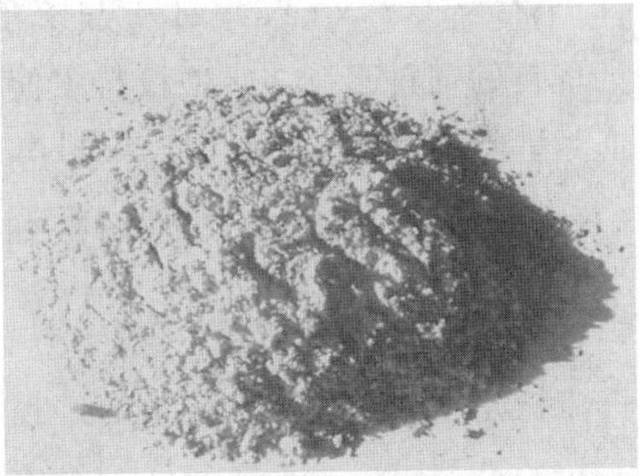

图 1-63 次粉

表 1-22 饲料用次粉的质量标准 %

质量指标	等级		
	一级	二级	三级
粗蛋白质	≥14.0	≥12.0	≥10.0
粗纤维	<3.5	<5.5	<7.5
粗灰分	<2.0	<3.0	<4.0

次粉的品质可通过以下步骤进行感官鉴别。

(1)看次粉颜色、新鲜程度及含粉率。好的次粉呈白色或浅灰白色粉状。颜色越白,含粉率越高(好次粉含粉率应在90%以上)。

(2)闻次粉气味,是否有麦香味或其他异嗅、异味、霉味、发酵味等。

(3)抓一把次粉在手中握紧,若含粉率较低,松开时次粉呈团状,说明水分较高,反之较低(含粉率很高时则不能以此判定水分高低,要以化验为准)。

(4)取一些次粉在口中咀嚼感觉有无异味或掺杂。若次粉中掺有钙粉等物时,会感觉口内有渣,含而不化。

(三)麸皮和次粉的饲用价值

(1)鸡的饲养。小麦麸的代谢能较低,不适于用作肉鸡饲料。次粉在种鸡、蛋鸡日粮中可尽量使用。为了控制生长鸡及后备种鸡的体重,防止体内过多沉积脂肪,小麦麸和次粉在饲料中可使用15%~25%,用来降低日粮能量浓度。

(2)猪的饲养。小麦麸适口性好,含有轻泻性的硫酸盐类,有助于胃肠蠕动和通便润肠,是妊娠后期和哺乳母猪的良好饲料。麦麸用于猪的肥育效果较差,但可提高猪的胴体品质,产生白色硬体脂,一般使用量不应超过15%。小麦麸用于仔猪不宜过多,以免引起消化不良。使用麸皮时要配合补钙。

(3)反刍家畜的饲养。小麦麸容积大,纤维含量高,适口性好,是奶牛、肉牛及羊的优良的饲料原料。奶牛精料中使用10%~15%,可增加泌乳量,但用量太高反而失去效果。肉牛精料中可用到50%。

四、米糠及米糠粕的识别及利用

(一)米糠

米糠是稻谷在加工成精米的过程中要去掉外壳和占总重10%左右的种皮和胚,米糠就是由种皮和胚加工制成的,是稻谷加工的主要副产品。

图1-64 米糠

由于加工米糠的原料和所采用的加工技术不同。米糠的组成成分并不完全一样。一般来说,米糠中平均含蛋白质15%,脂肪16%~22%,糖3%~8%,水分10%,热量大约为125.1 kJ/g。脂肪中主要的脂肪酸大多为油酸、亚油酸等不饱和脂肪酸,并含高量维生素、植物醇、膳食纤维、氨基酸及矿物质等。

米糠呈淡黄灰色,色泽鲜艳一致(图1-64),无酸败、霉变、结块、虫蛀和异味、异臭。

作为饲料用的米糠水分含量不超过13.0%，不得掺入米糠以外的物质。以粗蛋白质、粗纤维、粗灰分为质量控制指标按含量分为三级(表1-23)。

表1-23　饲料用米糠的质量标准　%

质量指标	等级		
	一级	二级	三级
粗蛋白	≥13.0	≥12.0	≥11.0
粗纤维	<6.0	<7.0	<8.0
粗灰分	<8.0	<9.0	<10.0

米糠的品质可通过以下步骤进行感官鉴别:

(1)先观看米糠颜色、形状。米糠呈浅灰黄色粉状，色泽新鲜一致，伴有少量碎米和谷壳尖。再看其是否发霉、发酵和生有肉虫。

(2)闻米糠气味，是否有清香味或其他异臭、异味、霉味、发酵味等。

(3)抓一把米糠在手中，用力握紧后再松开，质量好的米糠会留有手指的压痕，而掺了杂的米糠则会散开无法成形。若手指和手掌上有滑腻的感觉，则含油较高，反之较低；若手感没有滑腻感觉，但有湿润感，则水分较高；察看碎米颜色，若米粒有渗透形的绿色时，则不新鲜；用手指在手掌上反复揉捻，若感觉粗糙则说明糠壳较重；抓一把若坠手，则说明可能有掺杂。

(4)取少许米糠在口中含化，看有无异味或掺杂，正常情况下，应有微甜味、化渣。假如含化时不化渣，咀嚼有细小硬物，则可能掺有膨润土、沸石粉、泥灰、沙石等物质。

(二)米糠粕

米糠可以榨油，叫米糠油，营养丰富，剩下的就叫米糠粕(图1-65)，米糠粕是用膨化浸出法生产米糠油的副产品。产品与原生米糠外形相同，但性能比原生米糠优，经过温热的过程中提高了蛋白的含量，使脂肪酶失去活性，并除去了米糠中的真菌、细菌等不良物质，正常储藏条件下米糠粕原料存放3个月不会变质。呈黄色到黄褐色，有米味或烤香味，粉状。

图1-65　米糠粕

米糠粕是优质的饲料原料，可直接用于家禽饲养，也可作为饲料添加剂。米糠粕富含较高的蛋白质、粗纤维、矿物质等物质，同时含维生素 B、维生素 E 及钾、硅、氨基酸等营养元素。

米糠粕呈淡灰黄色粉状，色泽新鲜一致，无发酵、霉变、虫蛀、结块及异味异嗅。作为饲料用米糠粕水分含量不得超过 13.0%，不得掺入饲料用米糠粕以外的物质。以粗蛋白质、粗纤维、粗灰分为质量控制指标，按含量分为三级（表 1-24）。

表 1-24 饲料用米糠粕的质量标准 %

质量指标	等级		
	一级	二级	三级
粗蛋白质	≥15.0	≥14.0	≥13.0
粗纤维	<8.0	<10.0	<12.0
粗灰分	<9.0	<10.0	<12.0

（三）统糠

统糠是稻麦等谷类粮食加工后的副产品（图 1-66）。统糠有两种类型，一种是采用一次加工工艺由稻谷生产精米时分离出的稻壳（砻糠）、碎米和米糠的混合物，这种糠占稻谷的 25%～30%，其营养价值介于砻糠与米糠之间；另一种是将加工分离出的米糠与砻糠人为地加以混合而成，根据其混合比例的不同，又可分为二八统糠、三七统糠等。统糠的成分及营养价值取决于砻糠与米糠的比例，砻糠的比例愈高，营养价值愈差。砻糠比例高的统糠应属于粗饲料。

图 1-66 统糠

统糠与米糠、麦糠有区别：一是其粗蛋白质含量低，仅在 5%左右（5.4%～4.4%），相当于秸秆的蛋白质含量。二是从总能量测定，它与米糠、麸皮等相似，但其含粗纤维高达 31%～35%，它的消化吸收率仅为米糠的 20%左右，营养价值不高。

任务二　糟渣类饲料的识别与利用

【学习目标】

认识糟渣类饲料的种类及利用价值。

【操作与实施】

一、糟渣类饲料的识别

糟渣类饲料系指某些食品工业如酿造业、制糖业、制粉业、豆腐坊等的副产品，主要有啤酒渣(图 1-67)、酒精糟、淀粉渣、豆渣、果渣、味精渣、糖渣、白酒糟、啤酒糟、酱醋渣等，其特点是含水量高，通常在 30%～80%，粗蛋白、粗脂肪和粗纤维含量各异。

1.啤酒糟(图 1-68)

鲜啤酒糟的营养价值较高，粗蛋白质含量占干重的 22%～27%，粗脂肪占 6%～8%，无氮浸出物占 39%～48%，亚油酸占 3.23%，钙多磷少。

图 1-67　啤酒渣

图 1-68　大麦啤酒糟

2.玉米酒精糟(图 1-69)

含水量高(90%以上)，其营养成分因原料不同差别很大。

3.甜菜渣

主要成分是碳水化合物，含蛋白质低，缺乏维生素，含有高消化率的纤维素，适口性好，有利于维持夏天的采食量。但含有甜菜碱，有毒害作用。

4. 粉渣

粉渣是制作粉条和淀粉的副产品。用玉米、土豆、甘薯等做原料生产的粉渣，所含营养主要是淀粉和粗纤维，粗蛋白极少；用豌豆、绿豆、蚕豆做原料生产的粉渣，含蛋白质较高，质量较好；制药厂的玉米淀粉渣因用亚硫酸液处理过玉米，有一定的毒害作用。粉渣夏天易于腐败，吃了容易中毒。

5. 豆腐渣(图 1-70)

豆腐渣饲用价值高，干物质中粗蛋白质和粗脂肪含量多，适口性好，消化率高。但也含有抗胰蛋白质酶等有害因子，宜熟喂。

图 1-69 玉米酒精糟

图 1-70 豆腐渣

6. 白酒糟(图 1-71)

白酒糟是用高粱、玉米、大麦等几种纯粮发酵而成，为淡褐色，具有令人舒适的发酵谷物的味道，略具烤香及麦芽味。白酒糟的营养价值因原料和酿造方法不同而有较大差异。由于酒糟是原料发酵提取碳水化合物后的剩余物，粗蛋白质、粗脂肪、粗纤维等成分所占比例相应提高，无氮浸出物含量则相应降低，B 族维生素含量较高。营养物质的消化率与原料相比，没有较大的差异。

图 1-71 白酒糟

7. 酱油渣和醋糟

营养价值也因原料和加工工艺不同而有差异，粗蛋白质、粗纤维、粗脂肪含量都较高，无氮浸出物含量较低，维生素也较缺乏。醋糟中含醋酸，有酸香味，能增进猪的食欲，但不能单一饲喂，最好与碱性饲料混喂，防止中毒。酱糟含盐量高，一般为7%左右，适口性差，饲用价值低，但产量较高。

8. 果渣

果渣是指植物的果实在经过压榨，以提取其汁液或油分之后，所余下的固态部分，包括有果皮、果肉、果籽、果梗等。常见的水果有葡萄、橄榄等，葡萄渣见图1-72。

9. 甘蔗糖蜜（图1-73）

制糖工业的副产品，可制成粉状或块状糖蜜饲料，便于运输和贮存。具有消化吸收快、改善适口性、降低粉尘、提高颗粒质量等优点。

图1-72　葡萄渣

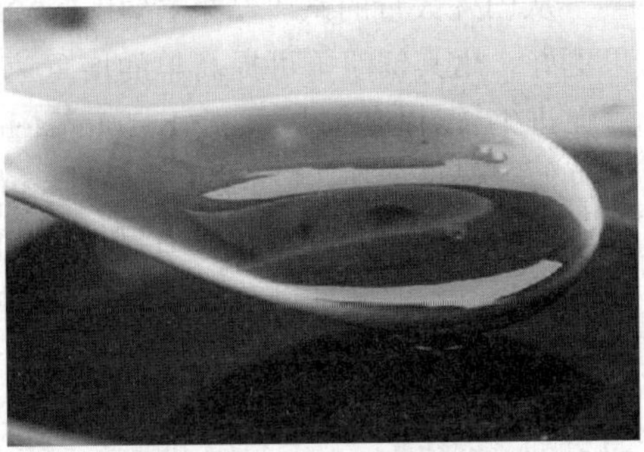

图1-73　甘蔗糖蜜

二、糟渣类饲料的利用

1. 糟渣类饲料的营养特点

糟渣类饲料资源含水量高，从而使这类资源容易迅速腐败变质；易连结成团，糟渣中的淀粉成分在烘干过程中容易糊化连结成团；酸碱不平衡，很多糟渣（如酒糟、啤酒糟、醋糟、苹果渣等）酸性较强，作为饲料使用时要考虑酸碱度；含抗营养因子，许多糟渣含抗营养因子（如苹果渣含果胶和单宁，豆渣含胰蛋白酶抑制素、致甲状腺肿素和凝血素），直接饲喂影响消化吸收；成分变化大，不同生产原料和生产工艺容易使糟渣营养物质的种类和含量产生巨大差异；营养价值低，糟渣类饲料资源的普遍特点是粗纤维含量比较高、能量低（高能量物质在加工过程中被提取出去）。糟渣类的新鲜品或脱水干燥品均可作为肉牛的饲料。

2. 糟渣类饲料的利用

（1）啤酒糟。鲜啤酒糟含水分80%左右，易发酵而腐败变质，直接就近饲喂效果最好，或青贮一段时间后饲喂，或将鲜啤酒糟脱水制成干啤酒糟再喂。啤酒糟具有大麦芽的芳香味，含有大麦芽碱，适于喂猪，尤其是生长育肥猪，便不宜喂小猪。粗纤维含量较多，在猪饲料中只能用15%左右，且宜与其他饲料搭配使用。

用鲜渣喂奶牛，可代替部分精料或优质干草，有明显的增奶效果。成年母牛日喂量控制在 7～10 kg。使用时可适当搭配青饲料和混合料饲料。成年肉牛每天可饲喂鲜啤酒渣 5～10 kg，干啤酒渣可占日粮的 15%以内。

(2)玉米酒精糟。玉米酒精糟作为饲料可部分替代饲料中的玉米、豆粕和磷酸二氢钙等，在肥育猪的饲粮中可添加 20%，Thong 等(1978)在妊娠母猪饲粮中分别用 17.5%和 44.0%的玉米酒精糟取代 2.5%和 7.0%的玉米，对产仔数、断奶重及母猪体重变化都无明显影响。

从国外大量的试验结果看，用玉米酒精糟饲喂反刍动物的效果比饲喂猪鸡的效果更好。用其饲喂羊可提高羊的增重速度和羊毛产量(Tomes 等，1982)；用其喂肉牛可促进生长，提高饲料报酬(Klopfenstein 等，1978，1979，1980，1981，1983)，用其喂奶牛可使产奶量增加，乳脂率提高(Palmquist1978)，1970 年，Warner 在总结康奈尔大学几年中用奶牛做的试验时指出，喂酒精糟时，牛的产奶量比喂其他蛋白质饲料(包括豆饼、棉籽饼、亚麻籽饼及尿素等)都高。有关试验表明，干玉米酒精糟在饲喂反刍动物时，其蛋白质的效价是大豆饼的 1.55～1.80 倍(Klopfenstein 等，1980，1981)。

一般占肉牛日粮干物质的 15%～30%。新鲜酒精渣成年母牛日喂量控制在 20 kg 以内。

(3)甜菜渣。甜菜渣含有甜菜碱，有毒害作用，鲜喂成牛母牛日喂量 10～15 kg，应与蛋白质较多的混合料和青饲料搭配饲用。建议用量不超过日粮干物质的 20%。干甜菜渣在喂牛前，应用水浸泡，使其水分含量达到 85%以上才能使用。未经浸泡的干甜菜渣直接喂牛，一次用量不可过多，以免发生臌胀病。甜菜渣青贮后，可增加其适口性。

(4)粉渣。粉渣夏天易于腐败，吃了容易中毒。用粉渣喂猪必须与其他饲料搭配使用，并注意补充蛋白质和矿物质等营养成分。在猪的配合饲粮中，小猪不超过 30%，大猪不超过 50%，哺乳母猪饲料中不宜加粉渣，尤其是干粉渣，否则乳中脂肪变硬，易引起仔猪下痢。鲜粉渣宜青贮保存，以防止霉败。

粉渣可饲喂奶牛，其日喂量控制在 3～5 kg 为宜。一般与青饲料、粗饲料搭配饲用。

(5)豆腐渣。豆腐渣易酸败，适于鲜喂，饲喂量控制在每日 2.5～5 kg 为宜，过量易拉稀。与青饲料搭配饲喂，效果好。生豆腐渣中含有抗胰蛋白酶等，猪吃后易腹泻。因此，最好将豆腐渣煮沸 15 min，冷却后再饲喂，以分解毒素，提高利用率。

生长育肥猪饲粮中可配入 30%的豆腐渣，喂量过多会导致屠体脂肪恶化。鲜豆腐渣因水分高易酸败、腐败，宜加入 5%～10%的碎秸秆青贮保存。

(6)白酒糟。白酒糟作为猪饲料可鲜喂，打浆喂或加工成干酒糟饲喂。新鲜酒糟肉猪不能超过日粮的5%,干酒糟粉宜控制在10%以内。若含有大量谷壳或麦壳的酒糟,用量减半。酒糟中的无氮浸出物含量偏低,所含粗蛋白质的品质也较差,且缺乏胡萝卜素等营养物质。因此,喂猪时应搭配一定比例的玉米、糠麸、豆饼等精饲料,补充适量的骨粉、蛋壳粉、微量元素等矿物质饲料,同时还应搭配一定量的青饲料,效果会更好。

因酒糟中含有酒精、甲醇等,用来喂种公猪易导致精子畸形、母猪受胎率下降;喂怀孕母猪易发生流产、产弱小猪崽或死胎;喂哺乳母猪,母猪奶汁品质差,猪崽也易发生下痢。因此,种公猪、怀孕母猪、哺乳母猪要禁喂。

白酒糟喂牛,根据不同情况采用不同的方法进行加工调制,既可鲜喂又可干喂,暂时喂不完的可厌氧贮存。

白酒糟不能单独饲喂奶牛,应与胡萝卜、青草、糠麸、精料搭配,日喂量应控制在3～5 kg,过多易引起便秘。

(7)酱油渣和醋糟。醋糟中含醋酸,有酸香味,能增进猪的食欲,但不能单一饲喂,最好与碱性饲料混喂,防止中毒。酱糟含盐量高,一般为7%左右,适口性差,饲用价值低,但产量较高。酱糟喂猪宜与其他能量饲料搭配使用,同时多喂青绿多汁饲料,防止食盐中毒,生长育肥猪饲粮中用量不超过10%。不能饲喂怀孕母猪和仔猪。

青贮牧草添加7%的酱油渣,不仅能提高干物质的含量,而且还能改进发酵效果;醋糟含有丰富的铁、锌、硒、锰等。但醋糟中残留有一定量的醋,会影响牛瘤胃中的碱性环境,且其中所含的营养物质量也不高,不宜用来喂肉牛。如果要用它来喂牛,要注意控制用量,最好使用一定量的小苏打,调节瘤胃内的环境。

(8)果渣。在牛日粮中可取代20%～25%的配合饲料。

(9)甘蔗糖蜜。每天每头肉牛饲用糖蜜量为1.5～2 kg。

任务三　干草及秸秕类粗饲料的利用

【学习目标】

认识干草、秸秕类粗饲料的种类及利用价值。

【操作与实施】

一、干草的制作及利用

青干草是指青草或青绿饲料作物在未结籽实以前收割干制而成的一种饲料。

主要包括豆科干草、禾本科干草和野杂干草等，目前在规模化奶牛场生产中大量使用的干草除野杂干草外，主要是北方生产的羊草和苜蓿干草，前者属与禾本科，后者属于豆科。

调制合理的青干草，质地柔软，气味芳香，适口性好，不仅能较完善地保持青绿饲料的营养成分，而且消化率高，其营养价值可接近于精料。干草作为一种贮备形式，调节了青饲料供应的季节性，是牛羊等草食动物的重要饲料。

(一)青干草的制作方法

青干草的制作方法很多，但总的要求是：干燥时间短，均匀一致，营养物质损失最少。制作的基本步骤为：收割(图 1-74)、翻草(图 1-75)、打捆(图 1-76)、储藏(图 1-77)。

图 1-74 青草收割

图 1-75 翻草

图 1-76 打捆

图 1-77 入库储藏

1.自然干燥法

牧草刈割后，在原地或附近干燥地段摊开曝晒，经常加以翻动，待水分降至40%～50%时，用搂草机或手工搂成松散的草垄可集成0.5～1 m高的草堆，保持草堆的松散通风，也可以做成组合式三角形草架，把牧草自下而上逐渐堆放或打成15 cm左右的小捆，草的顶端朝里，并避免与地面接触吸潮，草层厚度不宜超过70～80 cm。由于草架中部空虚，空气可以流通加快牧草水分散失，提高牧草的干燥速度，其营养损失比前者减少5%～10%。水分降到17%以下即可储藏。如果采用摊晒和捆晒相结合的方法，可以更好地防止叶片、花序和嫩枝的脱落。

2.人工干燥法

随着畜牧业的发展，畜牧生产的机械化程度不断提高。目前我国已开始使用人工干燥方法制取干草。

(1)塑料大棚干燥法。近年来，有些地区把刈割后的牧草，经初步晾晒后移动到改造的塑料大棚里干燥，效果很好。具体做法：把大棚下部的塑料薄膜卷起30～50 cm，把晾晒后含水量为40%～50%的牧草放到棚内的架子或地面上，利用大棚的采光增温效果使空气变热，从而达到干燥牧草的目的。这种方式受天气影响小，能够避免雨淋，养分损失少。

(2)常温鼓风干燥法。为了保存营养价值高的叶片、花序、嫩枝，减少干燥后期阳光曝晒对维生素等的破坏，把刈割后的牧草在田间就地晒干至水分到40%～50%时，再放置于设有通风道的干草棚内，用鼓风机、电风扇等吹风装置，进行常温吹风干燥。采用此方法调制干草时只要不受雨淋、渗水等危害，就能获得品质优良的青干草。

(3)低温干燥法。此法采用加热的空气，将青草水分烘干，干燥温度如为50～70℃，需5～6 h，如为120～150℃，需5～30 min完成干燥。未经切短的青草置于浅箱或传送带上，送入干燥室(炉)干燥。所用热源多为固体燃料，浅箱式干燥机每日生产干草2 000～3 000 kg，传送带式干燥机每小时生产量200～1 000 kg。

(4)高温快速干燥法。利用液体或煤气加热的高温气流，可将切碎成2～3 cm长的青草在数分钟甚至数秒钟内可使牧草含水量从80%～90%降到10%～12%。此法多用于工厂化生产草粉、草块。虽然有的烘干机内热空气温度可达到1 100℃，但牧草的温度一般不超过30～35℃，青草中的养分可以保存90%～95%，消化率，特别是蛋白质消化率并不降低。

(二)影响青干草质量的因素

1.牧草品种

不同种类的牧草质量不同，一般豆科牧草较禾本科质量好。

2. 牧草刈割时间

牧草过早刈割，水分多，不易晒干；过晚刈割，营养价值降低。禾本科草类在抽穗期，豆科草类在孕蕾及初花期刈割为好。刈割时间过早水分多，不易晒干；过晚营养价值降低。禾本科草类在抽穗期，豆科草类在孕蕾及初花期刈割为好。部分牧草适宜的收割期见表 1-25。

表 1-25 牧草适宜的收割期

牧草种类	紫花苜蓿	红三叶	杂三叶	草木樨	红豆草	沙打旺
适宜收割期	开花初期	早期开花或 1/2 开花期	早期开花或 1/2 开花期	开花初期	1/2 豆荚充分成熟	不迟于现蕾期
牧草种类	绢毛铁扫帚	葛藤	无芒雀麦	披碱草	羊草	苏丹草
适宜收割期	株高 30～40 cm	初夏和初秋	抽穗期或开花期	孕穗期	抽穗期	孕穗期

3. 干燥过程中机械损失或雨淋等

干草调制过程的翻草、搂草、打捆、搬运等生产环节的损失不可低估，而其中最主要的恰恰是富含营养物质的叶损失最多，减少生产过程中的物理损失是调制优质干草的重要措施。

(1)减少晾晒损失。要尽量控制翻草次数，含水量高时适当多翻，含水量低时可以少翻。晾晒初期一般每天翻 2 次，半干草可少翻或不翻。翻草宜在早晚湿度相对较大时进行，避免在 1 d 中的高温时段翻动。

(2)减少搂草打捆损失。搂草打捆最好同步进行，以减少损失。目前，多采取人工第一次打捆方式，把干草从草地运到贮存地、加工厂，再行打捆、粉碎或包装。为了作业方便，第一次打捆以 15 kg 左右为宜，搂成的草堆应以此为标准，避免草堆过大，重新分捆造成落叶损失。搂草和打捆也要避开高温、干燥时段，应在早晚进行。

(3)减少运输损失。为了减少在运输过程中落叶损失，特别是豆科青干牧草，一定要打捆后搬运；二是打捆后可套纸袋或透气的编织袋，减少叶片遗失。

(三)青干草的储藏与管理

合理储藏干草，是调制干草过程中的一个重要环节，储藏管理不当，不仅干草的营养物质要遭到重大损失，甚至发生草垛漏水霉烂、发热，引起火灾等严重事故。

1. 青干草的储藏方法

(1)露天堆垛储藏。垛址应选择地势平坦干燥、排水良好的地方，同时要求离羊舍不宜太远。垛底应用石块、木头、秸秆等垫起铺平，高出地面 40～50 cm，四周有排水沟(图 1-78)。垛的形式一般采用圆形和长方形两种,无论哪种形式,其外形均应由下向上逐渐扩大,顶部又逐渐收缩成圆形,形成下狭,中大、上圆的形状。垛的大小可根据需要。

长方形草垛(图 1-79):干草数量多,又较粗大宜采用长方形草垛,这种垛形暴露面积少;养分损失相应地较轻。草垛方向,应与当地冬季主风方向平行,一般垛底宽 3.5～4.5 m,垛肩宽 4.0～5.0 m,顶高 6～6.5 m,长度视贮草量而定,但不宜少于 8.0 m。堆垛的方法,应从两边开始往里一层一层地堆积,分层踩实,务使中间部分稍稍隆起,堆至肩高时,使全堆取平,然后往里收缩,最后堆积成 45°倾斜的屋脊形草顶,使雨水顺利下流,不致渗入草垛内。封顶时可用麦秸或杂草覆盖顶部,最后用草绳或泥土封压,以防大风吹刮。

圆形垛:干草数量不多,细小的草类宜采用圆垛。和长方形草垛相比,圆垛暴露面积大,遭受雨雪阳光侵袭面也大,养分损失较多。但在干草含水量较高的情况下,圆垛由于蒸发面积大,发生霉烂的危险性也较少。圆垛的大小一般底部直径 3.0～4.5 m,肩部直径 3.5～5.5 m,顶高 5.0～6.5 m,堆垛时从四周开始,把边缘先堆齐,然后往中间填充,务必使中间高出四周,并注意逐层压实踩紧,垛成后,再把四周乱草耙平梳齐便于雨水下流。

(2)草棚堆垛。气候潮湿或有条件的地方可建造简易干草棚,以防雨雪、潮湿和阳光直射。这种棚舍只需建一个防雨雪的顶棚,以及防潮的底垫即可。存放干草时,应使棚顶与干草保持一定距离,以便通风散热。

图 1-78　黑麦草干草

图 1-79　苜蓿干草草捆

2.防腐剂的使用

要使调制成的青干草达到合乎储藏安全的指标(含水量 17%以下),生产上是很困难的。为了防止干草在储藏过程中因水分过高而发霉变质,可以使用防腐剂,应用较为普遍的有丙酸和丙酸盐、液态氨和氢氧化物(氨或钠)等。目前丙酸应用较为普遍。液态氨不仅是一种有效的防腐剂,而且还能增加干草中氮的含量。氢氧化物处理干草不仅能防腐,而且能提高青干草消化率。

3. 干草储藏应注意事项

(1)防止垛顶漏雨。干草堆垛后2～3周内,一般会发生塌陷现象,必须及时铺好结顶,并用秸秆等覆盖顶部,防止渗进雨水造成全垛霉烂。盖草的厚度应达7～8 cm,应使秸秆的方向顺着流水的方向,如能加盖两层草苫则防雨能力更强。

草垛贮存期长,也可用草泥封顶,既可防雨又能压顶,缺点是取用不便。

(2)防止垛基受潮。干草堆垛时,最好选一地势较高地点作垛基。如羊舍附近无高台地,应该在平地上筑一堆积台。台高于地面33 cm,四周再挖33 cm左右深宽的排水沟,以免雨水浸渍草垛。不能把干草直接堆在土台上,垛基还必须用树枝、石块、乱木等垫高17 cm以上,避免土壤水分渗入草垛,发生霉烂。

(3)防止干草过度发酵。干草堆垛后,营养物质继续发生变化,影响养分变化的主要因素是含水量,凡是含水量在17%以上干草,植物体内的酶及外部的微生物仍在进行活动,适度的发酵可以使草垛紧实,并使干草产生特有的香味。但过度的发酵会产生高温,不仅无氮浸出物水解损失,蛋白质消化率也显著降低。干草水分下降到20%以下时堆垛,才不致有发酵过度的危险,如果堆垛时干草水分超过20%,则垛内应留出通风道,或纵贯草垛,或横贯草垛,20 m长的垛留两个横道即可。通风道用棚架支撑,高约3.5 m,宽约1.25 m,木架应扎牢固,防止草垛变形。

(4)防止草垛自燃。过湿的干草,贮存的前期主要是发酵而产生高温,后期则由于化学作用过程,产生挥发性易燃物质,一旦进入新鲜空气即引起燃烧。如无大量空气进入,则变为焦炭。

要防止草垛自燃,首先应避免含水量超过25%的湿草堆垛。要特别注意防止成捆的湿草混入垛内。过于幼嫩的青草经过日晒后表面上已干燥,实际上茎秆仍然很湿,混入这类草时,往往在垛内成为爆发燃烧的中心。其次要求堆垛时,在垛内不应留下大的空隙,使空气过多。如果在检查时已发现堆温上升至65℃,应立即穿洞降温,如穿洞后温度继续上升,则宜倒垛,否则反而促进自燃。

(5)干草的压捆。散开的干草贮存愈久,品质愈差,且体积很大,不便运输,在有条件的地方可用捆草机压成30～50 kg的草捆。用来压捆干草的含水量不得超过17%,压过的干草每立方米平均重350～400 kg。压捆后可长久保持绿色和良好的气味,不易吸水,且便于运输喂用,比较安全。

(四)青干草的利用

青干草的营养价值与原料种类、生长阶段、调制方法有关。多数青干草每千克消化能值为 8～10 MJ，少数优质干草消化能值可达到 12.5 MJ/kg。还有部分干草，消化能值低于 8 MJ/kg。干草粗蛋白含量变化较大，平均为 7%～17%，个别豆科牧草可以高达 20%以上。粗纤维含量高，为 20%～35%，但其中纤维的消化率较高。此外，干草中矿物元素含量丰富，一些豆科牧草中的钙含量超过 1%，足以满足一般家畜需要，禾本科牧草中的钙也比谷类籽实高。维生素 D 含量可达到每千克 16～150 mg，胡萝卜素含量每千克为 5～40 mg。

猪禽等单胃动物只宜利用高质量或粗纤维含量较低的某些干草，如紫花苜蓿、紫云英等，且需限量饲喂，粉碎拌以精饲料饲喂为宜。

青干草是冬、春季草食家畜的主要饲料。良好的干草所含营养物质能满足牲畜的维持营养需要并略有增重，但在生产中，极少以干草作为单一饲料，一般用部分秸秆或青贮料代替青干草，再补充部分精饲料，以降低饲料成本。为避免粪便污染和浪费，干草通常放在草架上让牲畜自由采食。目前，常用的方法是把干草切短至 3 cm 左右或粉碎成草粉或制成颗粒饲用，可明显提高干草的利用率和采食量。用草粉饲喂牛羊，不要粉碎得太细，并需在饲喂时添加一定量的长草，以便使牛羊进行正常反刍。粗蛋白含量低的干草可配合尿素使用有利于补充牛羊粗蛋白摄入不足。

（五）青干草品质鉴定

干草的品质好坏，一般应根据干草的营养成分来评定，即通过测定干草中水分、干物质、粗蛋白、粗脂肪、粗纤维、无氮浸出物、粗灰分、维生素和矿物质含量以及各种营养物质的消化率来进行评价。不同种类的青干草营养成分差异很大（表 1-26）。

表 1-26　几种青干草营养成分比较

类别	干物质/%	粗蛋白质/%	粗脂肪/%	粗纤维/%	无氮浸出物/%	粗灰分/%	消化能/(MJ/kg)		钙/%
							牛	羊	
苜蓿	91.4	15.5	1.7	28.0	37.1	9.0	9.08	9.50	1.29
红三叶	78.0	11.4	2.0	25.2	33.2	6.2	8.41	8.28	1.13
草木犀	91.3	15.0	2.2	27.4	38.6	8.0	9.87	9.00	1.31
玉米	78.9	6.8	1.9	21.0	43.9	5.2	9.50	9.25	0.24
大麦	87.7	7.7	1.9	23.7	47.8	6.6	9.04	9.25	0.25
马铃薯茎叶	87.2	10.8	2.4	22.6	35.6	15.8	8.54	8.33	—
油菜	82.5	11.8	2.3	11.4	37.7	11.3	10.38	9.62	—
蒲公英	88.6	14.7	4.2	15.0	42.8	12.0	11.17	10.88	—

在生产实践中，由于条件的限制，只能采用感官判断，结合干草的物理性质和含水量对干草进行品质鉴定和分级。

1. 颜色气味

干草的颜色是反映干草品质优劣的重要标志。优质干草呈绿色，绿色越深，其营养物质损失就越小，所含可溶性营养物质、胡萝卜素及其他维生素越多。适时刈制的干草都具有浓厚的芳香气味，干草如有霉味或焦灼味，说明其品质不佳。

2. 叶片含量

干草中叶片的营养价值较高，所含的矿物质、蛋白质比茎秆中多1～1.5倍，胡萝卜素多10～15倍，纤维素少1～2倍，消化率高40%。干草中的叶量越多，其品质越好。鉴定时，取一束干草，看叶量多少，确定干草品质的好坏。禾本科牧草的叶片不易脱落，豆科牧草的叶片极易脱落；优质豆科牧草干草中叶量应占干草总量的50%以上。

3. 牧草发育时期

适时刈割调制是决定干草品质的重要因素，始花期或始花以前刈割，干草中的花蕾、花序、叶片、嫩枝条较多，茎秆柔软，适口性好，品质佳。若刈割过迟，干草中叶量少、枯老枝条多、茎秆坚硬、适口性和消化率均下降，品质变劣。

4. 牧草组分

干草中各种牧草所占的比例也是影响干草品质的重要因素。一般来说，豆科牧草所占比例越高，干草品质越好，杂草数量越多，品质越差。

5. 含水量

干草的含水量应为15%～18%，含水量过高不宜储藏。测定时，将干草束用手握紧或搓揉时无干裂声，干草拧成草辫松开时干草束散开缓慢，且不完全散开，弯曲茎上部不易折断为适宜含水量；当紧握干草束时发出破裂声，松手后迅速散开，茎易折断，说明干草较干燥，易造成机械损伤；当紧握干草束后松开，干草不散开，说明草质柔软，含水量高，易造成草垛发热或发毒，草质较差。

二、秸秕类饲料的饲用

(一)秸秆类

秆饲料是指农作物在籽实成熟并收获后的残余副产品，即茎秆和枯叶 。常用的有稻草、玉米秸、麦秸、豆秸和谷草等。稻草、麦秸、玉米秸是我国主要的三大秸秆饲料。

秸秆饲料一般营养成分含量较低，表现为蛋白质、脂肪和糖分含量较少，能量价值较低，消化能含量低于8.4 MJ/kg；除了维生素D外，其他维生素都很贫乏，钙、磷含量低且利用率低，而纤维含量很高，其粗纤维高达30%～45%，且木质化

程度较高，木质素比例一般为 6.5%～12%。质地坚硬粗糙，适口性较差，可消化性低。因此，秸秆饲料不宜单独饲喂，而应与优质干草配合饲用，或经过合理的加工调制，提高其适口性和营养价值。

1. 稻草

水稻是我国主要的粮食作物之一，不仅在长江以南各省份普遍种植，在北方许多省区近年来也大面积发展。在东北地区历史上靠外调大米调剂粮食品种，而今不仅自给有余，还销往南方省份。据统计，全国稻草产量为 1.88 亿 t。稻草秸秆质地粗糙，粗蛋白含量 4.8%，粗脂肪 1.4%，粗纤维 35.3%，无氮浸出物 39.8%，粗灰分 17.8%，在粗灰分中硅含量较高，占干物质 14%，而钙含量仅 0.29%，磷 0.07%。

2. 玉米秸

玉米在我国长江以北各省都有种植，近年来南方不少地区大量种植玉米，全株青贮后用于饲喂奶牛。华北一带的夏玉米，东北、内蒙古等地的春玉米，不仅面积大，而且产量高。玉米秸产量全国为 1.55 亿 t。风干的玉米秸粗蛋白 3.9%，粗脂肪 0.9%，粗纤维 37.7%，无氮浸出物 48.0%，粗灰分 9.5%。

3. 麦秸

麦秸包括大麦秸、小麦秸、燕麦秸等，主要是小麦秸。小麦主要分布于华北和华东的山东、安徽等省，我国年产 1.1 亿 t，麦秸产量与籽实相仿。麦秸质地粗硬，茎秆光滑，切碎混拌适量精饲料，可用于肉牛育肥。麦秸粗蛋白 3.0%，粗脂肪 1.9%，粗纤维 34.8%，无氮浸出物 49.8%，粗灰分 10.7%，其中硅含量为 6%。小麦秸数量最多，但品质不如大麦秸好，在麦秸中燕麦秸的营养价值最高。麦秸用来喂牛时，要切短，适当浸泡软化，改善适口性。

4. 豆秸

豆类秸秆比禾本科秸秆营养价值高，但豆类成熟后，秸秆上的叶子大部分枯黄脱落，营养价值受到影响。豆类秸秆中粗纤维多，质地坚硬，为了提高消化率，可和其他饲料混合粉碎饲喂。在豆类秸秆中，蚕豆秸和豌豆秸蛋白质含量高。

5. 谷草

质地柔软，营养丰富，品质好，较麦秸、稻草的营养价值和消化率高。

(二)秕壳类

秕壳是指农作物种子脱粒或清理种子时的残余副产品，包括种子的外壳和颖片等，如砻糠（即稻谷壳）、麦壳，也包括二类糠麸如统糠、清糠、三七糠和糠饼等。与其同种作物的秸秆相比，秕壳的蛋白质和矿物质含量较高，而粗纤维含量较低。禾谷类荚壳中，谷壳含蛋白质和无氮浸出物较多，粗纤维较低，营养价值仅次于豆荚。但秕壳的质地坚硬、粗糙，且含有较多泥沙，甚至有的秕壳还含有芒刺。因此，秕壳的适口性很差，大量饲喂很容易引起动物消化道功能障碍，应该严格限制喂量。

(三)荚壳

荚壳类饲料是指豆科作物种籽的外皮、荚皮，主要有大豆荚皮、蚕豆荚皮、豌豆荚皮和绿豆荚皮等。与秕壳类饲料相比，此类饲料的粗蛋白质含量和营养价值相对较高，对牛羊的适口性也较好。

三、秸秆类饲料的加工调制技术

(一)物理处理法

秸秆的切短、粉碎等都是处理粗饲料的方法，这些方法在我国农村早已被养牛户采用，俗话说"寸草铡三刀，无料也上膘"就是这个道理。通过处理，可提高秸秆类粗饲料的适口性和采食速度，一定程度上提高消化利用率。

1. 秸秆切短、粉碎及软化

将稻草、麦草、玉米秸等切成 3～5 cm 长短，增加瘤胃内微生物对它们的作用，缩短采食时间和饲料通过瘤胃的速度，减少饲料浪费，从而在一定程度上提高消化率。秸秆不宜切得过短，以免影响咀嚼和反刍。粉碎常用于精料，在有的地方也将粗料粉碎后与精料混合饲喂，在用量不大的情况下，可提高牛的采食量。但要注意，粗料粉碎过细价值并不大。软化有浸湿软化和蒸煮软化两种，又以浸湿软化法更为普遍，用食盐水将秸秆浸湿软化，可改善适口性，提高采食速度，使牛增加 1～2 kg 的采食量。

2. 粉碎压粒

将粗饲料粉碎后制成直径 6～8 mm 的颗粒饲料，可改善粗饲料适口性，诱使牛提高采食量。这是粗料加工的发展方向。

3. 秸秆揉搓处理

使用秸秆揉搓机将秸秆揉搓成柔软的丝状，可直接喂牛，提高采食速度。也可进行氨化，提高营养价值。

(二)化学处理法

通过碱性物质如氨、石灰水等改变粗饲料内部结构，可提高饲料的适口性和消化率，增加采食量。最常用的是氨化法。

1. 氨化的好处

(1)氨处理可将秸秆有机物质消化率提高 10%～12%。粗蛋白质含量由 3%～

4%提高到8%或更高。

(2)氨处理后秸秆的食入量增大,适口性增加,采食速度比不处理的大大缩短。

(3)处理的经济效益高,方法简单易行。

(4)氨化可防止饲料霉坏,还能杀死野草籽,可很好地保存粗饲料。

2.氨化秸秆的氨源

常用氨化秸秆的氨源有液氨、氨水、尿素和碳铵。以氨水作氨源时用量可按每100 kg秸秆加15 kg 20%的氨水,或30 kg 10%的氨水来计算,这就相当于用3%的液氨处理秸秆。用氨水作氨源的缺点是氨水体积大,需要很大的容器储存,运载量太大,操作不方便。尿素处理效果仅次于液氨,比碳铵要好。碳铵在县一级的氮肥厂都能生产,它来源广,利用起来较方便。在农村一家一户进行氨化时利用尿素最方便。

3.氨化秸秆方法

堆垛法:在高燥平整的地上,将0.1～0.2 mm的无毒聚乙烯塑料薄膜铺开,四面要余出70 cm左右。风干秸秆本身含水量10%左右,氨化时使其总含水量达40%。尿素用量为秸秆重量的3%～5%,碳铵用量为秸秆重量的8%～10%。将氨源溶于需加入的水中,不断搅拌,使其溶解。将秸秆一层层铺在塑料薄膜上,边放边洒水(含氨溶液),踩紧再放,一直到垛顶,然后覆盖塑料膜,并与底边塑料膜对齐由下向上折叠好用土压住。一般秸秆量采用估重的方法,小麦新垛60 kg/m^3,旧垛(2个月以上)70 kg/m^3,30 cm左右长的玉米秸78 kg/m^3,旧垛100 kg/m^3。窖池法:采用水泥窖池,可以防鼠咬,容易堆积,塑料膜用量是堆垛法的1/6,占地少。操作步骤和堆垛法一样,拌匀、压实、封顶,四周同样用土封好。液氨法:先将秸秆堆好,用塑料薄膜封盖严密,防止氨气挥发。氨源的用量、秸秆的含水量要求同堆垛法(如果秸秆含水量达不到要求,可在堆垛时,边堆边洒水)。然后用一根带孔的管插入垛中,通入所需要量的液氨。要注意,管子稍插在垛的下部,如果垛较大,可更换几个位置,以提高氨化效果。

4.影响氨化效果的因素

影响氨化效果的因素有温度、秸秆水分、氨源剂量、秸秆种类、秸秆部位(叶茎)等。

温度:氨处理秸秆要求较高的温度,温度高发生作用快。据报道,液氨注入秸秆垛中后,温度上升很快,在2～6 h就达到最高峰。温度的上升决定于开始的温度、氨的剂量、水分含量等。但一般变动范围为40～60℃,最高温度在草垛顶部,1～2周后下降并接近周围温度。周围的温度对氨化起重要作用,所以氨化应在秸秆收割后不久,气温相对高的时候进行。温度还决定氨化完成的时间。

例如：温度在 17～25℃，处理时间可少于 4 周，而采用氨化炉时温度可达 85℃，只需 24 h 就可以处理完毕。温度在 5℃以下，氨化速度很慢，基本不发生反应，不宜制作氨化秸秆。一般氨化时间可按下列温度给予考虑：温度 5～15℃，时间 4～8 周；15～20℃，2～4 周；20～30℃，1～3 周；30℃以上，少于 1 周；85～90℃，24 h。

秸秆水分：氨易溶于水，氨化秸秆中含水量高，有机物消化率也会有不同程度的增加，但水分过多，秸秆有霉败的危险。尿素与碳铵处理秸秆的含水量(包括风干秸秆中含水 10%)以 40%～45%较合适。

5. 氨化秸秆的保存

氨化秸秆在垛中和窖中或其他容器中可保存很长时间，只要塑料膜不破、不漏氨，就不会霉坏。因此，必须经常检查，加强管理。

6. 氨化秸秆的品质鉴定

氨化秸秆的品质可以通过感官、营养成分分析和饲喂效果来鉴定。氨化好的秸秆和未氨化好的、发霉的秸秆有明显的不同。

7. 氨化秸秆的饲喂方法

氨化秸秆必须放净氨味并铡短再喂牛，以便采食、咀嚼和拌料，减少损失。刚开始喂氨化秸秆时，有的牛可能不爱吃，特别是放过青的，不太适应。为了改变这种情况，开始时要少给勤添，逐渐提高采食量。一般驯饲 2～3 d，最多 1 周时间即可自由采食。氨化秸秆是有一定营养价值的粗饲料，但对于生长肉牛，要讲究饲料搭配，补充其他的饲料，才能取得更好的生产效果。

石灰处理法也是碱化处理的一种方法。将 45 kg 生石灰溶于 1 t 水中，调制成石灰乳，将切短的秸秆浸入之中，经 5～10 min，然后捞出，堆放在塑料薄膜上，上面再覆盖塑料薄膜，经 1～2 d 后，可不必冲洗直接喂牛。这种方法比较经济，秸秆中含钙量增加，混合料可不必再补加钙。但要注意，饲喂时间不得超过 24～36 h，以防霉变。为了提高粗饲料的营养价值和消化利用率，一般均需进行加工处理，并与其他的饲料搭配使用。常用的加工方法有切短、粉碎、氨化、碱化及微生物处理等。

任务四　青绿饲料的识别与利用

【学习目标】

认识青绿饲料的种类及利用价值。

【操作与实施】

一、豆科饲草及秸秆的识别及利用

(一)豆科饲草的识别

豆科饲草外观特点:单叶或羽状复叶、荚果,常有根瘤。人工栽培的豆科牧草主要有紫花苜蓿、草木樨,另外还有紫云英、三叶草、苕子、沙打旺、小冠花等,如图1-80至图1-85所示。

图 1-80 紫花苜蓿

图 1-81 紫云英

图 1-82 三叶草

图 1-83 苕子

图 1-84 沙丁旺

图 1-85 小冠花

(二)豆科饲草的营养价值

豆科类青绿饲料中粗蛋白质的含量为3.2%~4.4%,按干物质计算则可达18%~24%,在牧草中营养价值最高的;豆科牧草中钙的含量较高,因此动物采食青绿饲料不易缺钙。豆科牧草中胡萝卜素含量比较高;人工栽培的豆科牧草由于其根部有根瘤菌能增加土壤中氮的含量,可以改良土壤以及中低产田的收益,因此能够做到一年种植,多年收益。幼嫩时期的豆科牧草适口性好,营养价值高,是不可多得的优良青饲料,但应防止过量采食,造成反刍动物瘤胃膨胀。豆科饲草在开花后茎秆迅速老化，木质素和粗纤维含量升高，干物质产量虽然增加但是质量降低。

表 1-27 豆科青草的营养价值(干物质基础：%，MJ/kg)

饲料	干物质基础(DM)	产奶净能(NE_L)	奶牛能量单位(NND)	粗蛋白(CP)	粗纤维(CF)	钙(Ca)	磷(P)
苜蓿	25.0	5.90	1.88	20.8	31.6	2.08	0.24
苕子	16.8	6.36	2.03	25.6	25.0	1.44	0.24
三叶草	19.7	6.28	2.00	28.9	28.9	1.32	0.33
紫云英	13.0	6.70	2.13	19.2	19.2	1.38	0.53
大豆	25.0	6.20	1.97	22.0	22.0	0.44	0.12
豌豆	15.2	6.66	2.12	28.3	28.3	1.84	0.40
蚕豆	12.3	6.03	1.93	28.5	28.5	0.65	0.33

引自韩友文《饲料与饲料学》，2001。

(三)豆科牧草的利用

豆科牧草的利用方式主要有：放牧、青饲、调制成干草或是做青贮。一般做青饲的适宜早割，最适时期是在蕾前或现蕾的时候，因为此时蛋白质含量丰富，饲用价值高。调制成干草则可在初花期割。如紫花苜蓿可作为草食家畜的主要饲料，幼嫩时也是猪、禽和幼畜最好的蛋白质和维生素补充饲料。每头每天喂量为：乳牛25～30 kg，成年猪可达 7～10 kg，体重 60 kg 的绵羊一般不越过 4 kg，役畜 25～30 kg。喂猪、禽时应粉碎或打浆，喂骡马时应切碎，牛、羊、兔可整株饲喂。一般做青饲的适宜早割、调制成干草则可在初花期割。喂猪和鸡时，都是利用上半部分的幼嫩枝叶。值得注意的是：鲜嫩苜蓿茎叶中含有皂角素，牛羊采食大量的后，会使得瘤胃内形成大量的泡沫样物质，引起膨胀，导致产奶量下降，严重的会引起死亡，因此在饲喂时应该控制用量。另外，用紫花苜蓿制成的干草是最有价值的粗料，是各类畜禽冬春两季的好饲料。

二、禾本科饲草及秸秆的识别及利用

(一)禾本科饲草的识别

禾本科牧草的主要特点是：单叶、叶片狭长、平行叶脉。人工栽培的禾本科牧草主要有黑麦草、无芒雀麦、羊草、苏丹草、象草、高丹草、鸭茅等，如图 1-86 至图 1-91 所示。

图 1-86　黑麦草

图 1-87　无芒雀麦

图 1-88　羊草

图 1-89　苏丹草

图 1-90　象草

图 1-91　鸭茅

(二)禾本科饲草的营养价值

禾本科牧草粗蛋白含量比较低为1.5%～3.0%，按干物质计算则为13%～15%、粗纤维含量较高、胡萝卜素含量也比较高、可溶性糖类较多、味甜，因此适口性较好，草食动物较喜爱。禾本科牧草吸收的硅和氮较多，因而无氮浸出物含量相比而言较高；生长和老化程度慢、叶片较多的可利用的时限较长。

表 1-28　禾本科青草的营养价值(干物质基础:%,MJ/kg)

饲料	干物质基础(DM)	产奶净能(NE_L)	奶牛能量单位(NND)	粗蛋白(CP)	粗纤维(CF)	钙(Ca)	磷(P)
青刈玉米	17.6	5.57	1.70	8.5	33.0	0.51	0.28
青刈燕麦	19.7	6.41	2.04	14.7	27.4	0.56	0.36
青刈大麦	27.9	5.82	1.85	6.5	27.2	1.31	0.60
苏丹草	19.7	5.61	1.79	8.6	31.5	0.46	0.15
黑麦草	16.3	6.49	2.07	21.5	20.9	0.61	0.25
雀麦草	25.3	5.90	1.88	16.2	28.9	0.53	0.28
象草	20.0	5.61	1.79	10.0	35.0	0.25	0.10

引自韩友文《饲料与饲料学》,2001。

(三)禾本科牧草的利用

禾本科牧草可以放牧、青饲或是调制成干草加以利用,均受各种家畜的喜爱。有试验证明,黑麦草制成干草或是干粉与精饲料配合饲喂肉牛,育肥效果很好,且肉质较细。无芒雀麦茎少叶多、适口性好、营养价值高,适合放牧和青饲。羊草叶片多、适口性好、营养丰富,即可放牧割草,也可以调制成干草。苏丹草茎叶柔软适宜晒制成干草,但应该注意的是其幼嫩茎叶中含有少量的氢氰酸,因此要等到长至50～60 cm后才可以放牧,以免引起中毒。高丹草宽、茎秆柔软、适口性好、营养价值高,可以直接放牧,也可以调制干草和青贮。

三、其他类块根及块茎类青绿饲料的识别及利用

(一)块根及块茎类青绿饲料的识别

非淀粉质根茎瓜果类饲料主要包括胡萝卜、马铃薯、芜菁甘蓝、甘薯、甜菜、南瓜等。(图1-92至图1-97)。

图1-92 胡萝卜

图1-93 马铃薯

图1-94 芜菁甘蓝

图1-95 甘薯

图1-96 甜菜

图1-97 南瓜

(二)块根及块茎类青绿饲料的营养价值

块根及块茎类青绿饲料粗纤维含量较低、无氮浸出物含量较高、含水量可达70%～90%,富含易消化的淀粉和糖分,可作为冬季主要的青绿饲料。

(三)块根块茎类青绿饲料的利用

胡萝卜中无氮浸出物及胡萝卜素含量很高,含有蔗糖、果糖、钾盐、磷盐和铁盐,营养价值很高,主要是作为多汁饲料生喂。在乳牛饲料中添加胡萝卜有利于提高产奶量和乳的品质;对于种公畜而言,则有利于精子的形成;对母畜的正常发情、排卵、受孕与怀胎都有很好的作用。糖用甜菜和半糖用甜菜由于含有大量的蔗糖,一般不用做饲料,而是先用来制糖,其副产品甜菜渣可以作为饲料。饲用甜菜喂乳牛时可每日喂40 kg,成年猪5～7.5 kg。刚收获的甜菜不能立即饲喂,以免引起腹泻。南瓜中含有淀粉、糖类、胡萝卜素和核黄素,特别适宜喂繁殖和泌乳家畜。喂鸡时,可以促进换羽以及提前产蛋。马铃薯、甘薯、木薯等块根块茎类饲料淀粉含量丰富,在生产上被制成干粉后作为饲料原料加以利用。

综上所述,青绿饲料一般都可以青贮、制成干草、干粉等,但在生产中还是以鲜喂为主。反刍动物可以大量的利用青绿饲料,但在单胃动物中只能在饲料中合理的添加青绿饲料,可以作为维生素补充饲料,还可以作为动物产品的改善剂。

四、影响青绿饲料营养价值的因素

不同种类的青绿饲料营养成分的组成以及营养价值的高低差别比较大,其影响因素主要包括以下几个方面。

(一)品种

不同品种的青绿饲料营养价值差异很大。豆科与禾本科类饲料营养生理特点不同。豆科类青绿饲料中粗蛋白质和维生素的含量、钙、磷、镁比例较禾本科类的要高;禾本科牧草吸收的硅和氮较多,因而无氮浸出物含量相比而言较高;生长和老化程度慢、叶片较多的可利用的时限较长。

(二)生长阶段与部位

青绿饲料由于不同的生长阶段使得其营养物质的含量不尽相同(表1-29)。生长早期的牧草因其水分含量高、蛋白质和维生素含量丰富、粗纤维含量较低,从而消化率较高,营养价值较高。随着生长期的延长,水分和蛋白质的含量逐渐减少,粗纤维和木质素的含量逐渐增加,使得消化率和营养价值都降低。另外,在不同的生长部位营养成分的差异也很大。一般茎叶的上部分蛋白质的含量要比下部分的要高,粗纤维含量则相反。叶片中粗蛋白质的含量高、粗纤维的含量低,而茎秆部分正好相反。因此,以含叶片较多的青绿饲料营养价值最高。

表 1-29 不同生长阶段苜蓿干物质中的养分含量 %

成分	蕾前期	现蕾期	盛花期
粗纤维	22.1	26.5	29.4
粗蛋白质	25.3	21.5	18.2
灰分	12.1	9.5	9.8
可消化粗蛋白	21.3	12.0	14.1
可消化粗纤维	8.0	12.8	16.2

图 1-98 新生仔猪甲状腺肿

(三)土壤结构与肥料

在结构良好以及肥沃的土壤中生长收获的青绿饲料营养价值较高,特别是土壤中一些矿物质元素的含量在很大程度上与青绿饲料中元素的含量相关。如果某一地区土壤中某些微量元素缺乏或是过多,这样会引起地方性营养缺乏症或是中毒症。例如:缺碘导致的家畜甲状腺肿,缺硒导致的白肌病等(图 1-98 至图 1-99)。另外,在某些元素缺乏的土壤中施加相应的肥料可以增加饲草中各种营养物质的含量。比如:施加氮肥,一方面可以提高粗蛋白质的含量;另一方面可以提高产量。

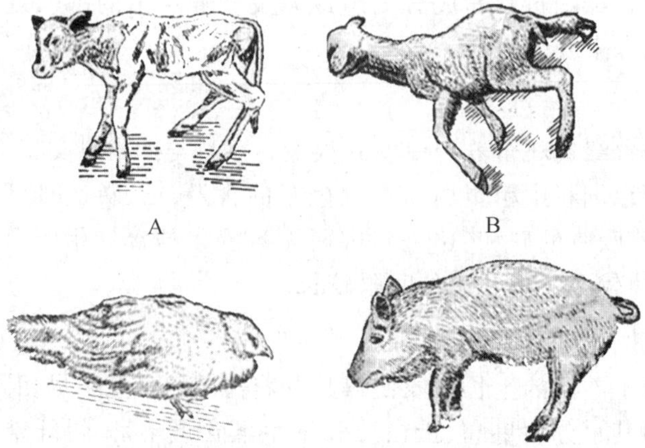

A　B　C　D

图 1-99 白肌病

A. 犊牛白肌病:四肢技能障碍 B. 羔羊白肌病:后肢轻度麻痹,共济失调

C. 鸡白肌病:腿麻痹及眼分泌物 D. 猪白肌病:四肢站立不稳

(四)自然气候条件

气温、光照以及降雨量等会对青绿饲料的营养价值有影响。在气温较高的地区,植物中粗纤维含量较寒冷地区的低,粗蛋白和粗脂肪的含量相对较高。在光照充足区域生长的植物粗蛋白质和六碳糖的含量较高。在干旱地区及干旱季节生长的植物会积聚比较多的钙质;相反,在雨季及地区,土壤中的钙容易流失,因而使得植物中钙含量较少。

(五)管理因素

牧场管理制度的完善与否也会影响到饲草的营养价值。过度放牧会使得各种优良饲草被不断采食,导致不能恢复生长而消失,最终使得整个牧场营养价值降低。放牧不足时,会使得植物一直生长而变得粗老,营养价值也大大地降低。

五、饲喂青绿饲料时应注意的问题

(一)防止亚硝酸盐中毒

青饲料中含有的硝酸盐本身无毒或毒性低,但在细菌的作用下被还原成有毒的亚硝酸盐。青绿饲料堆放时间过长,发霉腐败或是煮后过夜都会使亚硝酸盐含量增加。《中华人民共和国国家饲料卫生标准》规定猪、鸡配合饲料中亚硝酸盐含量小于 15 mg/kg。

(二)防止氢氰酸和氰化物中毒

高粱幼苗、玉米苗、亚麻叶、马铃薯幼芽、南瓜蔓中含有的氰苷配糖体在堆放、发霉或是霜冻枯萎后,在植物体内特殊酶的作用下水解成氢氰酸。《中华人民共和国国家饲料卫生标准》规定猪、鸡配合饲料中亚硝酸盐含量小于 50 mg/kg。

(三)防止农药中毒

喷洒过农药的地域的青饲草应等要下过雨后或是 1 个月之后才能利用。

(四)防止某些植物中因含有毒素而引起的中毒

能引起中毒的植物主要有蕨属植物、栎属植物、棘属植物、发生黑斑病的甘薯、霉玉米及稻草等。

(五)其他中毒症

如草木樨含有香豆素,在发生霉变或是细菌的作用下可以转变为双香豆素,双香豆素对维生素 K 有拮抗作用,容易引起中毒。主要引起牛中毒,出现凝血时间延长,皮下水肿,鼻孔流出血样泡沫等症状。

任务五 青贮饲料的品质鉴别与利用

【学习目标】

掌握青贮饲料的营养特点、品质鉴定、使用方法。

【操作与实施】

1. 青贮饲料的品质鉴定
2. 青贮饲料的取用
3. 青贮饲料的喂法、喂量

一、青贮饲料的品质鉴定

青贮饲料主要是通过感官来鉴定其品质，看一看、摸一摸、嗅一嗅，根据青贮饲料的颜色、结构、气味来辨别。

（一）颜色

品质良好，收割适时的青贮饲料呈现青绿色或黄绿色，或是接近青贮前原料的颜色；中等品质的则呈现黄褐色或暗绿色；品质低劣的多为暗色，褐色，墨绿色或黑色，与青贮原料本来的颜色有很大的差别。

（二）结构

品质良好的青贮饲料压得非常紧密，但拿在手中又很松散，质地柔软而湿润，茎叶和花等都保持原来的状态，能够清楚地看到茎叶上的叶脉和绒毛；品质不良的青贮饲料则黏成一团，好像一块污泥，或者质地松散而干燥，粗硬，发黏，腐烂的青贮饲料是不能作为饲料用的。

（三）气味

品质良好的青贮饲料具有酸香味，略有曲酒味，给人以舒适的感觉，可饲喂各种家畜；中等的青贮饲料香味极淡或没有，具有强烈的醋酸味，可饲喂除妊娠家畜和幼畜以外的各种家畜；品质低劣的青绿饲料腐败发霉具有一种特殊的臭味，不宜饲喂任何家畜，洗涤后也不能使用。

二、青贮饲料的取用

青贮饲料取用时，逐段或逐层从上往下分层取料。长方形的青贮窖或壕，应从

一头开始逐段取出，使其保持一个平面(图 1-100)。对于圆形的青贮窖或塔(图 1-101)，将上面覆盖的土层和腐烂发霉部分除去，按一定的厚度，从上到下一层一层往下取。切记不能全部打开或是掏洞取用，不能只取中间或下方，也不能坑坑凹凸随意取。取完料后，应用塑料膜将其余的饲料及时封口。尽量减少与空气接触，防止发霉变质。最好是现取—现拌—现用，防止发热、发霉。

图 1-100　长方形的青贮窖

图 1-101　圆形的青贮窖

三、青贮饲料的喂法、喂量

(一)喂法

青贮饲料含水分多，适口性好，但多汁轻泻，干物质相对较少，故不能单独使用，最好与干草、秸秆以及精料合理搭配使用。提高饲料利用率。有些畜禽一开始不愿意采食青贮饲料，需要经过一段时间的训练。可以先空腹饲喂，再喂其他草料，或是两者拌在一起喂；也可以先将青贮饲料拌入精料中，然后再喂草料；还可以先喂少量的青贮饲料，再逐渐增加饲喂量。

(二)喂量

青贮饲料喂量要适中，按照家畜实际采食量，每次取量以够 1 d 为宜，防止变质。由少到多饲喂，因具有酸味，影响适口性，所以应有一个适应及过渡期。如果饲料酸性过大，可用 5%～10%的生石灰水中和处理。青贮饲料的喂量要根据不同生长期的畜禽，及其生产力和青贮料的不同而不一样。成年牛每日每头 10～20 kg，种公牛 15 kg，断奶犊牛 5～10 kg，产奶成年母牛 25 kg，妊娠成年母牛 50 kg，成年绵羊 5 kg,成年马 10 kg,成年兔 0.2 kg,妊娠母猪 3～6 kg,初产母猪 2～5 kg,哺乳母猪 2～3 kg。

青贮饲料是各种畜禽饲用的优质多汁饲料之一,因此,只要调制得当,饲喂得法,将会取得良好的饲喂效果。

任务六　动物缺乏碳水化合物的判断

【学习目标】

掌握动物碳水化合物营养不足的临床表现,并从饲料来源、代谢利用等多方面分析造成动物碳水化合物营养不足的原因。

【操作与实施】

1. 动物碳水化合物营养不足时临床表现
2. 动物低血糖的判断
3. 动物血糖浓度的测定

【注意事项】

碳水化合物类饲料中植物籽实、糠麸、块根、块茎类饲料的营养区别,阐明能量饲料与粗饲料的本质区别。

【知识链接】

碳水化合物的概念、营养特点、代谢。

一、动物碳水化合物营养不足时临床表现

碳水化合物摄入不足,不能满足动物的能量需要,生产性能下降。严重不足时,会使动物动用体内贮备的能量物质(糖原—体脂—体蛋白),从而导致动物消瘦、抗病力降低等。例如:葡萄糖不足,小猪会出现低血糖。牛会产生酮病,羊会产生妊娠毒血症,严重时引起死亡。相反,碳水化合物摄入过多,能量过多会导致动物过肥,肉质下降,种用动物体脂肪过多,繁殖性能下降。

(一)牛酮病

牛酮病是因为饲料中糖和生糖物质不足,导致脂肪代谢紊乱,血糖降低、大量血酮在体内蓄积所引起的一种代谢病。经产而营养良好的高产乳牛容易发生这种

病，尤其是3～6胎，产犊后3～6周的高产奶牛容易发生。

1.病因

引起这一疾病的原因主要有：首先，饲料中蛋白质和脂肪含量过多，而碳水化合物量不足；其次，运动不够，前胃机能减退，奶牛大量泌乳，导致乳糖消耗，容易促使本病的发生。

2.临床表现

在临床上牛酮病主要表现有：

(1)顽固性消化紊乱、从呼吸和挤出的乳中可闻到一股轻微的醋酮气味。

(2)精神沉郁，对外界反应迟钝等神经症状。

(3)病牛食欲下降，不愿吃精料，只采食少量粗饲料，或喜食垫草和污物等异食癖。

(4)瘤胃弛缓，蠕动音弱，次数少，反刍停止，最终拒食。

(5)公牛表现为进行性消瘦，母牛泌乳量下降，易形成泡沫样乳汁，发情迟缓等。

(6)发病严重的，全身出汗，淡黄色尿液、有丙酮味，且易形成泡沫。

(7)急性病牛，表现出兴奋不安，步态不稳，眼球震颤，全身紧张，颈部肌肉强直，不久转为抑制状态。发病后期病牛发生昏迷状态。

3.预防

(1)要加强饲养管理，保证满足各种生产状态下的能量需要，合理调整饲料，增加甜菜、胡萝卜等富含糖和维生素类的饲料以及优质青(干)草和多汁饲料的饲喂量。

(2)减少富含脂肪类饲料的量，妊娠后期及产犊后的母牛，应适当减少精料喂量。牛群应有适当的运动和日光照射。

4.治疗

补充糖和含糖物质，增加血糖水平，促进糖源异生。混合静脉注射25%～50%葡萄糖500～1 000 mL，地塞米松磷酸钠40 mL，5%碳酸氢钠注射液500～1 000 mL，辅酶A 500 IU，也可以重复或少量多次，以维持血糖的稳定。500 g丙二醇或甘油，灌服每日2次，连用5～7 d；450 g乳酸钠或乳酸钙内服，每日1次，连用5 d；200 g乳酸铵灌服，连服5 d；丙酸钠120～200 g，混饲喂给或内服，每日1次，连用7～10 d。对于体质较好的病牛，可肌肉注射促肾上腺皮质激素(ACTH)的效果也较好，但会发生一定的泌乳量抑制。

二、动物低血糖的判断

小动物在出生后体内就贮备了大量的糖原和脂肪，以作为其生长的能量需要。

小猪体内总糖原的含量高达 2%，但是肝糖原含量很低，只占总糖原含量的 9%。因此，小猪出生后的几天会由于能量供应不足容易产生低血糖症，导致抵抗应激的能力很差。

(一)病因

母猪在怀孕期间饲料营养不全面、产后感染子宫炎、乳腺炎等，会导致母猪少乳、无乳，或仔猪多、乳头少以至于弱小仔猪吮乳不足或吃不到母乳；仔猪出现大肠杆菌病、传染性胃肠炎等无力吮乳或消化吸收不良症状；仔猪在胎儿时期缺糖或出生后没有及时补充糖，导致血糖急剧下降，影响脑组织活动，表现出脑神经兴奋或抑制。

(二)临床症状

本病多发生于 2～7 日龄的仔猪，临床表现：

(1)精神不振、吮乳停止、四肢无力、步态不稳、反应迟钝等症状。

(2)有的还伴有神经症状、卧地不起、肌肉震颤、头向后仰、四肢游泳状划动、瞳孔散大、眼球不动、口角流出大量白沫等现象。

(3)后期仔猪昏迷不醒、意识丧失，病猪多表现为皮肤苍白、体温降至 36℃左右。病死猪肝脏呈橘黄色、质地松软似豆腐渣、稍碰即碎。

(4)胆囊肿大充盈、胆汁色淡、呈半透明浅黄色。

(5)肾脏呈土黄色，表面有很多针尖大小的出血点。

(三)预防

对于母猪应加强饲料营养，淘汰年老体弱的，补充身强体壮的后备母猪，提高母猪的泌乳率，并在母猪产前产后的饲料中适当添加抗生素。新生仔猪则应加强护理，保证仔猪及时吃上初乳，并做好体弱仔猪的寄养，还要避免温度过低、潮湿等不良环境对母猪和仔猪的影响。

(四)治疗

发病仔猪可腹腔注射或静脉注射 5%～10%的葡萄糖溶液 20～40 mL，每 3～4 h 注射 1 次，连续 2～3 d；或是内服 20%～50%的葡萄糖溶液 20～30 mL，每天 2 次，连服数日即可；另外，在饲料或饮水中添加白砂糖、复合维生素 B 和维生素 C 等进行治疗，效果也较好。

三、动物血糖浓度的测定

血糖浓度的相对稳定是动物机体维持生命活动所必需的。动物体内，血糖浓度受各种激素的调节而变化。包括胰岛素、肾上腺素、胰高血糖素、肾上腺皮质激素、生长激素和甲状腺素等。其中胰岛素能促进肝脏和肌肉将葡萄糖合成糖原，同时加强糖的氧化作用，因此，可以降低血糖；其他的激素会导致血糖升高，以肾上腺素的作用最明显，因其能够促进肝糖原的分解，而使得血糖升高。

图 1-102　血糖检测试剂盒

(一)血糖浓度测定的方法

葡萄糖氧化酶法(glucose oxidase，GOD)，此方法特异性强、反应条件温和、能反映血中葡萄糖的真实含量，且已经有检测的试剂盒，应用较广泛。如图 1-102 所示。邻甲苯胺法，该方法涉及强酸、加热等反应条件，不便于大规模检测，且用的试剂盒有毒性，已很少采用。Folin-Wu 法，此法对葡萄糖无特异性，有不少是非糖的还原物质。因而测得的数值比实际高，已趋向淘汰。

(二)葡萄糖氧化酶法原理

葡萄糖在葡萄糖氧化酶的作用下产生葡萄糖酸和过氧化氢，过氧化氢在过氧化物酶的作用下使邻联甲苯胺生成蓝色物质，此有色物质在 625 nm 波长下与葡萄糖浓度成正比，如图 1-103 所示。通过测定蓝色物质的吸光度可计算样品中葡萄糖的含量。

$$\text{葡萄糖} + O_2 + H_2O \xrightarrow{\text{GOD}} \text{葡萄糖酸} + H_2O_2$$

$$H_2O_2 + \text{苯酚} + \text{4-氨基安替比林} \xrightarrow{\text{POD}} \text{醌类化合物(红色)} + H_2O$$

图 1-103　葡萄糖氧化酶法原理

(三)测定步骤

1. 动物准备及取血

取饥饿 16 h 正常家兔一只(2～ 3 kg)，以耳缘静脉取血，先仔细剪去放血部位耳毛，勿剪破皮肤，用湿棉球反复拭净耳部，再用二甲苯擦拭兔耳朵皮肤，使其血管充血，再用棉球擦干，在放血部位涂一薄层凡士林，再用三菱针刺破耳沿静脉放血，取完后用干棉球压迫血管止血。分离血清。

2. 测定血糖浓度

(1)不同试管中的试剂及含量如表 1-30 所示。

表 1-30 不同试管中试剂及含量

试剂	空白管	测定管	标准管
血清/μL	—	10	—
葡萄糖标准应用液/μL	—	—	10
蒸馏水/μL	10	—	—
酶酚混合试剂/mL	1.5	1.5	1.5

混匀各管，放 37℃水浴中保温 15 min，取出冷却，在波长 505 nm 以空白管调零读取标准管和测定管光吸收值。

(2)计算。血糖(mmol/L)＝测定管吸光度/标准管吸光度×标准管浓度。

3. 血糖测定的意义

在临床上，血糖检测是目前诊断糖代谢异常相关疾病的主要依据。在科研中，代谢疾病的研究，常常要测定血糖。另外，在某些药物的研究中，也有涉及。

【知识链接】

碳水化合物的概念：碳水化合物由碳氢氧 3 种元素组成，由于它所含有的氢氧比例为 2∶1，和水一样，因此叫作碳水化合物。可用通式 $C_x(H_2O)_y$ 来表示。它是含有多羟基的醛类或酮类的化合物或经水解转化成为多羟基醛类或酮类的化合物。包括单糖、寡糖、淀粉、半纤维素、纤维素、复合多糖，以及糖的衍生物。它与蛋白质、脂肪同为生物体的三大基础物质，为生物的生长、运动、繁殖提供主要能源，可作为动物体的营养贮备物质，是合成乳脂和乳糖的重要材料，是生存发展必不可少的重要物质之一。

碳水化合物的营养特点：碳水化合物是构成机体组织的重要物质，参与细胞组成和多种生命活动，是某些具有生理功能的物质，如：抗原、抗体、酶、激素的组成成分，在组织生长的调节中有重要的作用；碳水化合物是供给动物能量的主要来源。机体的一切生命活动都以能量为基础。动物维持生命活动以及从事生产活动都需要从饲料中获取能量，其中有 80%都来自于碳水化合物。其中葡萄糖是最有效的营养素，主要是供给动物代谢活动快速应变所需要的能量。葡萄糖摄入不足时，容易导致小动物低血糖症，牛会产生血酮症，因此，碳水化合物供给充足可减少酮体的生成，具有抗生酮作用。妊娠母羊产生妊娠毒血症，严重时会导致死亡。当供给足量的可利用的碳水化合物作为能量，既可减少蛋白质作为能量的消耗，从而起到了节约蛋白质的作用。当碳水化合物供应不足时，将通过糖原异生产生葡萄糖，由蛋白质、脂肪产能来满足能量的需要；碳水化合物为机体提供能量贮备物质。碳水化合物在给动物机体提供能量的同时，多余的可以转化成糖原和脂肪，作为能量贮备起来；在母畜泌乳期间，可以作为合成乳脂肪和乳糖的原料。有试验证明，60%～70%的乳脂肪的合成原料是碳水化合物。反刍动物产奶期间有50%～85%的葡萄糖用来合成乳糖。羊奶中部分蛋白质非必需氨基酸的形成也有葡萄糖的参与。在非反刍动物乳腺中，碳水化合物主要用来合成奶中必要的脂肪酸；碳水化合物能改善感官品质、增加饱腹感；碳水化合物在代谢过程可以生成葡萄糖醛酸，是一种重要的结合解毒剂，能够解除肝脏中的细菌毒素、酒精、砷等有毒物质。增强肠道功能，非淀粉多糖——纤维素、果胶、抗性淀粉、功能性低聚糖等能刺激肠道蠕动，促进排便。

碳水化合物的代谢：

1. 非反刍动物的碳水化合物的代谢

非反刍动物的代谢主要是单糖的代谢，猪体内碳水化合物消化代谢过程见图1-104。

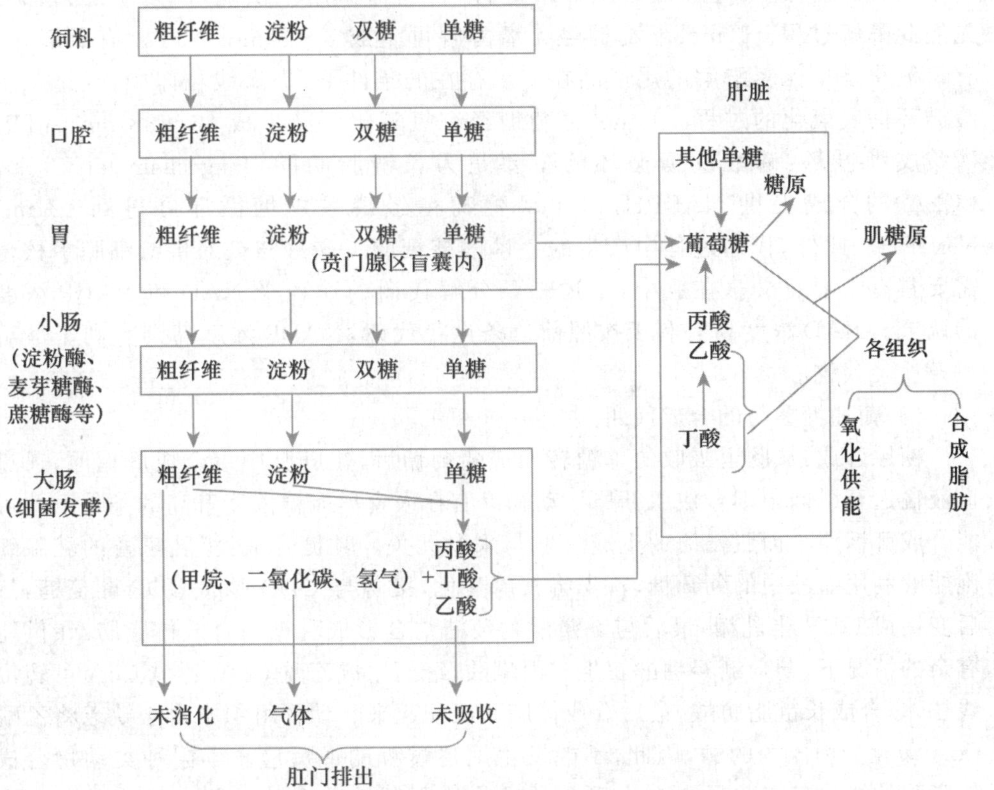

图1-104　猪体内碳水化合物消化代谢简图

(1)单糖互变。非反刍动物体内循环的单糖主要是以葡萄糖的形式参与分解与合成代谢。植物饲料中的单糖除了葡萄糖外,还有果糖、半乳糖、甘露糖、木糖和核糖等。它们必须通过一定的变换才能进一步代谢,或从一种形式的单糖转变成另一种形式的单糖来满足代谢的需要。果糖主要经1-磷酸果糖进入代谢。动物采食含果糖多的饲料,很容易经此途径合成较多甘油三酯。胎儿和新生动物都能有效地将半乳糖转变成1-磷酸半乳糖,但可能会因为磷酸半乳糖尿苷转移酶的缺乏,在其进一步转变成1-磷酸葡萄糖的过程中受阻而使血液中半乳糖浓度升高。甘露糖在动物饲粮中含量不高,主要参与体内糖蛋白质的合成,经6-磷酸果糖参与分解代谢。木糖和核糖一般都与其他物质结合存在,通过磷酸化进入磷酸戊糖循环,然后按葡萄糖代谢的通常途径进行代谢。

(2)葡萄糖分解代谢。葡萄糖分解有三条主要的途径:无氧酵解、有氧氧化和磷酸戊糖循环。

无氧酵解:这一过程在细胞液中进行,若葡萄糖用于供能,75%~90%都要先经此酵解过程。1 mol葡萄糖经无氧酵解可生成6~8 mol ATP。有氧氧化:有氧氧化是指无氧酵解的尾产品在有氧存在的条件下,进入线粒体中,经过三羧酸循环彻底氧化的过程。1 mol葡萄糖经有氧氧化可净生成36~38 mol ATP。磷酸戊糖循环:磷酸戊糖循环的主要是为长链脂肪酸(long chain fatty acid, LCFA)的合成提供NADPH。1 mol葡萄糖经磷酸戊糖循环可得到12 mol NADPH。此外,代谢过程中产生的5-磷酸核糖或1-磷酸核糖对供给细胞中核糖需要具有重要意义。在肝中,上述三条分解代谢的途径受NAD和NADP浓度的调节。NAD浓度高有利于按照前二条途径代谢,NADP浓度高则有利于最后一条途径代谢。

(3)葡萄糖参与的合成代谢。

糖原合成:从肠道吸收的单糖转变成葡萄糖后,在肝脏中可合成肝糖原,通过血液输送至肌肉中则合成肌糖原。动物只有在采食后血糖浓度升高的条件下才可能合成肝糖原。而肌糖原的生成一般与采食无关。乳糖合成:泌乳家畜的乳腺细胞能够利用血液中的葡萄糖,首先将其磷酸化,接着与UDP形成UDP-葡萄糖,然后变构成UDP-半乳糖,最后与1-磷酸葡萄糖结合形成乳糖。合成体脂肪:在供能有余的情况下,葡萄糖经糖酵解生成丙酮酸,继而生成乙酰CoA,乙酰CoA可转出线粒体,合成长链脂肪酸,最后合成体脂肪沉积起来。动物组织中由于缺乏将乙酰CoA羧化为丙酮酸的酶,因此,不能发生上述过程的逆反应。不同种类动物合成体脂肪的能力各有差异。自由采食的动物比限制性采食的动物合成体脂肪能力要强。

2.反刍动物碳水化合物代谢(图 1-105)

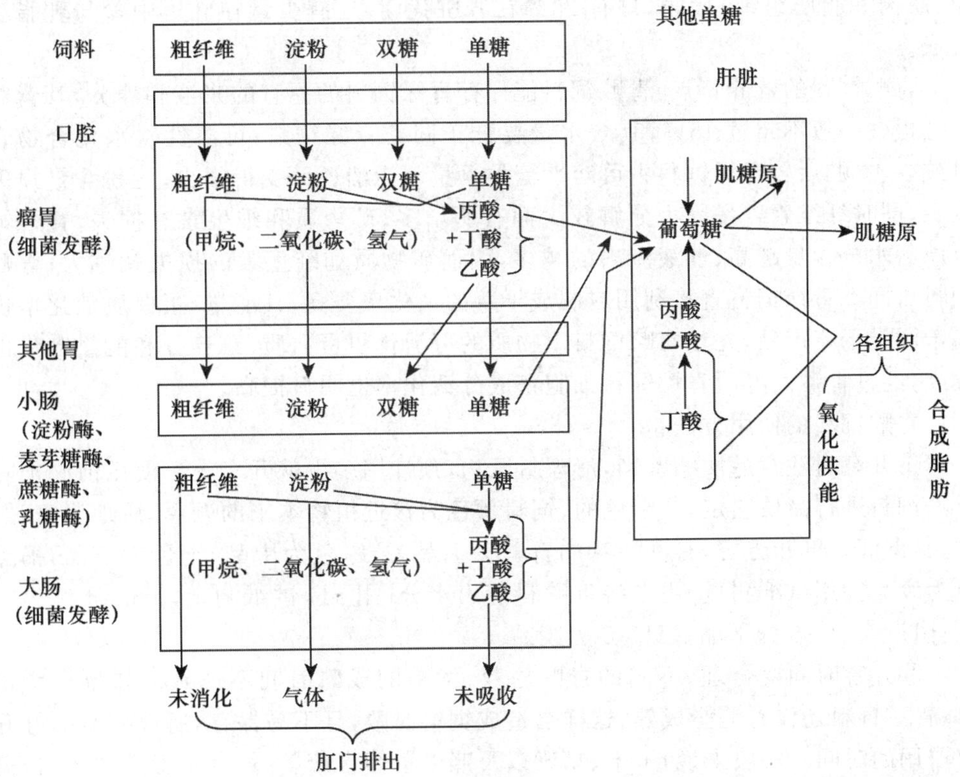

图 1-105　反刍动物碳水化合物消化代谢简图

(1)糖原异生。反刍动物不能利用葡萄糖合成长链脂肪酸,其体内葡萄糖代谢与非反刍动物类同。反刍动物消化吸收过程与非反刍动物不同,不能大量从消化道吸收葡萄糖,但葡萄糖仍然是肌糖原、肝糖原合成的前体,充当神经组织(特别是大脑)和红细胞的主要能源,通过磷酸戊糖途径生成 NADPH,促进长链脂肪酸的合成等。反刍动物在饲喂大量纤维性饲料的情况下,葡萄糖的吸收几乎为零,因此,体内代谢所需的葡萄糖必须全部由糖原异生作用提供。体内所需 90%及其以上的葡萄糖都来源于糖原异生,丙酸是最主要的生糖物质。

(2)挥发性脂肪酸的代谢。反刍动物碳水化合物消化产物以挥发性脂肪酸为主。挥发性脂肪酸由瘤胃吸收进入血液,进而转运至各组织器官,在许多促进挥发性脂肪酸利用的酶系的作用下加以利用。由挥发性脂肪酸氧化后提供的能量占吸收的营养物质总能的 2/3。乳牛组织中 50%的乙酸,2/3 的丁酸以及 25%的丙酸都经氧化提供能量。乙酸用于体脂肪和乳脂肪的合成,丙酸用于葡萄糖和乳糖的合成，丁酸也可用于脂肪的合成。丙酸和丁酸在肝脏中代谢，60%的乙酸在外周组织（肌肉和脂肪组织）代谢，只有20%在肝脏代谢，还有少量在乳房中参与乳脂肪合成。

青贮饲料的营养特点：青贮饲料能保存青绿饲料的原有的浆液和养分，其营养成分损失一般不超过15%，其含水量要低于同类青绿饲料；可溶性碳水化合物含量减少，青贮后较青绿饲料中可溶性糖类含量因为消耗而变得很少，淀粉含量损失较少，同时纤维素含量因为分解较少而有所增多；矿物质和维生素有损失，青贮饲料原料水分含量越高，汁液流出的越多，因而矿物质和维生素的损失就越大；青贮饲料比同类青绿饲料直接利用或制成干草的消化率要高，其能量、蛋白质消化率也高于同类干草产品，并且青贮饲料干物质的可消化粗蛋白质、总养分和能量含量也较高，经过青贮发酵后青贮饲料细胞壁成分消化率也明显提高。

青贮饲料的使用方法：

①开窖时注意品质的鉴别，清理封压物，预计用多少就开多大。使用前必须对青贮饲料进行品质鉴定，黄绿色的、饲料颜色为接近植物本来的颜色，质地紧密，柔软，且湿润。气味芳香，有酒酸味的青贮为上品，土绿色为中品，土色为下品，褐黑色为废品。用试纸测量，用力将青贮料挤出水分，用pH试纸测定，pH＝4.2为上品，pH＝4.2～5为下品，pH＞5为废品。

②开窖时间要合理，不同的青贮原料，发酵的成熟时间不一致。如果开窖过早，青贮饲料还没有完全成熟，这样会造成饲料腐败，且不易保存，所以要掌握好开窖取用的时间。一般来说，玉米、高粱以及燕麦草等含糖量高，容易青贮的饲料，需要发酵30～35 d；粗硬的秸秆饲料可以延长到50 d左右；此外，蛋白质含量丰富但含糖量低的苜蓿类饲料，发酵时间一般在3个月左右。

③开挖方法适当封窖后，40～50 d以后可用，开窖前应除去覆盖土。青贮饲料在反刍动物生产中的应用：青贮饲料在微生物发酵中可产生乳酸、醋酸、琥珀酸及醇类，具有芳香气味，适口性好，易于反刍动物消化吸收，提高繁殖率、增重速度、泌乳力。青贮是奶牛日粮中采食量最大的饲料，其品质的优劣及营养价值的高低是影响奶牛生产性能、牛奶品质和饲养成本的重要因素。肉牛生产的关键是合理利用廉价饲料资源，降低养殖成本，获得最佳的经济效益，整株玉米青贮肥育肉牛效果最好。在肉羊生产中，在冬春季节由于饲料原料种类单调，营养失调对羊群健康水平和个体生长发育有重要影响，所以，适宜地补饲青贮饲料是解决这一问题的重要途径之一。因此，青贮饲料是发展奶牛、肉牛、肉羊不可缺少的优质饲料来源。随着我国农业调整的不断深入，反刍动物生产在畜牧业中的比例逐渐增加，青贮饲料不仅营养丰富而且原料来源广泛，因此在畜牧业生产中应用越来越普遍。

项目四 脂类的营养与利用

任务一 饲料原料中脂肪的营养分析

【学习目标】

认识饲料原料中所含脂肪的种类、作用,以及饲料中脂类的利用和补充。

【操作与实施】

一、动物性饲料中脂肪的种类及营养作用分析

脂肪是指在动植物组织中存在,不溶于水,但溶于乙醚、氯仿、苯等有机溶剂的一类能量价值较高的物质。在各种饲料中都存在,是动物营养中不可缺少的一类营养物质。

(一)脂肪的组成

脂肪主要由碳、氢、氧三种元素组成。

(二)脂肪的分类

按照脂肪的结构以及营养作用的不同,有不同的分类方法。

1.根据结构的不同,可以将脂肪分为真脂肪和类脂肪

真脂肪在动物体内脂肪酸酶的作用下,能够分解为甘油和脂肪酸;内脂肪则可以分解为甘油、脂肪酸、磷酸、糖以及其他含氮物质。

2.根据营养作用的不同,可将脂肪分为可皂化脂类和非皂化脂类

可皂化脂类包括简单脂类和复合脂类。简单脂类是一类不含氮的有机物质,是畜禽营养中最重要的脂类物质,其中的甘油三酯主要存在于畜禽脂肪和植物种

子中，蜡质主要存在于畜禽毛、羽表面及植物表面。复合脂类属于动植物细胞中结构物质，主要包括磷脂、糖脂、鞘脂及脂蛋白。动物肌肉组织中60%～70%的脂类属于磷脂类。非皂化脂类在动植物体内种类多、但含量少，主要包括固醇类、类胡萝卜素、脂溶性维生素等。与动物特定生理代谢功能有关联。

动物性脂肪中含饱和脂肪酸较多。饱和脂肪酸含有较多的氢原子，碳原子之间以单键连接，熔点较高，硬度较大，含有较多的硬脂酸和软脂酸，在常温下多呈固体或是半固体状态。

二、植物性饲料中脂肪的种类及营养作用分析

植物性脂肪中含不饱和脂肪酸较多。不饱和脂肪酸含氢原子较少，碳原子之间以双键相连，它具有熔点较低、硬度小、含有油酸和亚油酸，常温下呈液态的特点。双键越多表明不饱和程度越大，一般用"碘价"大小来表示。碘价是指每100 g脂肪或是脂肪酸所能吸收碘的克数。碘价越高，表明含有的不饱和脂肪酸较多，碘价越低则表明含有饱和脂肪酸较多。

三、脂类的利用

(一)单胃动物对脂类的吸收利用

混合乳糜微粒与肠绒毛膜接触后破裂释放出脂类水解产物，这些主要通过易化扩散过程在十二指肠和空肠上段被吸收利用。血中脂类被转运到脂肪组织、肌肉及乳腺等毛细血管后，脂肪酸被动扩散进入细胞内，而没有被吸收利用的物质则到达肝脏进行代谢。

(二)反刍动物对脂类的吸收利用

脂类在瘤胃分解产生的甘油主要以挥发性脂肪酸的形式被瘤胃壁吸收利用，其余的脂类消化产物则进入回肠后被吸收利用。空肠前段主要吸收你用的是长链脂肪酸，中、后段则主要吸收利用其他脂肪酸和溶血磷脂酰胆碱。

任务二　饲料脂肪性质对单胃动物体脂肪的影响

【学习目标】

认识饲料中脂肪性质对单胃动物体脂肪的影响，进一步影响动物肉产品的加工储藏。

【操作与实施】

1. 动物体脂肪的品质鉴别

2. 饲料原料对动物的体脂肪的影响及合理利用

【知识链接】

脂肪的营养、脂肪缺乏对动物的影响。

一、动物体脂肪的品质鉴别

(一)脂类的水解特性

脂类在酸、碱或微生物产生的脂酶的作用下分解为基本的结构单位的过程被称为水解(碱性条件下的水解称为皂化)。水解对脂类的营养没有影响,但产生的脂肪酸有特有的异味和酸败味,会影响适口性。

(二)脂类氧化酸败

脂类暴露在空气中可以发生自动氧化,或者在微生物酶的作用下发生微生物氧化。氧化过程先生成过氧化物,再生成低级的醛、酮、酸等化合物,并产生不适宜的酸败味。

(三)脂肪酸的氢化作用

在催化剂或酶的作用下,不饱和脂肪酸的双键消失,转变为饱和脂肪酸的过程称为氢化。氢化作用使得脂肪硬度增加、不易酸败。有利于贮存,但是也会损失必需脂肪酸。

二、饲料原料对动物的体脂肪的影响及合理利用

动物产品肉、蛋、奶、皮毛及羽毛等均含有一定数量的脂肪。因此,脂肪的缺乏,会影响到动物产品的形成和品质。

饲料原料对动物的体脂肪的影响及合理利用

1. 单胃动物

饲料中的不饱和脂肪酸在猪、禽类等单胃动物体内不经过氢化作用将不饱和脂肪酸转化为饱和脂肪酸,可以直接沉积在体脂肪中。因此,在猪的催肥期,饲喂含有大量不饱和脂肪酸的脂类饲料的时候,动物机体内的不饱和脂肪酸含量增加,会导致动物体的体脂变软,容易酸败,使得肉的品质下降,这样的肉就不能用来加工成其他的肉制品。一般应混合饲喂富含淀粉的饲料,以降低体脂品质的下降。在猪肥育期,少喂脂肪含量高的饲料,多喂富含淀粉的饲料,因为由淀粉转变成的

体脂肪中含饱和脂肪酸较多。采取这种措施，即保证猪肉的优良品质，又可降低饲养成本。饲料脂肪性质对鸡体脂肪的影响与猪相似。一般说来，日粮中添加脂肪对总体脂含量的影响较小，对体脂肪的组成影响较大。

2. 反刍动物

大量不饱和脂肪酸在反刍动物瘤胃微生物的作用下转化为饱和脂肪酸，然后到达小肠经过消化吸收以饱和脂肪酸的形式合成体脂肪，这样合成的脂肪都是饱和形式的，因此，不管饲料中脂肪饱和程度高还是低，都不会影响体脂肪保持较大的硬度以及较高的熔点等特点，从而使得肉的品质较好。所以，反刍动物体脂肪品质受饲草脂肪性质影响极小，但高精料饲养容易使皮下脂肪变软，应慎用。

(1)饲料脂肪对乳脂肪品质的影响。饲料脂肪在一定程度上可直接进入乳腺，其中某些成分可用以形成乳脂肪。因此，饲料脂肪性质与乳脂品质密切相关。奶牛饲喂大豆时黄油质地较软，饲喂大豆饼时黄油较为坚实，而饲喂大麦粉、豌豆粉和黑麦麸时黄油则坚实。添加油脂对乳脂率影响较小，一般不能通过添加油脂的办法改善奶牛的乳脂率。

(2)饲料脂肪对蛋黄脂肪的影响。将近一半的蛋黄脂肪是在卵黄发育过程中，摄取经肝脏而来的血液脂肪而合成，这说明蛋黄脂肪的质和量受饲料脂肪影响较大。据研究，饲料脂类使蛋黄脂肪偏向不饱和程度大，一些特殊饲料成分可能对蛋黄造成不良影响，例如，硬脂酸进入蛋黄中会产生不适宜的气味。添加油脂(主要为植物油)可促进蛋黄的形成，继而增加蛋重，并可能生产富含亚油酸的“营养蛋”。

【知识链接】

脂肪的营养：

1. 脂肪是动物体组织的重要组成成分

脂肪是动物生产和修补体组织不可缺少的成分。肌肉、骨骼、神经和血液等动物的各个组织器官均含有脂肪，主要包含卵磷脂、脑磷脂及胆固醇。动物的细胞膜和细胞质则含有磷脂类的脂肪。

2. 脂肪是供给动物体能量和储藏能量的最好形式

脂肪含能量高，主要功能是供给动物热能。脂肪在体内氧化释放的能量是同一重量碳水化合物或蛋白质的 2.25 倍。饲料或体内代谢产生的游离脂肪酸、甘油酯是动物维持和生产的重要能量来源。脂肪体积小，蕴含能量多，是动物体储藏能量的最好形式。动物体皮下、肠膜及肌肉间贮备的脂肪，在饲养条件恶劣的时候动用。初生的犊牛、羔羊等的颈部、肩部及腹部具有一种特殊的褐色脂肪，是颤抖生热的能量来源。

3.脂肪是脂溶性维生素的溶剂

脂溶性维生素A、维生素D、维生素E、维生素K只有溶解在脂肪中才能被消化、吸收及转运。

4.脂肪能够为动物提供必需脂肪酸

必需脂肪酸是指在不饱和脂肪酸中,有几种不饱和脂肪酸在动物体内不能合成,必须由饲料供给的物质,主要有亚油酸、亚麻油酸及花生四烯酸。必需脂肪酸是动物体细胞膜和细胞的组成成分,参与磷脂的合成,并以磷脂形式出现在线粒体和细胞中,与类脂肪代谢密切相关,还与动物精子生成有关。

5.脂肪是畜产品的组成成分

肉、蛋、乳等畜产品中都含有一定的脂肪。肉中一般含有16%~29%脂肪,蛋中含有5%~6%的脂肪,乳中则含有1.6%~6.8%的脂肪。

6.脂肪对动物有保护作用

高等哺乳动物皮肤中的脂肪能够抵抗微生物侵袭,保护机体。水禽尾脂腺分泌的油脂对羽毛的抗湿作用很重要。皮下脂肪能够防止体热散失,便于维持体温的恒定、抵御寒冷。脏器周围的脂肪能够固定和保护器官以及缓和外力冲击。

脂肪缺乏对动物的影响:

(1)影响生产性能,使得生长速度下降,产奶量减少,饲料利用率降低。

(2)皮肤病变,出现角质鳞片,水肿,皮下血症,毛细血管通透性和脆性增强。

动物免疫力和抗病力下降,生长受阻,严重时引起动物死亡。

(3)影响繁殖力,导致动物繁殖机能紊乱,繁殖力降低,母猪甚至不孕。蛋鸡产蛋率降低,受精率和孵化率下降,胚胎死亡率升高。公鸡睾丸变小,第二性征发育迟缓。

(4)影响动物体的代谢过程,胆固醇必须与必需脂肪酸相结合,才能在动物体内转运和正常代谢。

项目五　矿物质营养与饲料选择

任务一　钙、磷营养与饲料选择

【学习目标】

掌握钙、磷矿物质元素的营养作用、饲料来源及感官品质鉴定。

【操作与实施】

钙、磷饲料的选择及感官鉴定

（一）钙源饲料的选择及感官鉴定

1. 动物体内钙的分布

钙是动物体内含量最多的矿物质元素，大约 99%存在于动物的骨骼中，牙齿、血液等部位也有钙的分布。动物产品如蛋壳中也含有钙。

2. 钙源饲料选择

石粉和贝壳粉是最常用的钙源饲料，它们的主要成分的碳酸钙。市场上销售的石粉大多来自石灰石和方解石，通常含钙量在 33%以上，方解石粉称为白石粉，石灰石粉称为青石粉，是重质碳酸钙（图 1-106）。将石灰石煅烧成氧化钙，加水调制成石灰乳，再经二氧化碳作用生产碳酸钙称为轻质碳酸钙，颜色为白色。贝壳粉为

图 1-106　白石粉与青石粉

贝类外壳粉碎而成，品质好的杂质少，含钙率高于33%，呈白色粉状或片状，用于蛋鸡或种鸡饲料中，可减少软破蛋，提高蛋壳质量。

3. 粒度选择

不同动物对钙源饲料的粒度选择有所不同。猪饲料中钙源饲料过粗可能会影响饲料的适口性；而蛋鸡饲料中，不可过细，否则易造成钙的利用率降低，导致蛋壳质量下降。应选择大小不等的粒度混合使用。一方面可保证蛋壳质量；另一方面大颗粒的石粉在肌胃内有类似砂粒的磨碎作用，可促进饲料的消化。关于该源饲料的粒度可具体参考表1-31。

表1-31　不同畜禽对钙源饲料粒度的要求

	猪	蛋鸡	肉鸡
石粉	0.5～0.7 mm	75%　3.2～4.2 mm 12.5%　2.1～2.4 mm 12.5%　0.5 mm	0.6～0.7 mm
贝壳粉	25%通过0.36 mm	70%通过1.8 mm	60%通过0.30 mm

4. 感官鉴定

石粉和贝壳粉是比较廉价的饲料原料，掺杂现象不多见，但在加工或运输贮存中易混入沙砾、泥土等，应从颜色、质地、粗细等多方面进行比较鉴定，以免杂质过多，造成饲料的含钙量下降。

(二)磷源饲料的选择及感官鉴定

1. 动物体内磷的分布

80%的磷存在于骨和牙齿中，磷还存在于细胞核和细胞质中，是传递遗传信息的重要物质。

2. 磷源饲料选择

谷物、糠麸及饼粕类饲料中都含有磷，但是，有1/3～1/2是以植酸磷的形式存在的，反刍动物能够利用，而猪、鸡等单胃动物不能利用，因此，在单胃动物饲料中，还要选择动物性来源的磷或无机态的磷来作为磷源饲料。主要的磷源饲料有：骨粉和磷酸氢钙，它们同时也都含有钙。饲料用一级骨粉的指标为：钙≥25%，磷≥13%。饲料级磷酸氢钙中磷含量≥16.5%，钙含量≥21.0%，重金属含量(以Pb计)≤0.003%。

3. 骨粉的鉴定

(1)感官鉴定。骨粉以家畜骨骼原料加工而成的，一般为黄褐色、灰白色的粉末。骨粉的加工方法可分为煮骨粉、蒸制骨粉、脱胶骨粉和焙烧骨粉等，因此优质的骨粉有肉骨蒸煮过的味道，杀菌彻底，可安全使用。不经脱脂、脱胶和热压处理的骨粉为生骨粉，不易消化，易霉败变质，因此有异臭味。骨粉饲料中有不规则的骨片，掺杂石粉是常见的骨粉掺假现象，颗粒状的容易区分，细末状的需要进一步用化学的方法鉴定。

(2)稀盐酸溶解法。将骨粉倒入稀盐酸溶液中，纯骨粉会发出短时的“沙沙”声，骨粉颗粒表面不产生气泡，脱胶骨粉的盐酸溶液表面漂浮有极少量有机物，蒸骨粉和生骨粉表面漂浮物较多。而骨粉中掺杂石粉、贝壳粉时，放入盐酸中，会迅速产生大量的气泡(图 1-107)。

图 1-107　掺入贝壳粉的骨粉(左)与纯骨粉(右)

(3)焚烧法。取少许骨粉放入试管中，置于火上灼烧，纯骨粉会产生蒸汽并产生刺鼻的烧毛发气味；掺假骨粉产生的蒸汽和气味较少；假骨粉无蒸汽和气味；未脱胶的变质骨粉有异味。

(三)动物体内钙、磷含量的测定及意义

1. 测定原理

畜禽体内血液中的钙、磷水平是基本恒定的，保持这种稳态对于其完成各种生理功能具有重要意义。当饲料中钙、磷长期不足或过高时，会对动物的血液钙、磷含量产生影响，进而影响动物正常的生命活动，甚至危及生命。因此，在动物的特殊时期，如妊娠、哺乳期，或者怀疑与钙磷代谢相关的疾病诊断时，可以测定畜禽血液中的钙磷含量，以评定和调节饲料中钙、磷的用量。骨骼在体内钙代谢中发挥重

要作用，骨骼中的沉积钙可以分解进入血液中维持动物血钙的正常水平，此功能对产蛋、产奶、妊娠动物十分重要，在极端缺钙的情况下，骨骼钙可耗竭达其含钙量的30%～35%不至于引起动物死亡。

2. 测定方法

用一次性注射器采集动物血液 2 mL，离心分离血清，用生化仪测定。

3. 血清钙、磷分析及意义（表 1-32）

表 1-32　血清钙、磷分析及意义

	正常参考值	过高		过低	
		饲料原因	对畜禽的影响	饲料原因	对畜禽影响
血清钙	大多数哺乳动物血浆中钙含量为 0.08～0.12 mg/mL，产蛋母鸡 0.4～0.8 mg/mL	高钙饲料、大量维生素 D、维生素 A 摄入	导致磷、镁、铁、碘、锌、锰缺乏；对肾小管的损伤造成肾炎；痛风；动物表现肌无力；食欲下降等	长期低钙饲料、维生素 D 缺乏、营养不平衡造成的酮血症	食欲降低、异食癖、生长减慢、骨软化、不能维持骨的正常形态、低钙佝偻病、骨质疏松、兴奋性痉挛、瘫痪等
血清磷	0.04～0.09 mg/mL	磷过量；钙磷比例失调	影响钙代谢；造成骨组织营养不良；动物无力、跛行	日粮中磷缺乏	长期缺乏造成生长缓慢；异食；影响繁殖造成不孕、流产；产蛋率、孵化率、蛋壳质量下降

（四）钙、磷饲料原料的添加

钙和磷有密切的关系，动物饲料中还要注意钙和磷的比例，这样才能有利于动物对钙磷的吸收利用。猪、禽饲料中钙磷的比例为（1～2）：1，产蛋鸡为 4：1，反刍动物饲粮中钙磷比例为（1～7）：1。相反，钙磷之间比例不合理可抑制钙磷的吸收。另外，值得注意的是：在猪、禽类配合饲料中添加磷时，其添加剂量以有效磷的需求标准做参考，因为对于猪、禽而言只有来源于动物或矿物质的磷（亦称有效磷）才能 100%被利用，而植物性来源的磷中，只有 30%～40%的磷能被利用。另外，因为磷源性饲料中也含有钙，所以，要先考虑含磷高的饲料原料满足磷的需要，然后计算钙的添加量，不足的钙再以钙源饲料补足。下面以高产蛋鸡为例计算钙磷饲料的添加量。

第一步：依据营养标准查产蛋率≥80％的蛋鸡饲料中钙磷的含量。

根据我国蛋鸡的营养标准，产蛋率≥80％的蛋鸡饲料中：有效磷的需要量为0.33％，钙的需要量为3.5％。

第二步：选择骨粉做磷源饲料，计算骨粉的添加量。

不同的骨粉原料中营养成分含量不相同，需要明确其钙磷含量，假定要添加的骨粉中营养成分的含量分别为：含磷率15％，含钙率35％。则骨粉在全价料中的添加比例为：

$$0.33\% \div 15\% = 2.2\%$$

第三步：计算由于骨粉的添加而加入的钙的量。

$$2.2\% \times 35\% = 0.77\%$$

第四步：计算还需要再添加的钙量。

$$3.5\% - 0.77\% = 2.73\%$$

第五步：计算石粉（含钙率按35％计）的添加量。

$$2.73\% \div 35\% = 7.5\%$$

由此计算出，在高产蛋鸡饲料中，骨粉的添加比例为2.2％，石粉的添加比例为7.5％。

任务二　钠、钾、镁、硫的营养与饲料选择

【学习目标】

掌握钠、钾、镁、硫常量矿物质元素的营养作用、原料来源的选择。

【操作与实施】

钠、氯、钾、镁、硫的营养及原料选择

(一)钠、钾、氯的营养与原料选择

1.钠、钾、氯的营养与分布

这三种元素主要分布在体液中，少量存在于骨中，钾主要分布在肌肉和神经细

胞内，三种元素是主要作用：维持晶体渗透压、调节酸碱平衡、控制水的代谢、促进唾液分泌增加食欲等。

2. 饲料原料的选择

植物性饲料中钾的含量比较丰富，所以，只要动物采食就不需要单独添加钾源饲料，当动物持续不食，出现低血钾时（图 1-108），可用氯化钾补给。钠、氯源饲料主要是氯化钠，又称食盐。粗制的食盐中含有钙、镁和少量的铁、锰等微量元素，适宜作饲料添加剂。奶牛和肉牛的钠源饲料还可选择碳酸氢钠，能调节瘤胃的 pH，提高增重、产奶量和乳脂率。家禽饲料中的钠源饲料可选择硫酸钠来补充，这样还补充了硫元素，可防止啄羽发生。

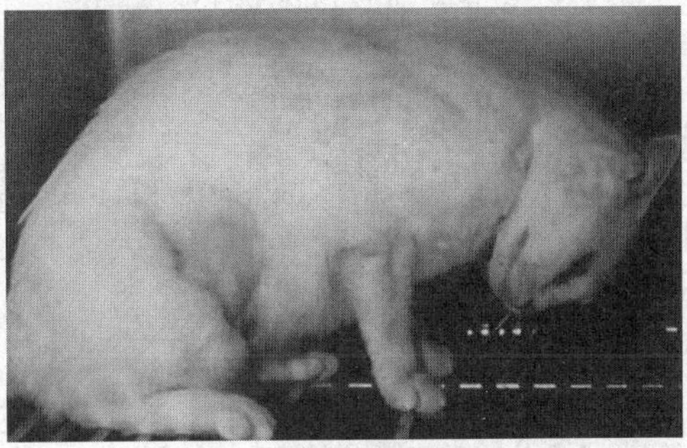

图 1-108　猫低血钾，肌肉无力

3. 添加量及添加方式

草食动物中，食盐添加量一般占干物质重量的 1%，在反刍动物中，可以和其他微量元素饲料、非蛋白质氮等一起做成块状的舔盐供动物舔食。在猪、禽饲料中食盐的用量占干物质重的 0.25%～0.5%，可将氯化钠逐级稀释加入全价料中供动物食用。值得注意的是，在鱼粉、肉粉等其他饲料原料中，如果食盐含量比较高，则食盐添加量要调整，以免造成动物的食盐中毒。雏鸡饲料中食盐用量超过 0.7%，生长受阻，甚至死亡中毒。产蛋鸡饲料中食盐超过 1%，会造成饮水增多，产蛋率下降。

（二）动物血液中钾、钠、镁的测定及其对动物的影响

钠、钾、镁是动物体液中重要的电解质离子，对于维持体液的渗透压、酸碱平衡、神经肌肉的兴奋性具有重要作用。当动物可能由于钠、钾、镁离子不平衡时出现临床症状时，可以采集动物的血清进行检验，测定血清钠、钾、镁离子的含量，做出评价和纠正。在宠物疾病诊断中，对血清钠、钾、镁离子进行检测应用得更多。关于血清钠、钾、镁离子的高低及其对动物的影响参考（表 1-33）。

表 1-33 血清钠、钾、镁离子分析及意义

参考值		过高		过低	
		营养原因	对畜禽的影响	营养原因	对畜禽影响
血清钠	140～160 mmol/L	食盐中毒、饲喂高盐食物、注射高渗盐水等	嗜睡、肌束震颤、定向障碍、行为改变、共济失调、抽搐、昏迷	严重腹泻、呕吐。体液、尿液丢失	嗜睡、厌食、呕吐、虚弱、肌束震颤、定向力障碍、抽搐、昏迷
血清钾	3.5～5.5 mmol/L	过量摄入(不多见)、过量输注钾	轻度或中度升高通常无症状，继续升高引起心肌兴奋性下降，导致心脏节律紊乱	饥饿、营养不良及各种疾病引起的长期不食	全身骨骼肌虚弱、心功能紊乱、麻痹性肠梗阻等
血清镁	1.5～2.5 mg/dL	过量摄入	采食量下降、嗜睡、虚弱和低血压、腹泻、严重引起死亡。蛋鸡产蛋率下降、蛋壳变薄	摄入不足、吸收不良，反刍动物	厌食、过度兴奋、痉挛和肌肉抽搐、各种心血管、神经肌肉代谢性并发症

任务三 微量矿物质元素的营养与预混剂的使用

【学习目标】

掌握微量矿物质元素种类、营养作用、饲料来源及感官品质鉴定。

【操作与实施】

一、微量元素的营养及饲料原料的选择

畜禽饲料中需要添加的微量元素：铁、铜、锰、锌、硒、碘等，由于它们在动物体内的含量≤0.01%，因此称为微量元素。虽然含量小，但是它们在动物体内发挥重

要作用，饲养原料中往往不能满足动物生产的需要，因此，在生产上，常常根据动物的营养标准添加微量元素，而把其他原料中含有的微量元素作为富裕量。关于各种微量元素的营养作用及其在饲料中的添加形式、注意事项参考（表 1-34）。

表 1-34　微量元素营养及原料选择

名称	作用	过高危害	缺乏危害	原料选择及注意事项
铁	参与载体组成、转运、贮存营养素、参与体内物质代谢、生理防卫	不多见，过量采食引起食量下降和生长受阻。急性中毒表现呕吐、腹泻、黑便、肾脏、甲状腺功能异常，慢性可发生佝偻病	新生幼畜易发。其次妊娠期、产后。表现小细胞低色素性贫血、阻碍生长、影响免疫功能	7 水硫酸亚铁，分子式 $FeSO_4 \cdot 7H_2O$，浅蓝绿色。铁含量≥19.68%，砷≤2 mg/kg 右旋糖酐铁注射液，避光保存
铜	与红细胞成熟有关、参与氧的代谢、参与酶的形成、参与骨、毛发、皮毛的色素沉着和角质化过程	长期使用高铜，导致溶血、黄疸乃至死亡。羊对铜特别敏感	贫血、生长发育受阻、毛发褪色、骨骼发育受阻、容易骨折、不育等	硫酸铜，含 5 个结晶水是硫酸铜，蓝色透明，含铜率 25.44%。猪、鸡最好选择硫酸铜；反刍动物以氯化铜为最好；氨基酸的铜络合物效果更好，但价格偏高
锰	体内许多酶的激活剂。促进骨骼基质和软骨中黏多糖合成、促进体脂利用，抗脂肪肝。参与氨基酸代谢	禽类饲料中锰的耐受量为 1 000 mg/kg，牛、羊饲粮中最高为 1 000 mg/kg，猪为 400 mg/kg，高锰饲料影响钙、磷在体内的存留，血色素下降。胃肠道损伤。猪对锰敏感	生长受阻、骨骼畸形、生殖机能异常、新生幼畜运动失调。雏鸡易患胫骨短粗症。种鸡产蛋率下降，种蛋孵化率降低，薄壳蛋增多	二价锰易被动物吸收，效果好，市场上多销售的是含 4 个或 7 个结晶水的硫酸锰。含锰率分别为 19.8% 和 24.6%
锌	催化分解、合成稳定酶蛋白结构、维持上皮细胞核皮毛的正常形态、影响激素的形成、储存、分泌	饲粮中，猪、绵羊、牛的耐受量分别为 1 000 mg/kg、300 mg/kg、500 mg/kg，锌过高动物降低采食量，诱发铜缺乏。反刍动物更敏感	抗体细胞减少，免疫力下降。上皮细胞角质化脱毛、皮肤变厚，猪的四肢下部、眼、嘴周围和阴囊易出现此症状	含锌的硫酸盐、碳酸盐、氯化物和氧化物均可采用，对动物的生物效价比较相近。近年来，由于氧化锌稳定性好，价格低，用量再增加

续表 1-34

名称	作用	过高危害	缺乏危害	原料选择及注意事项
硒	与维生素 E 有协同作用，保护生物膜的完整性、对胰腺的组成和功能有影响、防止鸡渗出性素质	毒性较强，长期摄入 5～10 mg/kg 硒可产生慢性中毒，表现消瘦、贫血、关节强直、脱蹄、脱毛、影响繁殖	白肌病及桑葚心、鸡缺乏表现渗出性素质和胰腺纤维变性。影响繁殖性能	亚硒酸钠，含硒 45.7%。剧毒。市售产品为 1%的预混剂。配料时一定要混合均匀
碘	合成甲状腺素，调节体内基础代谢、热量生成和胚胎发育	猪饲料中高于 400 mg/kg，禽高于 300 mg/kg，牛、羊高于 50 mg/kg，马高于 5 mg/kg，造成不良后果有的猪血红蛋白水平下降；鸡产蛋量下降；奶牛产奶量降低	甲状腺肿大、生长受阻、繁殖力下降，产死胎或新生胎儿无毛。母牛发情无规律。基础代谢率降低	碘化钾，含碘 76.4%，因添加量小，先做成预混剂再混入饲料。碘酸钙，易被动物吸收，适口性好，使用更普遍，特别适用于生成高碘蛋

二、动物缺乏微量元素的识别

（一）动物缺铁性贫血的识别及铁的补充

动物体内一半以上的铁存在于血红蛋白中。因此，如果饲粮缺铁，首先影响血红素的合成，主要表现为小红细胞低色素性贫血病。成年畜禽可以很好利用植物饲料中的铁，因此，很少发生贫血，幼龄动物，尤其是新生仔猪最易发生缺铁症。

1. 动物缺铁性贫血的判断

（1）外观。被毛粗乱无光泽、消瘦、皮肤缺乏弹性、可视黏膜苍白、精神沉郁。

（2）血常规检查。红细胞平均体积下降、血红蛋白低、红细胞数量偏低。

（3）血涂片检查。采集动物血液，制作血涂片，经瑞氏染色，动物发生缺铁性贫时红细胞淡然区扩大，出现异形红细胞，红细胞体积大小不等，多染性红细胞。如图 1-109 所示（箭头所指为一多染性红细胞）。

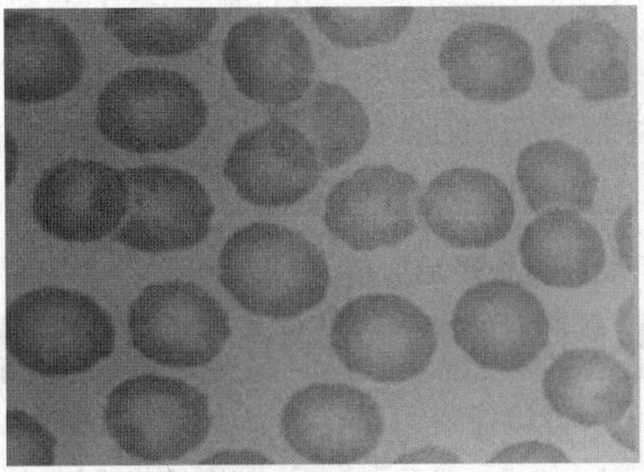

正常犬的红细胞

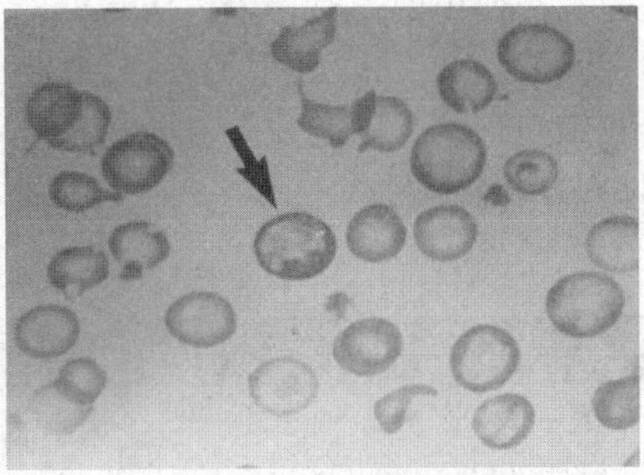

缺铁性贫血犬的红细胞

图 1-109　犬血涂片(瑞氏染色)

2. 铁制剂的补充

(1)母猪补铁。给母猪补充苏氨酸铁、甘氨酸铁活富含有机态铁的饲料,可通过胎盘给胎儿增加铁的储备,对防止出生仔猪贫血有一定的作用。但母猪补充无机态的铁制剂对胎儿的铁储备是无效的。

(2)仔猪补铁。仔猪体内铁储备少,生长速度快,正常每天需要 7 mg 左右的铁,而母乳每天仅能供应 1 mg 的铁,因此需要单独给仔猪补铁。市场中销售的仔猪补铁制剂多为针剂型,成分为右旋糖酐铁(图 1-110),肌肉注射。

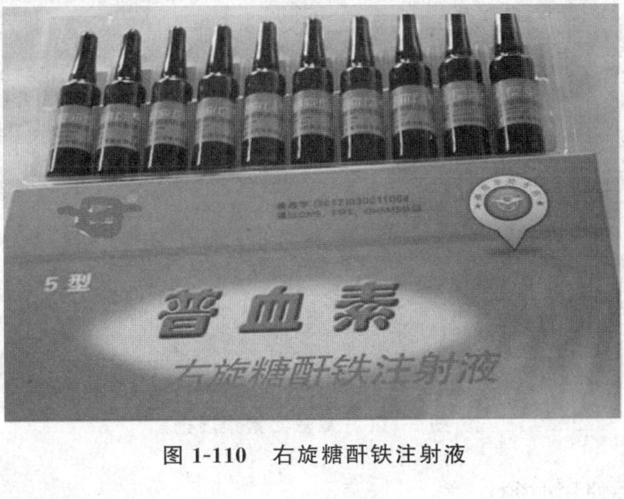

图 1-110　右旋糖酐铁注射液

(二)铜的补充与饲料安全

铜源饲料中的硫酸铜具有杀真菌、驱虫、抑菌、收敛等作用,高铜还能促进仔猪生长和提高饲料利用率,因此,在猪饲料中添加高剂量铜制剂已经得到广泛应用。

但是畜禽粪便中的铜对环境造成污染，美国饲料协会(AAFCO)规定铜在饲料中的添加剂量低于 25 mg/kg。据报道，高铜饲料仅对于仔猪有效，长期饲喂高铜饲料会导致铜中毒。为了能安全有效地添加铜制剂，现将各种畜禽饲料中铜的适宜添加剂量归纳为表 1-35。

表 1-35　畜禽饲料中铜的适宜添加剂量　mg/kg

畜禽种类	添加量	畜禽种类	添加量
妊娠母猪	6	仔猪	150～250
肉仔鸡	11	羊	＜25
牛	＜100	兔	＜200

(三)微量元素预混剂的认识与使用

由于微量元素用量少，在饲料中添加微量元素时必须均匀添加，因此，各种微量元素通常用石粉或磷酸氢钙等稀释后制成预混剂使用。其加工工艺要求比较严格(详见模块二中的项目四　预混合饲料的设计与生产)，养殖户可从市场上选购微量元素预混剂使用，包装一般 500 g，见图 1-111。

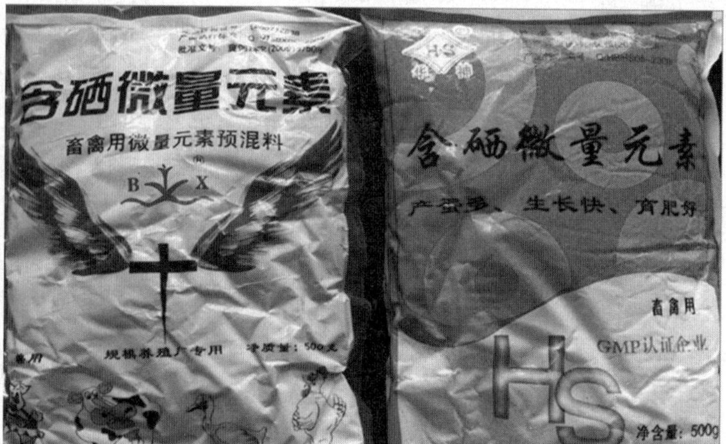

图 1-111　微量元素预混剂

预混剂选择使用时须注意：

1. 根据畜禽种属差异选择

市场中销售的微量元素预混剂种类繁多，而且各种畜禽通用，这样就难以做到适合某个畜禽品种的营养需求。因此，应该根据种属差异选择专用型的预混剂使用。

2.根据畜禽不同生育时期、不同的生产目的选择

畜禽在不同生长阶段，对微量元素的需求量有所不同，生产目的不同，营养水平也不相同。

3.注意微量元素预混剂的保存期

微量元素预混剂一般要求在阴凉、避光、干燥处保存，一旦出现结块、变色、有异味时不能再使用。

【注意事项】

微量元素的正确使用，防止用量不当及混合不均造成动物中毒。

【知识链接】

矿物质元素是一大类无机营养素，它们参与机体的结构组成，或参与辅酶、辅基的组成，参与体内的代谢调节、维持体内电解质和酸碱平衡。

动物体内含量高于0.01%的称为常量矿物质元素。如钙、镁、钾、钠、硫等。相反含量低于0.01%的称为微量元素，主要有铜、铁、锰、锌、硒、碘等。

1.钙的营养与代谢

主要营养作用：组成骨骼和牙齿，起支持保护作用；参与调节神经、肌肉的兴奋性；参与凝血酶的激活，促进凝血；多种酶的激活剂或抑制剂；影响毛细血管的通透性。钙还具有自身营养调节功能，在外源钙供给不足时，骨骼中的沉积钙可以分解供循环代谢。

钙的吸收与代谢：骨骼是钙的储存库，钙进入机体后，胃内的盐酸会将钙完全离解成离子状态。主要在小肠吸收，胃内吸收一小部分。吸收后的钙大部分形成不溶性的钙化合物，胆汁酸在钙的吸收过程中发挥重要作用，维生素D也能促进钙的吸收。饲料中钙磷比为1～(2∶1)，肠中钙磷的适宜比例1.3～(1.5∶1)时有利于钙的吸收，如果比值过大，易形成难溶性的磷酸钙，不利钙、磷吸收。动物从胃肠道吸收的钙经门静脉进入肝脏，然后进入外周血液，到达各组织、器官，供代谢、沉积、形成产品。甲状旁腺素、降钙素和1,25-二羟维生素D参与骨细胞的转化和调节，影响骨钙和血钙的平衡。饲料中不能被利用的钙，主要经肠道排出体外，随尿排出的钙非常有限。

2.磷

主要营养作用：参与机体组成，是遗传物质DNA、RNA的结构成分，也是骨骼、牙齿的组成成分。还是高能磷酸键和磷酸肌酸的组成成分，参与机体的能量代谢。

磷的吸收与代谢：磷主要是十二指肠和小肠中被吸收，过量的钙、铁、镁等与磷酸结合，形成不溶性的盐类不利于磷的吸收。吸收的磷85%存在于骨骼和牙齿中，其余存在于软组织和体液中，饲料中未被吸收的磷经肠道代谢，体内代谢的磷主要经肾脏从尿中排出。

3.钠、钾的营养与代谢

钠离子维持细胞外液渗透压，维持神经肌肉正常兴奋性。反刍动物瘤胃中必须有一定浓度的钠离子才能保证微生物的活动。钾离子在细胞内与钠、氯和碳酸盐离子共同维持细胞内的渗透压平衡，保持细胞容积。钾离子是能量、蛋白质代谢中的一些酶系的辅基或激活剂。钾离子影响神经肌肉的兴奋性。

钠、钾的吸收与代谢：动物体内的钠、钾主要来自饲料，饲料中的钾几乎被全部吸收，钾的吸收在消化道的各段都进行，但主要吸收部位在小肠。吸收的钾在肌肉、肾脏、肝脏及大脑中进行迅速代谢。动物体内90%的钾通过肾脏排出。呕吐、腹泻情况下，钾丢失太多，引起动物低血钾症状，禽类缺钾时肾脏和输尿管内充满尿酸。饲料中的钠盐很容易溶解，迅速被胃肠道吸收。吸收的钠很容易通过毛细血管，一部分在皮肤、结缔组织、脾等组织器官中起到蓄水作用；另一部分则沉积在骨中。钠也主动运转进入乳、蛋等产品中。肾脏调节钠离子的排泄，当钠源缺乏时，肾小管对钠的重吸收增加减少钠的排出。钠、钾平衡的调节主要受肾上腺皮质部分泌的醛固酮控制。

4.镁的营养与吸收代谢

镁是常见酶的辅助因子及激活剂，还激活神经肌肉活动。反刍动物中，镁通过激活微生物为瘤胃正常微生物活动所必需。

镁的吸收与代谢：镁主要来源于植物性饲料。在十二指肠和大肠上段吸收。饲料中过量的脂肪、钙、植酸、草酸、硫酸盐离子及磷酸盐离子是妨碍镁在胃肠道吸收的主要因素。

5.铁的营养与吸收代谢

铁主要用于合成血红蛋白和呼吸酶类，对动物体内氧气的储存固定以及组织的呼吸过程起重要作用。

铁的吸收代谢：动物对饲料中铁的吸收率主要取决于它对铁的需要，过量的铁会形成不溶性的磷酸盐，会使磷的利用率降低，维生素C、含硫氨基酸和谷胱甘肽可促进铁的吸收。草酸盐、柠檬酸盐尤其是过量的磷酸盐能与铁形成不溶性盐类抑制铁的吸收。铁的吸收部位在十二指肠及空肠上段，由体表或消化道排除。

6.铜的营养与吸收代谢

铜在血红素的合成和红细胞的成熟过程中起着重要作用，缺铜会引起贫血，在体内色素沉积、神经传递以及糖类和蛋白质、氨基酸的代谢等方面发挥重要作用。铜的吸收率受日粮中铜的含量的影响，日粮中铜含量低时，铜在肠道中的吸收率高。吸收的部位主要在小肠，锌和银是铜的拮抗物，过量摄入锌会影响铜的吸收，并导致缺铜症。抗坏血酸过量还原体内铜生成亚铜离子，不利于铜的吸收。未吸收的铜经粪排出，吸收的铜参与体内代谢后主要由胆汁从粪便中排出，随尿排出很少。当体内铜缺乏时，胆汁铜浓度急剧下降，从而减少铜的排出保留体内铜。

7. 锰的营养与吸收代谢

锰为线粒体内过氧化物酶所必需，可保护细胞免受氧化。参与三羧酸循环，促进体脂利用，抑制肝脏变性。参与氨基酸代谢。饲料中锰的吸收率很低，主要吸收部位在小肠，沉积在骨骼、肝脏、肌肉和皮肤等组织中，主要通过胃肠道排泄，尿中排出量很少。

8. 锌的营养与吸收代谢

锌能与蛋白质侧链构成稳定的复合物，控制机体内酶的活性。清除体内二氧化碳、调节酸碱平衡、在骨的钙化和蛋壳形成、蛋白质及碳水化合物的代谢中发挥重要作用。增强胰岛素的降血糖作用。对幼龄动物的生长发育有重要影响。十二指肠、空肠和回肠是锌的主要吸收部位。进入毛发中的锌也不能被机体组织利用，随毛发脱落丢失。血浆、肝脏、胰脏、骨骼是锌的储存库，日粮中缺锌时可以得到动用。不被利用的锌主要经肠道排出。

9. 硒的营养与吸收代谢

硒的重要作用是参与谷胱甘肽过氧化酶的形成，消除脂质过氧化物的毒性，保护细胞膜结构完整和功能正常，此时，硒与维生素 E 有协同作用；防止胰脏纤维化；防止鸡渗出性素质。硒主要在十二指肠内吸收，猪和绵羊主要在小肠后端吸收。单胃动物对饲料中硒的吸收率高达 85%，反刍动物约为 35%。大部分硒经动物代谢后随尿排出，少部分随粪便和呼出的气体排出。需要注意的是，湖北恩施、陕西紫阳等地，由于土壤中含硒较高，造成玉米等饲料原料中富含硒，因此，饲料中不必再补充，否则可造成硒过量中毒。

10. 碘的营养与吸收代谢

碘参与甲状腺素组成，调节代谢和维持体内热平衡，对繁殖、生长、发育、红细胞生成和血液循环等起调节作用；影响气体内分泌腺，尤其是垂体和性腺；影响毛发、皮肤和羽毛的完整性和生长；影响矿物质和水的代谢。碘在消化道的任何部位都能被吸收，被吸收的碘 60% 被甲状腺摄取，其余大部分在肌肉中。主要排出途径是粪便，其次通过尿液排出。

11. 其他微量元素

钴是维生素 B_{12} 组成成分，动物通过吸收维生素 B_{12} 得以补充，钴缺乏时动物表现消瘦、异食癖和极度贫血。其他如钼、氟、铬等很少在饲料中添加，可根据各地的饲料原料中的含量差异酌情添加。

项目六　维生素饲料营养与补充

任务一　脂溶性维生素的营养与补充

【学习目标】

掌握脂溶性维生素的种类、营养作用及其在饲料中的正确利用。

【操作与实施】

脂溶性维生素的营养及补充

维生素在动物体内不形成组织和器官，也不提供能量来源，需要量很少，但是却广泛参与体内的多种化学反应，增强机体的免疫力和抗应激能力。按照其溶解性可分为脂溶性维生素和水溶性维生素两大类。脂溶性维生素的种类、作用、来源及补充时注意事项参考表 1-36。

表 1-36　脂溶性维生素的作用与补充

种类	主要作用	来源	利用时注意事项
维生素 A	1. 维持正常是视觉功能 2. 维持上皮细胞的正常功能 3. 促进免疫球蛋白的形成 4. 维持骨骼的正常生长发育 5. 促进生长和发育	1. 来源于动物产品，如鱼肝油 2. 人工合成 3. 植物性饲料中的胡萝卜素在动物体内可不同程度地转化为维生素 A	1. 易被氧化，应选择有包被的微胶囊或微粉末型制剂使用，开封后尽快用完 2. 疾病或应激时需要量增大 3. 大量长期应用可致中毒，特别是幼龄和妊娠动物

续表 1-36

种类	主要作用	来源	利用时注意事项
维生素 D	1. 促进肠道内钙、磷的吸收 2. 促进免疫细胞生成 3. 抑制具有维生素 D 受体的癌细胞增殖	1. 植物饲料中的麦角固醇经紫外线照射转化为维生素 D_2 2. 动物体内 7-脱氢胆固醇经紫外线照射转化成维生素 D_3 3. 商业生成的维生素 D_3 包被微粒	1. 遇热、遇光、遇潮后易分解、降解 2. 大量长期使用引起高血钙、腹泻、软组织异位钙化 3. 禽类对维生素 D_2 利用率差，不易选择
维生素 E	1. 促进生殖 2. 抗氧化 3. 提高肉的品质和延长储存期	1. 植物能合成，谷物饲料中含量丰富，一般不易缺乏 2. 与硒制作成预混剂使用	1. 长期大量使用引起维生素 K 缺乏，也影响维生素 A 和维生素 D 的吸收 2. 有霉菌感染时需要量增大 3. 易吸潮
维生素 K	1. 促进凝血 2. 参与骨形成	1. 绿色植物中含量丰富 2. 反刍动物可自身合成 3. 维生素 K_3 是商品饲料中的补充形式	1. 禽类自身合成不足，需要在饲料中添加 2. 在光、碱、磺胺药等存在下不稳定 3. 有一定毒性不可超量添加

任务二 水溶性维生素的营养与补充

【学习目标】

掌握水溶性维生素的种类、营养作用及其在饲料中的正确利用。

【操作与实施】

水溶性维生素的营养与补充。

目前，已确定的水溶性维生素共有 10 种，另有几种没有完全确定，水溶性维生素的特点是：相对脂溶性维生素而言，水溶性维生素一般没有毒性，可以从饲料中极其水溶物中获得，多数情况下缺乏无特异症状，除维生素 B_{12} 外，几乎不在体内贮存，主要经过尿液排出。动物营养中需要补充的水溶性维生素主要包括 B 族维生素、维生素C、生物素、叶酸、胆碱等。不同畜种、不同生长阶段、不同养殖条件维生素的补充也不相同，关于水溶性维生素的营养作用与补充，参考表1-37。

表1-37　水溶性维生素的营养与补充

种类		主要营养作用	需要与补充
B族维生素	维生素B_1	又名硫胺素，是α-酮酸氧化脱羧酶、转酮酶、丙酮酸脱氢酶和丙酮酸脱羧酶的辅酶，参与碳水化合物代谢，硫胺素的代谢与神经系统的能量代谢、神经递质、神经冲动以及神经组织中脂肪酸和胆固醇的合成都有密切关系	猪和成年的反刍动物一般不需补充，禽需要补充。代谢率增加时如快速生长、产蛋、产奶、妊娠和泌乳期需要量增加。在应激和疾病时需要量增加。猪、禽需要量一般为1～2 mg/kg饲料
	维生素B_2	又名核黄素，是多种酶的辅酶，与碳水化合物、脂肪、蛋白质、激素代谢有密切关系	猪和家禽一般需要量为2～4 mg/kg饲料，环境温度低、产蛋、妊娠泌乳、快速生长的小猪需要量增加
	维生素B_6	主要以磷酸吡哆醛的形式参与碳水化合物、脂肪和蛋白质的代谢。对维持血糖有重要意义；缺乏时可引起胆固醇升高和脂肪肝。多巴胺、去甲肾上腺素、组胺、牛磺酸等多种递质的合成都需要磷酸吡哆醛依赖酶，在神经递质代谢中起重要作用	成年反刍动物能合成足够的维生素B_6犊牛需要从饲料中补充。由于广泛存在于饲料中，生产上不容易缺乏
	烟酸	降低血脂，抑制脂肪组织释放游离脂肪酸和提高血糖浓度来降低奶牛体内酮体的生成，可提高产奶量。降低肝脂蓄积；烟酸与锰同时补饲可治疗滑腱症；烟酸缺乏导致严重的皮肤病和消化器官代谢紊乱	牛、羊瘤胃可合成；青绿饲料中含量高，饲料中的色氨酸在多余情况下可转化为烟酸，饲料中亮氨酸、精氨酸和甘氨酸过量、色氨酸不足时，能量浓度高以及含腐败的脂肪时，将增加反刍动物对烟酸的需要量。畜禽一般需要量为10～50 mg/kg饲料
	泛酸	是辅酶A和酰基载体蛋白质的组成成分，在细胞内的许多反应中起重要作用。可刺激抗体合成，进而提高动物对病原体的抵抗力	成年牛、羊可微生物合成。谷物饲料中含量丰富，一般不会发生缺乏，饲料能量浓度高时对泛酸的需要量增大，畜禽的需要量一般7～12 mg/kg饲料
	叶酸	维持免疫系统正常功能；影响血液中红细胞、白细胞的形成	广泛分布于植物产品中。单胃动物肠道内的微生物也能合成，满足需要。对妊娠、幼年反刍动物可考虑补充，一般需要量为0.3～0.55 mg/kg饲料
	维生素B_{12}	参与核酸和蛋白质的代谢，在脂肪和碳水化合物的代谢中也发挥作用	动物对的需要量很小，3～20 μg/kg饲料

续表 1-37

种类	主要营养作用	需要与补充
维生素C	参与骨胶原的生物合成；在细胞的电子传递过程中起重要作用；参与某些氨基酸的氧化代谢；提高非血红素铁的吸收；减轻体内过多金属的毒性作用	所有动物都需要维生素 C，但是，家禽、猪、牛、羊等大多数动物能合成，饲料中一般不需要添加，维生素 C 多在抗热应激和动物发病期时使用
生物素	在碳水化合物与蛋白质的互变、碳水化合物及蛋白质向脂肪的转化有关；是长链不饱和脂肪酸合成和脂肪酸代谢的必需物质；参与蛋白质的代谢；参与溶菌酶和皮脂腺的功能；与维生素 C 和一些其他 B 族维生素的代谢有关	由于饲料原料中含量和利用率变异很大，生物素的需要量很难确定。畜禽一般在每千克风干料中添加量为 50～300 μg

任务三　维生素预混料的使用

【学习目标】

维生素预混料在饲料中的正确利用。

【操作与实施】

维生素预混剂在饲料中的添加剂量的确定及合理使用

(一)维生素的添加量

畜禽对维生素的需要量随动物品种、生长阶段、饲养方式和环境因素等不同对维生素的需要量也不相同，各国给出的建议添加标准也不相同。如中华人民共和国国家标准、美国 NRC、英国 ARC、苏联以及日本等推荐的营养标准都不相同。在营养标准中维生素 A、维生素 D、维生素 E 用 IU/kg 表达，其他维生素用重量单位表达，IU 是国际单位。不同动物对维生素需要的标准可参考本教材后的附表，由此可计算维生素的添加剂量。我国许多企业生产的维生素预混料，推荐使用量多为 100～200 mg/kg 饲料。

(二)影响畜禽维生素需要量的因素

1. 畜禽自身因素

畜禽品种不同,对维生素的需要量不同,如反刍动物由于瘤胃微生物的合成作用,基本不需要另外添加水溶性维生素,而非反刍动物则在添加脂溶性维生素的同时需要添加水溶性维生素。高产品种、快速生长的品种、杂交品种等相对于低产品种、慢速生长品种、纯种畜禽对维生素的需要量要多;畜禽的不同生理时期对维生素的需要量也不相同,如妊娠期、种用畜禽对维生素的需要量就相对较大;幼龄的反刍动物需要添加水溶性维生素,成年反刍动物则不需要,产蛋期与生长期的蛋鸡对维生素的需要量也不相同。

2. 饲料因素

饲料原料中对维生素的拮抗物质会干扰维生素的利用,从而加大畜禽对维生素的需要量。如硫胺素酶含量高时需要加大硫胺素的用量;添加抗生素或磺胺类药物时会抑制畜禽体内维生素的合成,使畜禽对维生素的需要量增加;日粮中含高水平的多不饱和脂肪酸时,会增加畜禽对维生素 E 的需要量等。

3. 应激因素

畜禽在各种应激状态下,如转群、换料、天气骤变、通风不良、温度过高或过低、疾病等应激因素存在时对维生素的需要量增大。

(三)选择维生素预混料的注意事项

维生素预混料是将多种维生素按一定比例经过载体稀释后形成的混合物。多数生产厂家制作的维生素预混料在饲料中的添加剂量为 100～200 g/1 000 kg 饲料。选择维生素预混料时,可以通过以下方法进行鉴别。

1. 通过嗅觉判断

是否有维生素的气味,尤其是 B 族维生素的气味比较特殊,容易判断。不能以香味为依据。

2. 溶解判断

将少量维生素在水中的溶解,观察上清液的颜色变化,判断维生素预混剂中是否有染色剂的存在。

3. 均匀度判断

可以将维生素预混料摊成薄层肉眼观察,也可以用 60 目的筛子过筛,判断均匀度。

任务四 胆碱的利用

【学习目标】

掌握胆碱的作用及其在饲料中的正确利用。

【操作与实施】

一、胆碱的作用

与其他维生素的作用不同，胆碱不是作为催化剂，而是动物体组织的必要组成成分。是卵磷脂的组成成分，在细胞结构和功能上起重要作用；促进肝脏脂肪以卵磷脂形式被输送或提高脂肪酸本身在肝脏内的氧化作用；防止脂肪肝；是神经递质乙酰胆碱的构成成分，负责神经冲动的传导；在转甲基反应中可作为甲基供体，促进氨基酸的再形成，提高氨基酸的利用率。

（一）胆碱预混剂的利用

1. 氯化胆碱的选择

饲料中的胆碱添加的胆碱是化学合成的氯化胆碱，近于澄清的黏性液体，一般经麸皮、脱脂米糠、玉米轴粉、无水硅酸盐等吸附吸后使用，含量多为50%或60%，具有吸湿性，吸收二氧化碳后产生氨的臭味。

2. 胆碱的添加剂量

成年动物体内可以合成胆碱，但是受日粮因素、动物年龄、生长速度等因素影响较大。美国NRC建议在肉鸡、蛋鸡及生长猪饲料中的添加量如表1-38所示。

表1-38 畜禽饲料中胆碱的添加剂量(90%干物质)

畜禽种类	生长阶段	添加量/(mg/kg)	畜禽种类	生长阶段	添加量	畜禽种类	体重/kg	添加量/g
肉鸡	0～3周	1 300	白壳蛋鸡	0～6周	1 300	猪	3～5	0.6
	3～6周	1 000		6～12周	900		5～10	0.5
	6～8周	750		12周龄至开产	500		10～20	0.4
							20～120	0.3

(二)胆碱饲料使用时注意事项

胆碱饲料会破坏其他维生素和微量元素的有效成分,因此,氯化胆碱宜单独添加,有吸湿。它在浓缩料和全价料中性质稳定。

二、胆碱缺乏的临床表现

胆碱缺乏时,畜禽表现生长缓慢,肝脏和肾脏脂肪浸润、骨软症和组织出血。幼禽缺乏造成膝关节出血,胫关节肿胀。小猪缺乏胆碱,被毛粗糙、发育不良、关节松弛、运动失调、肝脏脂肪浸润和后腿劈叉。

任务五　维生素的来源、缺乏与过量的判断

【学习目标】

掌握各种维生素在饲料原料中的来源,以及各种维生素缺乏时的表现。

【操作与实施】

畜禽维生素不足或缺乏,会导致维生素缺乏症发生,特别是集约化饲养,畜禽所受的应激因素多,对维生素的需要量增加。英国农科委(ARC)和美国科委(NRC)都对畜禽维生素需要提出了详细的推荐量。这一数值是畜禽接近于防止亚临床缺乏症的维生素最低需要量,但它未包括各种影响因素所致的需要量。生产实践中,在最低需要量基础上增加一定量作为添加量,一般由人工合成的维生素补充添加。按照维生素的溶解性,可将其分为脂溶性维生素和水溶性维生素两大类。

一、脂溶性维生素的缺乏与过量的表现

脂溶性维生素包括维生素 A、维生素 D、维生素 E、维生素 K,除了维生素 K 能在畜禽消化道内合成外,其他维生素都需要由饲料补充。脂溶性维生素在消化道内随脂肪一起被吸收,并经胆囊随粪便排出,摄入不足引起与其功能相关的症状,摄入过多可引起动物中毒、代谢和生长障碍。脂溶性维生素的缺乏症状与过量的表现参见表 1-39。

表 1-39 脂溶性维生素的缺乏与过量的表现

种类	缺乏表现	过量表现
维生素 A	1. 对视觉的影响：视黄醛生成不足，造成畜禽夜盲症 2. 对上皮细胞的影响：缺乏时，上皮细胞发生鳞状角质化，易引起腹泻；眼部症状如干眼，流泪和分泌脓性分泌物；泌尿系结石；感冒、肺炎等呼吸系统病变 对繁殖的影响：影响胎儿发育，造成胎儿畸形、死胎；产蛋率下降；睾丸退化等 3. 对骨的生长发育的影响：使骨变形，运动不协调 4. 对免疫力影响：对非特异性免疫反应器重要作用。影响淋巴组织，导致胸腺和鸡的法氏囊发生萎缩，黏膜免疫系统机能减弱	中毒量是需要量的 4～10 倍以上。表现：骨畸形、器官退化、生长缓慢、皮肤受损以及先天畸形
维生素 D	幼畜常见，表现为佝偻病。母畜怀孕期缺乏会造成胎儿生殖器官畸形	长期饲喂需要量的 4～10 倍，短期饲喂（60 d）100 倍造成软组织普遍钙化。血钙升高血磷下降
维生素 E	犊牛和羔羊出现白肌病；猪桑葚心；公猪睾丸退化；家禽脑软化、胚胎退化、渗出性素质、肌肉营养障碍、免疫力下降、胚胎吸收，死胎，新生儿活力低	大多数动物能耐受过量
维生素 K	凝血能力减弱，凝血时间延长、易出血，新生仔猪缺乏时脐带出现	几乎无毒，维生素 K 大剂量可引起溶血、正铁血红蛋白尿和卟啉尿症

二、畜禽水溶性维生素的缺乏表现

幼年的反刍动物和单胃动物饲料中需要补充水溶性维生素，与脂溶性维生素比，水溶性维生素在动物体内不蓄积，一般无毒性。水溶性维生素为畜禽代谢所需，因此，缺乏时会引起比较严重的后果，畜禽各种水溶性维生素缺乏引起的症状参考表 1-40。

表 1-40　畜禽水溶性维生素缺乏的表现

种类	缺乏表现	种类	缺乏表现
维生素 B_1	反刍动物：体弱、厌食、运动失调、心律失调、肌肉震颤、转圈、腹泻、大脑皮质坏死 猪：3～4 周龄小猪可能出现症状，表现厌食、呕吐、心跳减慢、体温下降、突然死亡 鸡：消化障碍、体弱、角弓反张、抽搐、运动失调、肌肉麻痹 鱼类：神经系统失调	维生素 B_2	反刍动物：幼龄反刍动物易发生，表现口腔黏膜发红，嘴角发炎，脱毛，流眼泪，流涎 猪：仔猪易发，表现厌食、生长缓慢、皮毛粗糙、皮炎、呕吐、对光敏感，母猪繁殖性能下降 禽：曲爪、瘫痪、严重造成死亡、雏火鸡表现皮炎、肛门红肿；雏鸭表现腹泻和生长停滞；产蛋率、孵化率下降 鱼类：食欲不振、生长停滞
叶酸	所有畜禽叶酸缺乏时会出现巨红细胞性贫血和白细胞减少症 禽：对叶酸敏感，羽毛色素缺乏、伸颈、麻痹 猪：在使用磺胺药物时易出现缺乏症	泛酸	犊牛：腹泻、厌食、惊厥 猪：运动失调、后肢僵直、长时间缺乏表现呈“鹅步”状、皮肤粗糙有皮屑、毛细 雏鸡：生长速度下降、羽毛粗糙、皮炎
维生素 B_{12}	幼龄反刍动物：厌食、异嗜、生长缓慢 猪：食欲丧失、精神障碍、对刺激敏感、运动失调、皮肤粗糙 鸡：生长停滞、脂肪肝、贫血、死亡率增高、产蛋率下降	胆碱	犊牛：呼吸困难、不能站立 幼禽：胫关节肿胀、膝关节出血
维生素 B_6	犊牛：食欲下降、抽搐和腹泻 猪：食欲不振、红细胞低色素性贫血、癫痫样抽搐、脂肪肝、腹泻、呕吐、被毛粗乱、皮肤结痂、皮下水肿、共济失调、神经功能下降	烟酸	犊牛：食欲突然下降、消化功能紊乱和腹泻 猪：易患，食欲减退、胃炎、腹泻、呕吐、脱毛 雏鸡：食欲丧失、生长停滞，并表现“黑舌病”皮肤病、口腔炎。种蛋孵化率下降

【注意事项】

维生素饲料、矿物质饲料的用量、相互影响，添加时注意事项。

(1)维生素在饲料中添加量不是越多越好，过量的维生素不仅提高成本，还会带来一定的副作用。需要根据养殖条件、畜禽生长阶段，参考营养标准适当增加添加量。德国 BASF 推荐维生素 A、维生素 D、维生素 E、维生素 K_3 的超量添加范围分别为 2%～3%、5%～10%、1%～2%、5%～10%。维生素 C、维生素 B_1、维生素 B_6、维生素 B_{12} 的超量添加范围是 5%～10%。烟酸的超量添加范围 1%～3%。

(2)各种维生素、微量元素之间以及维生素和微量元素之间有一定的相互影响，添加时需要考虑。例如维生素 B_1、维生素 C 易受铜离子影响而失活，而胆碱对维生素 A、维生素 D、维生素 B_1 及泛酸等都有破坏作用，使用时应注意。

(3)维生素及微量元素预混料不能单独饲喂，需要添加到全价料中饲喂。

(4)维生素、微量元素预混料要注意避光、干燥处保存，并注意在有效期内使用。

【知识链接】

维生素是维持畜禽生命和正常生长所需要的，在所有生物体代谢中起重要作用的少量有机化合物。根据其溶解性分为脂溶性维生素和水溶性维生素两大类。脂溶性维生素包括维生素 A、维生素 D、维生素 E、维生素 K 除了维生素 K 能在畜禽体内合成外，其他都需要由饲料补充。它们的化学结构中只含有 C、H、O 3 种元素。水溶性维生素一般包括 B 族维生素和维生素 C，B 族维生素主要作为辅酶的组成，参与体内相应的代谢过程。畜禽体内能合成维生素 C，一般不易缺乏，只有在应激(如高热、运输等)、疾病等情况下需要量才会增加。

维生素 A：常用单位 IU(国际单位)，海水鱼肝油中提炼的是维生素 A_1，淡水鱼肝油中提炼的是维生素 A_2，合成的多为醋酸维生素 A 和棕榈酸维生素 A，原品不稳定，一般需要包被，制成颗粒状粉末，灰黄色至淡褐色颗粒。

1 国际单位(IU)＝0.344 μg 的醋酸维生素 A。

维生素 D：是最有可能引起畜禽中毒的维生素之一，天然存在于植物中的多为维生素 D_2 和维生素 D_3，生产上添加的维生素 D_3 是用胆钙化醇乙酸酯为原料制成的，外观多为米黄色或黄棕色微粒。猪对维生素 D_2 和维生素 D_3 的利用率相同，而家禽对维生素 D_2 的利用率仅是维生素 D_3 的 1%～2%。1 国际单位(IU)＝0.25 μg 维生素 D_3。

维生素 E：天然存在的维生素 E 约有 8 个同类物，主要以乙酸酯油剂或稳定的加有吸附剂的形式作为添加剂。外观微绿色或黄色的黏稠液体，遇光色渐变深。

中华人民共和国国家标准中制定了以维生素 E 乙酸酯为原料加入适量吸附剂后制成的饲料添加剂呈类白色或淡黄色粉末，易吸潮。除了做饲料添加剂使用外也可作为抗氧化剂使用。能提高猪肉储藏期间的稳定性，延缓颜色变化，减少异味。1 IU=1 mg *DL*-α-生育酚乙酸酯。

维生素 K：主要有 3 种形式：维生素 K_1 从植物中分离，维生素 K_2 由细菌合成，维生素 K_3 人工合成。饲料工业生产的维生素 K_3 外观对为白色结晶，无臭味，易溶于水，微溶于乙醇，常温下稳定，遇光易分解，对皮肤和呼吸道有刺激性。

维生素 B_1：又叫硫胺素，极易溶于水，具有特殊香气，在酸性条件下稳定，在中性溶液中易被分解。易被亚硫酸盐所破坏。

维生素 B_2：又叫核黄素，为黄色结晶化合物，味苦，水溶液呈淡黄色荧光，微溶于水，耐热，在酸性和中性溶液中稳定，易被碱破坏，对自然光和紫外线很敏感，受光影响可发生很大损失。

维生素 B_6：主要有吡哆醛、吡哆醇、吡哆胺三种形式，活性形式为磷酸吡哆醛。易溶于水，对热十分敏感，在酸性条件下稳定。

维生素 B_{12}：其结构中含有金属钴因此又称钴胺素，是结构最复杂的一种维生素，暗红色晶体，易溶于水和乙醇，在中性和弱酸性溶于中稳定，遇光、重金属、氧化剂、还原剂易被破坏。

叶酸：是单碟酰谷氨酸及其许多衍生物的统称，有多种形式，黄色或橙黄色结晶粉末，有黏性，对热稳定，遇光分解，能被酸、碱、氧化剂、还原剂破坏。

烟酸：又叫尼克酸、维生素 PP，结构简单，白色至微黄色结晶性粉末，无臭或微臭，在水中略溶解。

泛酸：又叫抗皮炎因子，易溶于水，商品添加剂为泛酸的钠盐和钙盐。在水中易溶。

维生素 C：又叫抗坏血酸，白色或类白色结晶性粉末，味酸，易溶于水，在饲料中还可发挥抗氧化作用，并能促进肠道对铁的吸收和铁在体内的运转和利用。

项目七　饲料添加剂原料的选择

任务一　氨基酸添加剂的识别与利用

【学习目标】

掌握饲料中各种营养性添加剂的作用、使用方法。

【操作与实施】

一、蛋氨酸的识别与利用

(一)蛋氨酸的感官识别

外观：蛋氨酸为白色片状或粉末状结晶，具有光泽，颗粒小而均匀；手感：滑腻无粗糙感；气味：具有强烈的特殊气味，近闻刺鼻，用火烧有难闻的异味；溶解性：易溶于水、稀酸和碱；口感：稍甜、没有涩感。

(二)试验室鉴别

1. pH 测定

取 0.1%的蛋氨酸水溶液测定其 pH，纯蛋氨酸的 pH 为 5.6～6.1。

2. 硫酸铜显色实验

取蛋氨酸样品 25 mg，加无水饱和硫酸铜溶液 1 mL，液体呈黄色。

3. 灼烧法

取蛋氨酸样品，于 550℃下灼烧 1 h，纯蛋氨酸的灼烧残渣在 0.5%以下。

4. 含氮量测定法

用凯氏定氮仪测定蛋氨酸样品的含氮率，纯蛋氨酸的含氮量为 9.4%。

(三)蛋氨酸的利用

鱼粉中蛋氨酸含量较多，而在植物性饲料中蛋氨酸含量较低，因此在以全植物性原料配制的饲料中，对产蛋家禽及肉仔鸡来说，蛋氨酸是第一限制性氨基酸，需要注意补充。蛋氨酸还可以促进肝内脂肪代谢，预防脂肪肝的作用。因为蛋氨酸结构中含有硫元素，因此，添加蛋氨酸还能防止家禽因硫元素缺乏引起的异食癖。此外，蛋氨酸有保肝、解毒作用，还能防止磺胺类药物的中毒。据报道在蛋鸡饲料中添加0.1%的蛋氨酸可代替5个百分点的豆粕，降低饲料成本，适量添加蛋氨酸还可以提高饲料转化率，提高蛋重。可根据饲料组成，营养标准适当补充人工合成的蛋氨酸。为了减少反刍动物瘤胃中微生物对蛋氨酸的破坏，以*DL*-蛋氨酸为基础制成的N-羟基蛋氨酸钙，可以在反刍动物饲料中添加利用。

二、赖氨酸的识别与利用

(一)感官鉴别

饲料级L-赖氨酸盐酸盐为乳白色或浅褐色粉末或均匀颗粒，微有特殊气味。掺假的赖氨酸或白色或灰色。

(二)实验室鉴别

1.理化指标检验

取0.2～0.5 g置于烧杯中，加30 mL蒸馏水，纯赖氨酸易溶于水，无沉淀。

2. pH

赖氨酸1∶10的水溶液pH为5～6。

3.残渣率测定

称取试样1.0 g置于瓷坩埚中，先在电炉上碳化至无烟后移入550℃马福炉中，灼烧3～4 h，残渣低于0.5%。

4.含氮率测定

凯氏定氮法测定L-赖氨酸盐酸盐的含氮量应为15.3%。

(三)赖氨酸的利用

饲料中添加赖氨酸可以促进幼龄畜禽的生长，在玉米-豆粕型饲粮结构中，赖氨酸是猪饲料中的第一限制性氨基酸，因此，添加赖氨酸对促进猪对其他氨基酸的吸收利用有重要意义。畜禽饲料中赖氨酸的添加剂量参考表1-41至表1-43。

表 1-41 生猪饲料中赖氨酸的添加量

g/kg

生长阶段	仔猪 8～25 kg	幼猪 25～45 kg	生长猪 45～70 kg	育肥猪 70～110 kg
添加量	10	9.0	7.5	6.2

表 1-42 肉仔鸡饲料中赖氨酸的添加量

g/kg

生长阶段/周	0～2	3～6	7～8
添加量	1.2	1.0	0.85

表 1-43 产蛋鸡饲料中赖氨酸的添加量

g/kg

生长阶段/周	0～3	4～10	11～18	18～24
添加量	1.0	0.8	0.62	0.6

任务二 非营养性添加剂的利用

【学习目标】

掌握防霉剂、保健剂、着色剂、除臭剂等各种非营养性添加剂使用方法。

【操作与实施】

一、防霉剂的利用

防霉剂能够抑制饲料中的微生物生长和繁殖,降低霉菌毒素,保持饲料中的养分,延长饲料的保存期。

(一)防霉剂的选择

防霉剂有单一防霉剂和复合防霉剂,复合防霉剂就是将两种或两种以上的防霉剂配伍形成的混合物。常用的防霉剂有以下几种。

1. 苯甲酸和苯甲酸钠

白色颗粒或结晶状粉末,能非选择性地抑制微生物细胞呼吸酶的活性,影响微生物的代谢,从而有效地抑制多种微生物的生长和繁殖,且对动物的生长和繁殖均无不良影响。在饲料中主要使用苯甲酸钠,一般的使用量不超过0.1%。苯甲酸及其盐是使用时间最长且应用最广泛的食品防腐剂,但近年来因对其毒性有了一定认识，不少国家已明令限制或减少使用，而逐渐以山梨酸、丙酸及其盐代替。

2. 丙酸及其盐类

丙酸是一种有腐蚀性的有机酸，为无色透明液体，易溶于水，有刺激味。丙酸盐包括丙酸钠、丙酸钙、丙酸钾和丙酸铵。丙酸及丙酸盐类都是酸性防霉剂，具有较广的抗菌谱，对霉菌、真菌、酵母菌等都有一定的抑制作用，其毒性很低，是动物正常代谢的中间产物，各种动物均可使用，是饲料中最常用的一种防霉剂。

3. 富马酸及其酯类

富马酸酯类包括富马酸二甲酯、富马酸二乙酯和富马酸二丁酯等，其中防霉效果较好的为富马酸二甲酯。富马酸及其酯类也是酸性防霉剂，抗菌谱较广，并可改善饲料的味道以及提高饲料利用率，一般使用量在0.2%左右。

4. 脱氢乙酸

脱氢乙酸是一种高效广谱抗菌剂，具有较强的抑制细菌、霉菌及酵母菌发育作用，尤其对霉菌的作用最强，在酸、碱等条件下均具有一定的抗菌作用。脱氢乙酸是一种低毒防霉剂，一般无不良影响，使用量为0.05%左右。

5. 对羟基苯甲酸酯类

对霉菌、酵母菌作用最强，对羟基苯甲酸酯类与淀粉共存时会影响其效果，使用时应注意。

6. 复合型防霉剂

如美国产的克霉霸由丙酸、乙酸、苯甲酸、山梨酸等混合而成。复合型防霉剂抗菌谱广，应用范围大，防霉效果好且用量小，使用方便，是饲料中较常用的防霉剂品种。

(二)防霉剂使用时的注意事项

为了不影响饲料的适口性，最好选择盐类的防霉剂，如丙酸盐类的防霉剂和复合防霉剂。

另外，要根据饲料的含水率，适当调整防霉剂的添加剂量，如果饲料含水率低于11%时，可不加防霉剂；相反，当天气潮湿季节，饲料容易霉变，可适当增加防霉剂的添加量。但是，防霉剂超量使用，可导致畜禽中毒。连续使用防霉剂时容易使某些菌体产生抗药性，因此可轮换使用不同成分的防霉剂。为了延长饲料的保存期，可将防霉剂与乙氧基喹啉、丁基羟基甲醚等抗氧化剂同时使用。

二、增色剂的利用

随着生活水平的提高，人们对畜禽产品的质量要求越来越高，许多消费者对肉色、蛋黄色泽、肉鸡肤色等都有特殊的偏爱，通过饲料中添加着色剂，可以改善饲料本身的色泽，刺激畜禽产生食欲，尤其是宠物食品中增色剂应用更广泛。另外，着色剂也可改善畜禽产品的色泽，提高其市场竞争力。增色剂按照来源划分有天然和化学合成两大类。畜禽的肤色、羽毛、蛋黄等颜色主要有氧化类胡萝卜素产生，此类胡萝卜素主要存在于红、蓝、绿、紫等各种深色植物与某些动物体。不同畜禽对类胡萝卜的着色效果也不相同，几种不同类胡萝卜素的颜色及着色效果见表1-44。参考此表可选择合适的天然饲料来源的增色剂。

表 1-44 类胡萝卜素的颜色及着色效果

种类	颜色	天然来源	蛋黄、皮肤着色效果
β-胡萝卜素	黄	深色植物、胡萝卜	±
番茄红素	红	番茄	——
叶黄素	黄	绿色植物、玉米	+++
玉米黄质	金黄	玉米	±±
阿朴胡萝卜素	橙黄	柑橘类	++
阿朴胡萝卜素醛	橙黄	柑橘类	++
柠檬黄质	红	柑橘类	+++
橘黄色素	红	红鹤、鲑、鳟、蕈	+++
辣椒红素	红	红辣椒	++
虾红素	红	虾、蟹、鲑、鳟	±±

注："+"越多表示作用越好；"—"表示无作用；"±"表示有较弱的作用。

与畜禽产品的颜色相比较，着色剂的安全问题更引起人们重视，欧美国家广泛使用的β-胡萝卜素、阿朴胡萝卜素及茜草色素等合成的类胡萝卜素毒性较低，相对安全，其中阿朴胡萝卜素主要用于蛋黄及肉鸡皮肤着色，利用率较高，色素沉着好，我国饲料市场上销售较多的增色剂有瑞士罗氏药厂生产的含10%斑蝥黄素增色剂，商品名叫"加丽素红"，可用于蛋黄、肉鸡皮肤、金丝雀与红鹤羽毛增色，每千克饲料添加0.5 mm。

三、驱虫保健剂的利用

在饲养条件差、养分供应不足或不平衡时、应激情况下饲料中添加抗生素类的保健剂对提高养殖效益、降低养殖成本具有不可磨灭的作用。但是，由于药物残留和环境污染，抗生素的安全问题，一直以来是备受世界瞩目的，近些年，人们对动物食品的安全性关注度日益提高，提倡绿色食品、生态畜牧，对禁止在饲料中添加抗生素的呼声越来越高。全面禁止使用抗生素，在经济和畜禽生产上也会造成极大的损失，因此，抗生素类的保健剂要合理使用，才能兼顾养殖效益和健康利益。

目前，我国已经批准的抗球虫药物有：莫能霉素、盐霉素、拉沙里菌素等。

莫能霉素：除有抗球虫的作用外，尚有抗菌作用，故也有促进生长和提高饲料利用率的效果。在美国等40多个国家的肉牛肥育期使用较普遍，主要用于抑制乙酸发酵，减少甲烷生成，提高瘤胃发酵中丙酸的比例。因为丙酸耗能量最少，故可因此节省饲料5%～10%。它在牛肉中无残留，屠宰前无须停药，对人畜安全。欧洲共同体规定为：肉鸡100～125 mg/kg，屠宰前至少停药3 d；蛋鸡100～120 mg/kg；火鸡99～100 mg/kg，屠宰前至少停药3 d。

盐霉素钠：对鸡的常见6种球虫均有效。盐霉素也具有明显的抗菌作用，特别是对梭状芽孢杆菌，革兰氏阳性厌气杆菌，厌气球菌等有很高的抑制作用，故具有促进生长，提高饲料效率的作用。现在已有许多国家许可用作生长猪的生长促进剂。用量：鸡50～70 mg/kg，羔羊10～25 mg/kg，犊牛20～50 mg/kg。宰前5 d停药，产蛋鸡禁用。

沙拉里菌素钠：抗球虫效果好，用量：雏鸡：75 mg/kg，肉鸡75～125 mg/kg，犊牛30～40 mg/kg，羔羊20～60 mg/kg。近年，美国将拉沙里菌素钠列为肉牛生长促进剂，据称在提高日增重和饲料转化率方面都优于瘤胃素，且对马安全。

另外，常用于饲料中的促生长保健剂类抗生素有杆菌肽、大环内酯类、林可霉素类。

杆菌肽：毒性低，无副作用，不易产生耐药性，促生长，提高生产性能，应用比较广泛。

大环内酯类：抗支原体，预防畜禽慢性呼吸道病，代表性药物为泰乐菌素，促生长效果好，是目前使用较多的促生长添加剂。

林可霉素：促进畜禽生长，防治猪痢疾，提高饲料效率。如泰妙灵、肥拉菌素等。

四、益生素类添加剂的利用

随着人们对畜牧业中抗生素的认识不断提高，许多抗生素在饲料中被禁用，益生素则是近些年发展起来的以期代替抗生素的产品，益生素的作用原理体现在：对病原菌拮抗具有拮抗作用、为畜禽机体提供营养、刺激机体的免疫功能、减少腐败物质净化肠道环境、减轻机体的应激反应。

(一)选择目的

提高幼龄畜禽的生产性能。通常在哺乳期的仔猪、雏鸡、哺乳期的犊牛饲料中添加,这是由于幼龄畜禽的生理发育还不成熟,体内的免疫系统、消化酶类不健全,因此,越是年龄小、越是养殖条件差,添加的效果越明显。

治疗消化不良性疾病。在慢性或长期腹泻、肠炎、消化不良等消化道疾病时,益生菌可阻碍肠道内细菌产生胺,中和大肠杆菌内毒素等毒性物质,益生素还参与某些过多消化酶的灭活,使肠道内正常菌群处于平衡状态。

(二)益生菌的种类

我国农业部 2003 年 12 月发布的第 318 号公告"饲料添加剂品种目录"中有 15 种:地衣芽孢杆菌、枯草芽孢杆菌、两歧双歧杆菌、粪肠球菌、屎肠球菌、乳酸肠球菌、嗜酸乳杆菌、干酪乳杆菌、乳酸乳杆菌、植物乳杆菌、乳酸片球菌、戊糖片球菌、产朊假丝酵母、酿酒酵母、沼泽红假单胞菌。目前,市场上用于饲料发酵的益生菌种类主要是乳酸杆菌类、芽孢杆菌类、酵母类饲用微生物。有单一均属类微生物添加剂,也有复合菌饲用添加剂,可以更好地促进畜禽的生产和提高饲料利用率。

(三)注意事项

所有饲用益生菌类的微生态制剂产品,都要避光、低温和干燥处保存,以免降低微生物的活性。一般禁止与磺胺类或其他抗生素类药物同时使用,以免破坏益生菌的效果。

五、酶制剂的利用

酶能催化畜禽机体内代谢反应,仔猪和家禽一般来说,分泌的内源酶数量不能满足消化代谢需要,在饲料中添加酶制剂,可加速营养物质的消化、吸收和利用,提高饲料的转化利用率,促进畜禽生长。酶制剂的作用原理主要表现在:破坏植物细胞壁,提高淀粉和蛋白质等营养物质的可利用性、降低消化道食糜黏度,减少疾病发生、消除抗营养因子、补充内源酶的不足,激活内源酶的分泌。

(一)酶制剂的选择利用

作为饲料添加剂的酶制剂主要是水解酶,这类酶包括:淀粉酶、蛋白酶、脂肪酶、纤维素酶、植酸酶、果胶酶等,生产的制剂有单一型酶制剂和复合型酶制剂,根据养殖需求,可选择单一的酶制剂,如植酸酶。也可选择不同种类的复合酶制剂。主要酶制剂的种类及其作用参见表 1-45。

表 1-45　饲用酶制剂的种类及其作用

制剂类型	主要酶类	主要作用
单一酶制剂	植酸酶	降解饲料中的植酸及其盐类，提高动物对植物来源的磷的利用，减少无机态磷的添加，降低磷对环境的污染
复合酶制剂	蛋白酶、淀粉酶	水解饲料中的蛋白质。将饲料中的淀粉大分子水解成易溶解的中等和低分子物质，主要用于幼龄畜禽补充其内源酶的不足
复合酶	β-葡聚糖酶、木聚糖酶等	此类酶制剂主要用于小麦、大麦、燕麦为主的饲料原料
复合酶	纤维素酶、果胶酶	破坏植物细胞壁，促进消化吸收，消除饲料中的抗营养因子，降低肠道内容物的黏度，促进消化吸收
复合酶	纤维素酶、蛋白酶、淀粉酶、糖化酶、葡聚糖酶、果胶酶	综合各种酶的作用，有更强大的助消化作用

(二)酶制剂应用注意事项

酶制剂的选择需要注意酶的活力，这与生产厂家的生产工艺有直接关系。另外需要根据饲料类型、畜禽品种、畜禽不同生长阶段、环境等因素来选择适宜的酶制剂。酶制剂在贮存过程中药防止潮湿和高温曝晒。一旦开启包装，用不完的要密封并尽快用完。

六、碳酸氢钠、酸化剂的利用

(一)碳酸氢钠的利用

碳酸氢钠可中和胃酸，用于反刍动物，调节瘤胃 pH，增加机体的碱储备，防止代谢性酸中毒，平衡电解质，增加产乳量，提高乳脂率。也可防止产蛋鸡的热应激引起的蛋壳质量下降，用量一般为饲料的 0.1%～1%。注意不能与维生素、抗生素等直接配合使用。

(二)酸化剂的利用

主要用于 3～4 周龄断奶仔猪，由于其消化系统不健全，胃中消化酶及胃酸分泌较少，添加适量酸制剂可助消化、改善增重，减少下痢。常用的有柠檬酸、富马酸、苹果酸及乳酸等。生产上应用最多是腐殖酸钠，具有收敛、消炎及调整胃肠机能的作用，对防治消化不良，特异性及非特异性痢疾与腹泻有较好效果。猪、鸡饲料添加0.05%～0.1%。

【知识链接】

- 饲料添加剂
  - 营养性添加剂：维生素、微量元素、氨基酸、非蛋白氮
  - 非营养性添加剂
    - 生长促进剂：抗生素、激素、酶制剂、微生态制剂等
    - 驱虫保健剂：驱虫药、抗球虫药等
    - 品种改良剂：着色剂、风味剂、黏结剂等
    - 饲料保藏剂：防腐剂、防霉剂、抗氧化剂等
    - 中草药添加剂：预防类、治疗类、健胃类等

饲料添加剂的种类繁多，我国《饲料工业通用术语》中将饲料添加剂解释为：为满足畜禽特殊需要加入饲料中的少量或微量营养性或非营养性的物质。添加剂应具备对饲料品质、畜禽产品品质有益、安全无残留、对畜禽内外环境无危害等特点。

饲料添加剂虽然在饲料中添加量很少，但是，它们所起的作用非常重要，不同是饲料生产厂家都有自己独特的添加剂风格，突出饲料的优势所在，因此，也就增加了饲料的竞争力。有必要补充的如香味剂、中草药添加剂等在畜禽饲养、疾病防治中发挥了巨大的作用。

组成香味剂的香料物质有：茴香油、甘草精、蒜粉、柑橘油、乙酸异丁酯、乳酸丁酯、乳糖、核苷酸等。乳香型、水果香型的有：柠檬醛、香兰素、丁酸乙酯、麦芽酚、桂醇等，这些香味剂在产奶牛饲料和犊牛人工乳或代乳品中、断奶仔猪饲料中发挥了重要作用。犊牛的人工乳和代乳品中添加乳香型香味剂，可以引诱犊牛采食，增加采食量；泌乳母牛对饲料配方变化也非常敏感，在配方发生改变时，适当加入香味剂或甜味剂，使饲料味道保持一致，就避免了换料应激，使换料过程平稳过渡。猪的嗅觉系统发达完善，仔猪对母乳的记忆也是难以忘怀，将香味剂加入母乳中，使仔猪将调味剂的味道混入母乳的印象中，再往人工乳中加入该香味剂，仔猪就容易接受。

中草药添加剂在畜禽疾病防治中发挥重要作用。例如：由麻黄、山豆根、桔梗、甘草等组成的清热解毒、宣肺平喘止咳的中草药，在防治鸡的传染性支气管炎、喉气管炎疾病中起到了重要作用；黄芪及其提取物在提高畜禽免疫力，治疗病毒性疾病中应用非常广泛。由白头翁、次黄连等中草药组成的“克痢散”、“母服仔猪白痢散”等在治疗鸡白痢、仔猪腹泻等疾病中疗效显著。

随着经济的发展，人们健康意识的提高，添加剂的安全性倍受关注，“三聚氰胺

事件”、“瘦肉精事件”不断地为畜禽生产敲响警钟。我国饲料添加剂的管理，在借鉴了国外经验的基础上，结合我国国情，基本形成了自己的管理体系。饲料添加剂在允许应用之前，应严格按照管理程序进行审批。我国农业部在 2013 年再次修订了饲料添加剂名录，自 2014 年 2 月开始实施。有关内容可以从网上查到，这里就不再赘述。

【思考与训练】

1. 说说当地饲料原料中所包含的主要营养成分。

2. 调查当地主要的蛋白质和能量饲料来源。

3. 上网查找各种微量元素及维生素缺乏引起的动物疾病。

4. 某鸡场为高峰期蛋鸡配制饲料时，由于疏忽少加了一种饲料原料，饲喂 2 d 该饲料后，鸡群软破蛋明显增加，并出现瘫痪鸡只，请思考，该鸡场配料时最有可能少加的饲料原料是什么？该饲料原料为鸡只提供什么营养？

模块二 动物饲料的配方设计与生产

项目一 青绿饲料、青贮饲料及粗饲料的生产加工

项目二 谷物、饼粕类饲料的加工

项目三 利用浓缩料进行全价料的生产

项目四 预混料、浓缩料、全价料、精料补充料的配方设计与生产

【导读】

岗位任务：掌握动物配合饲料设计方法及加工利用技术；掌握常用饲料原料加工的目的、原理及方法。

岗位目标：科学设计动物配合饲料配方，根据配方要求加工和使用配合饲料产品；熟悉掌握各种饲料原料的加工技术。重点：青干草的调制、储藏及品质鉴定；秸秆的氨化处理技术；青贮饲料的调制技术；配合饲料的配方设计及加工利用。难点：青贮饲料调制技术；配合饲料配方设计技术。

能力素质要求：具备理论联系实际能力，分析和解决问题能力，饲料加工技术的应用和推广能力

项目一　青绿饲料、青贮饲料及粗饲料的生产加工

任务一　青饲料、粗饲料的物理加工

【学习目标】

掌握青绿饲料、粗饲料的切碎、揉丝等物理加工所用设备及加工技术。

【操作与实施】

青饲料的加工技术

(一)青饲料的物理加工

1. 打浆

青饲料经打浆后更加细腻，并能消除某些青饲料茎叶表面的毛刺而利于动物采食，提高其利用价值。打浆时，可将青饲料和配合饲料按一定比例同时送入打浆机内，青饲料被打成浆且与配合饲料混合成湿润状微绿饲料。青饲料打浆机见图 2-1，该设备的使用和维护按说明书要求进行。打浆处理的青饲料应新鲜、无异物；青饲料打浆时混入一定比例的配合饲料有利于吸收青饲料汁液，减少青饲料养分损失；猪、家禽等动物饲喂青饲料时可打浆处理。

图 2-1　青饲料打浆机

2. 浸泡

将农作物秸秆加水浸泡处理后饲喂家畜。处理后的秸秆，质地柔软，适口性好，特别是有芒的秸秆效果更好。生产中，将秸秆切短后浸泡并拌上精料饲喂动物，也有将秸秆浸泡在盐水中，盐化后再饲喂。

对带有苦涩、辛辣或其他异味的青饲料，可用水浸泡 4～6 h后，去掉泡水，再混合其他饲料饲喂家畜，可改善适口性，软化纤维素，提高利用价值。但泡的时间不宜过长，以免腐败或变酸。

3. 青饲料、粗饲料的铡短

将青饲料、粗饲料铡短便于动物采食，减少咀嚼时能量消耗，减少饲料浪费，提高采食量，改善适口性并利于与其他饲料混合饲喂。对于肉用反刍动物，切碎的青、粗饲料有利于形成丙酸的瘤胃微生物发酵，提高肉用反刍动物的肥育性能，"草料三分短，无料也上膘"就是这个道理。切短的长度依据动物种类与年龄而异，一般牛 3～4 cm；马属动物 2～3 cm；羊 1.5～2.5 cm。幼龄、老龄动物可更短一些。铡草机设备见图 2-2，该设备的使用和维护按说明书要求进行。

(二)秸秆、干草的物理加工

1. 秸秆的揉丝

动物采食茎秆粗大较硬的饲草(如玉米秸秆、皇竹草等)时，仅采食茎秆上的叶片，而粗大较硬的秸秆留在饲槽内，造成了饲草的极大浪费。秸秆揉丝机可将粗大较硬的秸秆揉搓成细丝状，既保证了细丝状似草的形体，又保证了柔性，提高了饲草的适口性，减少了饲草的浪费。秸秆揉丝机的使用和维护按说明书要求进行。秸秆揉丝机设备见图 2-3。

图 2-2 铡草机

图 2-3 秸秆揉丝机

2. 草粉、制粒及压块

(1)草粉制作。将干草加工成草粉，从保存营养角度看，其营养成分损失较少。草粉是将干草放入草粉粉碎机中加工而成。草粉粉碎机设备见图 2-4，该设备的使用和维护按说明书要求进行。配制猪、禽及兔的日粮时，可按一定的比例加入草粉。草粉饲喂反刍动物时适口性差，干物质消化率低。

(2)制粒。将草粉送入草粉制粒机中压制而成。将草粉压制成颗粒，可提高动物的采食量及生产性能，便于机械化饲养或应用自动食槽，并减少浪费。草粉制粒机设备见图 2-5，该设备的使用和维护按说明书要求进行。现代化的兔场、羊场制粒，先将草粉与其他饲料配制成全价的配合饲料，然后再压制成颗粒饲料。实践证明，给兔、羊饲喂全价的颗粒饲料，可降低劳动强度，提高兔、羊采食量及生产性能。

图 2-4　小型草粉粉碎机

图 2-5　小型制粒机

(3)压块。干草压制成草块，便于贮存和运输，减少干草在储藏过程中养分的损失，饲喂简单(可直接投入饲槽饲喂，避免浪费)，可提高反刍动物的采食量。实践证明，用草块代替干草饲喂奶牛、肉牛均可显著提高其生产性能。草块制作需要一定的加工设备、严格的制作工艺和较大的投资，故不适于养殖户制作，但有利于产业化加工调制和商品化流通。

图 2-6　干草压块机

草块的制作方法：先将干草铡短，一般为 3～5 cm，铡短后的干草直接进入压块机压成直径 5.5～6.5 cm、厚度约 1 cm 的草块，密度为 300～450 kg/m^3。干草压块机见图 2-6，该设备的使用和维护按说明书进行。

(三)青干草的调制

1. 自然干燥

(1)地面晒制干草。此法也称田间干燥法,是最原始最普通的方法。地面晒制青干草多采用平铺与集堆结合晒草法。青草刈割后即在原地或另选一高处平摊均匀翻晒,一般早晨刈割的青草,经两次翻晒,傍晚时茎叶凋萎,水分可降至40%～50%,此时就可将青草堆集成约0.5 m高的小堆,每天翻晒通风1～2次,使其快速风干,经2～3 d干燥,即可调制成青干草。

(2)架上晒制干草。连阴多雨地区应采用草架干燥法。先将割下的青草在地面干燥0.5 d或1 d,待含水量降至40%～50%时,再用草叉将草上架,堆放青草时应自下而上逐层堆放,草尖朝里,堆放成圆锥形或屋脊形,要堆得蓬松些,厚度不超过70～80 cm,离地面20～30 cm,堆中应留有通道,以利于空气流通,外层要平整保持一定倾斜度,以便排水。

试验证明,架上干燥法晒制的干草比地面干燥法晒制干草养分损失减少5%～10%。

碾青是一种传统的调制青干草的方法。先将铡短的干秸秆(麦秸或稻草)铺在晒场上,再将青饲料用铡草机铡短后铺在干秸秆上,在铡短的青草上再铺一层干秸秆,然后用磙反复碾轧。铡短和碾轧破坏了青草的结构,挤压出的汁液被秸秆吸收,增大水分蒸发面积,易将青草调制成干草。此法可防止叶片丢失,又可保存养分,成本低且非常科学。

2. 人工干燥法

通过人工热源加温使青饲料脱水。一般情况下,温度越高,干燥时间越短,效果越好。150℃干燥20～40 min即可,温度高于500℃,6～10 s即可。高温干燥的优点:时间短,不受雨水影响,营养物质损失小,能很好地保留原料本色;缺点:机器设备耗资大,干燥过程中耗资多,应慎用。目前,国内很多青干草加工企业采用自然干燥及人工干燥相结合的方法调制青干草,即先将青饲料暴晒至水分含量为40%左右时再用人工热源加温烘干,这种方法可减少大量的能耗。青草烘干设备工艺流程图见图2-7。

【知识链接】

1. 调制过程对青干草营养价值的影响

青饲料在干燥调制过程中会发生复杂的物理和化学变化,这些变化会影响青干草的产量和质量。调制过程中影响青干草产量和质量的因素主要有以下几种。

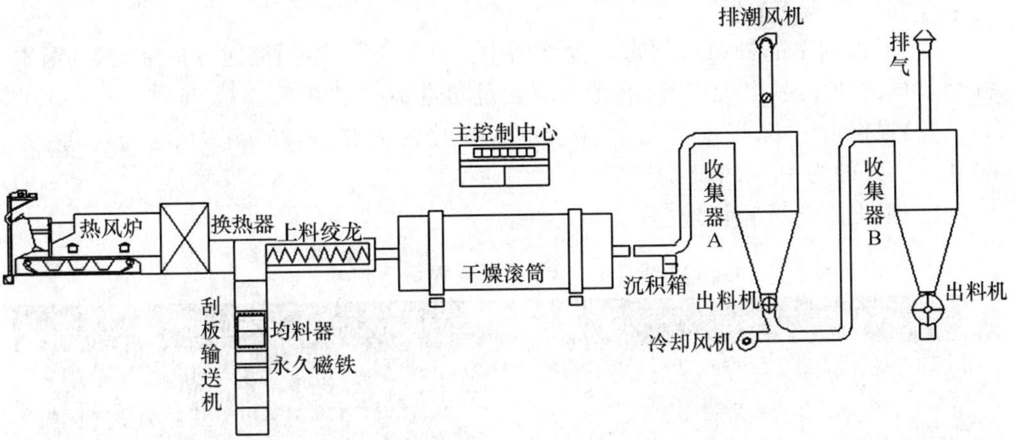

图 2-7　青草烘干设备工艺流程图

(1)机械作用引起的损失。青干草在调制和保存过程中,由于受搂草、翻草、搬运、堆垛等一系列机械作用,叶片、嫩茎、花序等细嫩部分破碎脱落而损失。据报道,一般禾本科牧草损失 2%～5%,豆科牧草损失 15%～35%。植物叶片和嫩茎所含可消化养分多,因此机械作用引起的损失不仅降低青干草产量,而且使青干草质量下降。

为了减少机械损失,应适时刈割,在青饲料水分降至 40%～50%时(此时细嫩茎叶不易脱落),及时堆成草垄或小堆干燥,也可适时打捆,在干燥棚内通风干燥。

(2)植物体生化变化引起的损失。青饲料刈割后,植物细胞继续进行呼吸作用导致植物体内碳水化合物及蛋白质损失。当水分降至 40%～50%时,细胞才逐渐死亡,呼吸作用停止。因此,应尽快采取有效措施,使含水量迅速降至 40%～50%,以减少呼吸作用引起的损失。

植物细胞死亡后,由于植物体内酶和微生物活动产生的分解酶共同作用,使植物体内碳水化合物及蛋白质损失。该过程直至水分降至 17%以下时才停止。因此,要注意晾晒方法,尽快使水分降至 17%以下,以减少氧化作用造成的损失。

(3)阳光照射造成的损失。晒制干草时,阳光照射会使植物体内的胡萝卜素、叶绿素因光化学变化而破坏,维生素 C 几乎全部损失。相反,干草中的维生素 D 含量,却因阳光的照射而显著增加。

(4)雨淋造成的损失。雨淋会使青饲料可消化蛋白质和碳水化合物等可溶性营养物质受到不同程度的损失。据试验证明,雨淋造成可消化蛋白质的损失平均为 40%,热能损失平均为 50%,阴雨天气还易使饲草霉烂,失去使用价值。因此,应选择清朗干燥天气晒制干草,以减少雨淋造成的损失。

2.青干草品质鉴定

(1)根据饲草品种组成评定。青干草中豆科牧草的比例超过5%为优等;禾本科及杂草占80%以上为中等;有毒杂草含量超过10%为劣等。

(2)根据叶片保有量评定。青干草的叶片保有量在75%以上的为优等;在50%~75%的为中等;低于25%的为劣等。

(3)根据综合感官评定(表2-1)。

表2-1 青干草感官评定标准

等级	颜色	气味	质地
优等	色泽青绿	香味浓郁,没有霉变和雨淋	将干草束用手握紧或搓揉时无干裂声,干草拧成草辫松开时干草束散开缓慢,且不完全散开,弯曲,茎上部不易折断
中等	色泽灰绿	香味较淡,没有霉变	紧握干草束时发出破裂声,松手后迅速散开,茎易折断
低劣	色泽黄褐	无香味,有轻度霉变	紧握干草束后松开,干草不散开

3.青干草的储藏和管理

调制好的干草应及时妥善储藏保存。青干草的储藏方法是否合理,对青干草品质影响很大。储藏方法可因具体情况和需要而定,无论采用什么方法储藏,都应尽量缩小与空气的接触面,减少日晒雨淋等影响。

(1)散干草的储藏。露天堆剁是最经济、较省事的贮存青干草的方法。选择离畜舍较近、平坦、干燥、易排水、不易积水的地方,做成高出地面的平台,台上铺上树枝、石块或作物秸秆约30 cm左右厚,作为防潮地垫,四周挖好排水沟,堆成圆形或长方形草堆。长方形草堆,一般高6~10 m,宽4~5 m;圆形草堆,底部直径3~4 m,高5~6 m。堆垛时,第一层先从外往里堆,使里边的一排压住外面的稍部。如此逐排内堆,成为外部稍低,中间隆起的弧形。每层30~60 cm厚,直至堆成封顶,然后用绳索将垛纵横交错系紧。堆垛时应尽量压紧,加大密度,缩小与外界环境的接触面,用薄膜封顶,防止日晒漏雨,减少损失。上垛的干草含水量一定要在15%以下。堆大垛时,为了避免垛中产生的热量难以散发,应在堆垛时每隔50~60 cm垫放一层硬秸秆或数枝,以便于散热。

草棚堆藏。气候湿润或条件较好的牧场应建造简易的干草棚或青干草专用贮存仓库,避免日晒、雨淋。堆草方法与露天堆垛基本相同,要注意干草与地面、棚顶保持一定距离,便于通风散热。也可利用空房或屋前屋后能遮雨地方储藏。

(2)压捆青干草的贮存。散干草体积大,贮运不方便,为了便于贮运,使损失减至最低限度并保持干草的优良品质,生产中常把青干草压缩成长方形或圆形的草捆,然后一层一层叠放储藏。草捆垛的大小,可根据贮存场地加以确定,一般长20 m,宽5 m,高18~20层干草捆,每层应有0.3 m^3的通风道,其数目根据青干草含水量与草捆垛的大小而定。

(3)青干草储藏过程中的管理。为了保证垛藏青干草的品质,应指定专人负责管理。

①防止垛顶塌陷漏雨。干草堆垛2~3周后常常发生塌陷现象,应经常检查,及时修整;

②防止垛基受潮;

③防止干草过度发酵和自燃。适度的发酵可使草垛紧实,并使干草产生特有的芳香味,但若发酵过度,则导致青干草品质下降。实践证明,当青干草水分含量下降到20%以下时,一般不至于发生发酵过度的危险。如果垛内的发酵温度超过45~55℃时应及时采取散热措施,否则干草会被毁坏,或有可能发生自燃着火。散热办法是用一根粗细和长短适当的直木棍,一端削尖,在草垛的适当部位打几个通风眼,使草垛内部降温。

任务二 粗饲料的化学加工

【学习目标】

掌握粗饲料的化学加工技术。

【操作与实施】

粗饲料的化学加工只适用于秸秆、秕壳类饲料,加工方法有酸化处理、碱化处理及氨化处理等。

一、粗饲料的酸化处理

用磷酸、甲酸等酸类物质处理秸秆、秕壳类饲料,破坏秸秆、秕壳类饲料中纤维类物质的结构,从而提高动物对秸秆、秕壳类饲料中粗纤维的消化利用率。由于该处理方法成本较高,且易带来环境污染问题,故在生产中很少适用。

二、粗饲料的碱化处理

碱化处理是利用碱溶液中的氢氧根离子破坏木质素与半纤维之间的酯键,使半纤维素和大部分木质素（60%～80%）溶于碱液中，把镶嵌在木质素-半纤维素复合物中的纤维素释放出来，便于反刍动物消化利用，提高秸秆饲料的消化率。碱化处理主要有氢氧化钠处理和石灰水处理。

（一）氢氧化钠处理

1.湿法处理

将秸秆放入盛有1.5%氢氧化钠溶液池中浸泡12～24 h，然后捞出，淋去余液，再用清水反复冲洗至中性，湿喂或晾干后饲喂反刍动物。在用水冲洗过程中，将有25%～30%的木质素、8%～15%的戊聚糖物质损失掉，而且用大量的水冲洗，也易造成环境污染，故此法在生产中很少应用。碱浸法处理秸秆示意图见图2-8。

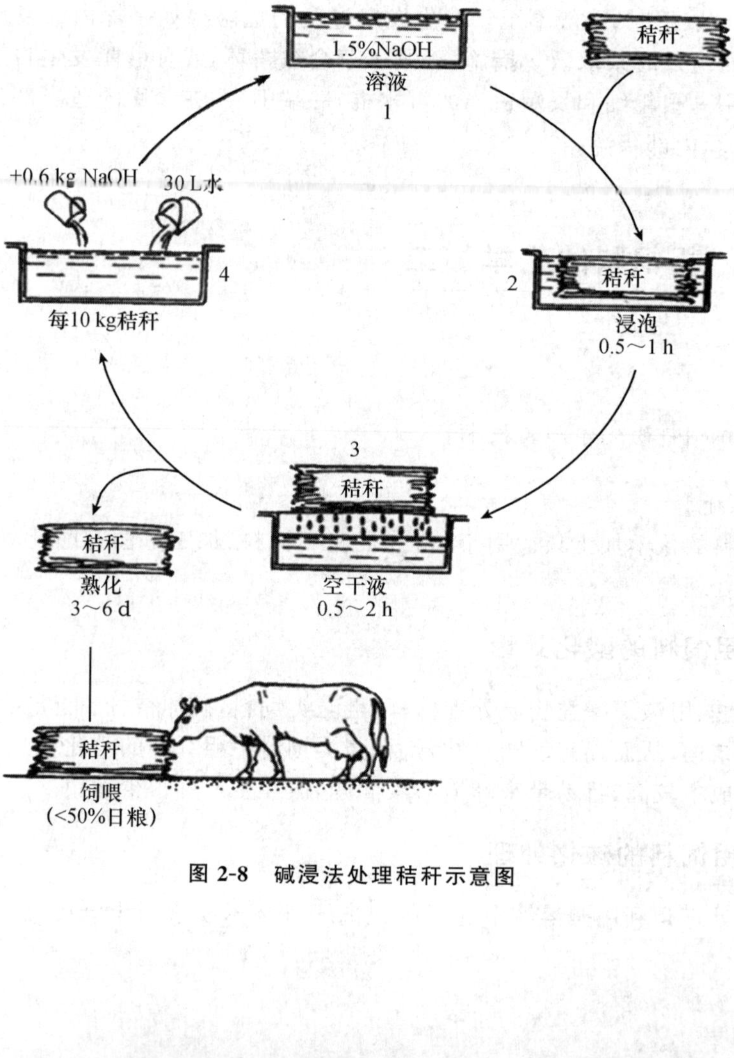

图2-8 碱浸法处理秸秆示意图

2. 半干处理

用碱液浸泡后的秸秆，再用压榨机压成半干状态，烘干后即可使用。

3. 干法处理

用占秸秆风干重3%～5%的氢氧化钠，配制成30%溶液，喷洒在粉碎的秸秆上，然后用压榨机压榨成块状，冷却后即可长期保存。

半干处理和干法处理秸秆，秸秆中碱的残余量较多，家畜饲用后饮水、排尿增多，且容易污染环境，因此，在生产中应用价值不大。

(二)石灰水处理

1. 石灰乳碱化法

先将45 kg的石灰溶于1 t水中，调制成石灰乳(即氢氧化钙微粒在水中形成的悬浮液)，再将秸秆浸入石灰乳中3～5 min，随之把秸秆捞出，放在水泥地上晾干，经24 h后即可饲喂家畜。捞出的秸秆不必用水冲洗，石灰乳可以继续使用1～2次。在生产中，为了简化操作，可采用喷淋法，即用石灰乳喷洒秸秆数次，然后堆放，软化1～2 d后即可饲喂家畜。

2. 生石灰碱化化

按每100 kg秸秆加入3～6 kg生石灰，搅拌数次使之均匀，再放适量的水，使秸秆浸透，随之在潮湿状态下保持3～4 d使之软化，最后分批取出晾干即可饲喂家畜。

石灰水处理的秸秆，效果不及氢氧化钠处理得好，且易发霉，但石灰来源广，成本低，对土壤无害，且钙对家畜也有好处，故可使用，但使用时需注意钙磷平衡，适当补充磷酸盐。

三、秸秆的氨化处理

(一)窖(池)氨化法

窖(池)氨化法是我国目前推广应用最为普遍的一种氨化方法。该方法节省塑料膜的用量，降低成本，便于管理和确定氮源(如尿素)用量，可以一池多用，即可用来氨化，也可用来青贮。

[材料与用具]　氨化窖、无毒的聚乙烯薄膜(厚度在0.2 mm以上)、尿素、秸秆、水桶、秤、铁锹、泥土等。

氨化窖可采用青贮窖。目前，大型养殖场均采用大型的地上长方形窖，窖长30～60 m、宽5 m、高3 m左右，窖壁用砖石砌成，三面为墙体，一面敞开，窖底部为混凝土结构，且向敞开面有一定的坡度，以利于排水，数个窖连体，建筑结构即简单

图 2-9 青贮氨化窖

又耐用，并节省用地，如图 2-9 所示。

［方法步骤］

①铡短。先将秸秆切碎至 2 cm 左右，粗硬的秸秆可切短些，较柔软的秸秆可稍长些。

②尿素水配制。每 100 kg 秸秆用 3～5 kg 尿素、30～50 kg 水，根据氨化秸秆量（一般每立方米的窖装切碎的秸秆 150 kg 左右）计算尿素及水的用量，将尿素溶于水中配制成尿素水备用。

③装窖。将秸秆装在窖内，边装窖边踩实，每装 20 cm 厚时，用尿素水均匀喷洒（窖底层的秸秆喷洒尿素水应相对少些，窖上层的秸秆喷洒尿素水应相对多些），待窖装满后用塑料薄膜覆盖密封，再用细土等压好即可。窖化法氨化秸秆示意图见图 2-10。

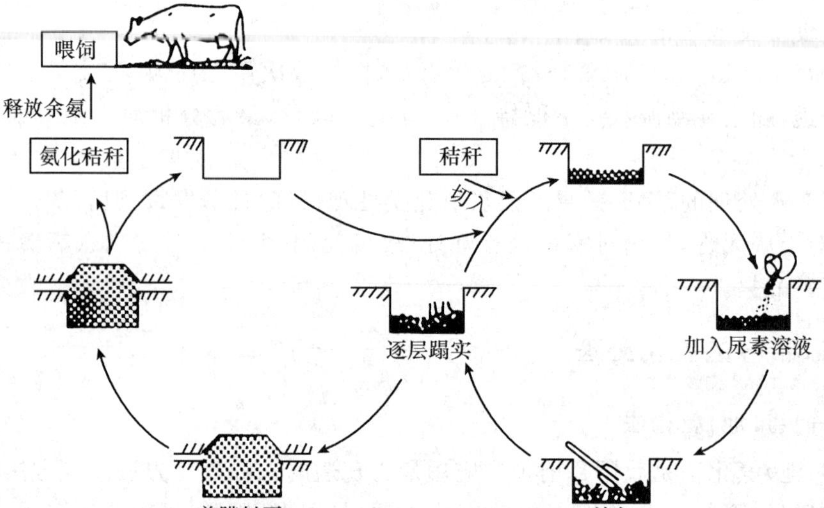

图 2-10 窖化法氨化秸秆示意图

(二)堆垛氨化法

堆垛氨化法是将秸秆堆成垛、用塑料薄膜密封进行秸秆氨化处理的方法（图 2-11）。

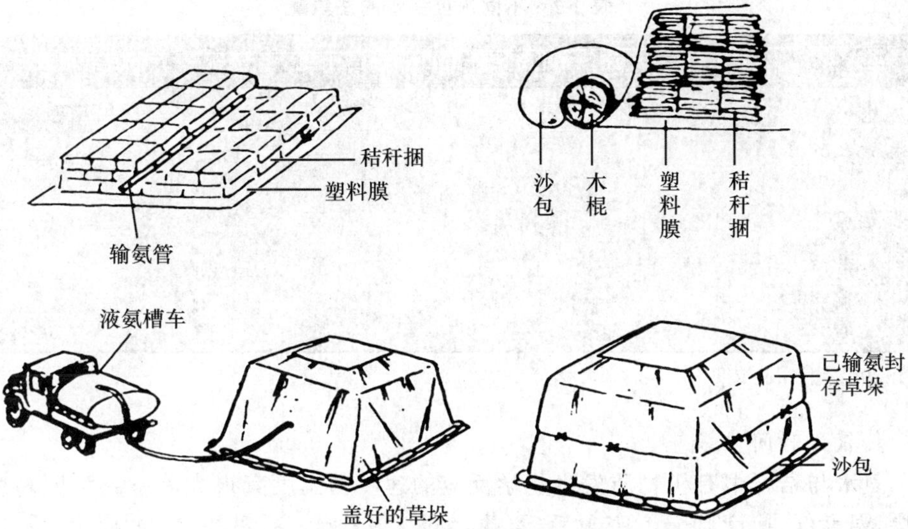

图 2-11 草垛液氨氨化示意图

[材料与用具]秸秆、尿素、氨水或无水氨、无毒的聚乙烯薄膜(厚度在 0.2 mm 以上)、水桶、喷壶、注氨管、秤、铁锹、泥土等。

[方法步骤]

1. 清场和堆垛

整理场地,用铲挖成锅底形坑,便于积蓄氨水,防止外流。铺上厚度为 0.2 mm 以上的塑料薄膜,将秸秆放于其上。积垛时,在塑料薄膜的四周要留出 80 cm 的边,作折叠压封用。若用氨水处理的秸秆,可一次堆垛到顶。方形的垛,顶部呈馒头形;长方形的垛,顶部呈脊形。若用无水氨处理的秸秆,要随堆垛填埋塑料注氨管。

2. 注入氨或喷洒尿素溶液

氨水的注入量与浓度有关,不同浓度的氨水其用量也不同(表 2-2);尿素的用量参考窖(池)氨化法。

3. 封垛氨化

注入氨水或喷洒尿素溶液后,可将塑料薄膜顺风打开盖在秸秆垛上,尽量排出里面的空气,并同下面的薄膜重合折叠好,用泥土压紧、封严、防止漏气,最后用绳子捆好,压上重物。

表 2-2 不同浓度氨水的注氨量 %

名称	氨浓度	注氨量(占秸秆重)	相当于氨	含氮量	相当粗蛋白质
无氨水	100	3	3	2.47	15.44
1.5%氨水	1.5	100	1.5	1.24	7.72
19%氨水*	19	12	2.28	1.88	11.73
20%氨水*	20	10	2	1.65	10.39
20%氨水*	20	12	2.4	1.98	12.35

* 为经常使用的浓度。

4. 氨化时间

氨水与秸秆中有机物质发生化学反应的速度与温度有很大关系。温度高反应加快;温度低,速度则慢。密封后,夏季经过 1～2 周,春、秋季 2～3 周,冬季 4～8 周,氨化即可完成。

5. 放氨晾晒

氨化好的秸秆,开垛后有强烈的刺激性气味,牲畜不能吃,掀开遮盖物,待呈糊香味,主可给牲畜食用。若将氨化好的秸秆摊开、晒干,再储藏饲喂,既能将秸秆中余氨放净,又防氨化好的秸秆霉变。

6. 氨化饲料品质鉴定

开垛后,检查氨化饲料品质。手感柔软、有潮湿感,色泽呈黄褐色,有氨气逸出的为品质良好的氨化饲料;如果色泽黄白、氨气微弱、可能是漏气、含水量不足、时间不够、温度过低等原因造成的氨化效果不理想;如有褐色、棕黑色、发灰、发黏,有霉味,则说明秸秆已变质,不能饲喂家畜。

使用氨化秸秆饲喂动物时应注意事项。

①为了使动物习惯采食氨化饲料,开始时少给勤添,逐渐增加饲喂量,一般经过 1 周可以适应。对于产奶牛,开始阶段可以将氨化秸秆与其他粗饲料掺和饲喂,适应后可大量喂给。

②饲喂前,必须将余氨放净。否则,容易引起动物氨中毒。放氨的方法是选择晴朗无雨的天气,打开氨化窖或氨化垛,摊放 1～2 d 就可以饲喂家畜了。

③饲喂前,应剔出霉变秸秆,否则会引起动物中毒。

任务三　粗饲料的微生物处理

【学习目标】

掌握秸秆的微贮技术。

【操作与实施】

粗饲料的微生物处理

(一)粗饲料微生物处理的意义

粗饲料的微生物处理是指在农作物秸秆中加入微生物高效活性菌种，放于密封环境中储藏，经一定时间的厌氧发酵，使秸秆变成具有酸香味，牛、羊喜食，并可长期保存的饲料。秸秆经微贮后，其适口性及消化率均显著提高，由于微生物的活动，也大大提高了秸秆的营养价值。

(二)粗饲料微生物处理方法

1. 菌种复活

取发酵活干菌 3 g(专门厂家生产的秸秆发酵剂)，加入 2 kg 水中充分溶解，使菌种复活，复活的菌剂当天用完。有条件的可在水中加蔗糖 20 g，溶解后再加入活干菌，在常温下放置 1～2 h。

2. 配制菌液

配制 1%的盐水 1 200 L，将复活菌液倒入盐水中搅匀备用，此量可微贮 1 000 kg 秸秆。

3. 秸秆切短

将秸秆切短或揉碎至 2～5 cm。

4. 装填与封严

在微贮窖或池内(青贮窖即可)，每铺放 20～30 cm 厚的秸秆，喷洒一次菌液并压实，装至高出窖口 30～40 cm 时，在料面上撒上食盐(用量为 250 g/m^2)，然后覆盖塑料薄膜，膜上放 20 cm 厚的秸秆，覆土 20 cm 厚密封。为加快发酵，可在秸秆中加入 0.5%～1%的玉米面或麸皮。

5. 管理

发酵期内经常检查，原料会缓慢下沉，随时加盖细土，使其恢复原样，并在周围挖简易排水沟，防止漏水进气，引起秸秆腐烂变质。微贮适宜温度为10～40℃。

6. 取用

30 d后可开窖饲喂，发酵好的秸秆呈酸香味。取料应逐层逐段挖取，取料量以当天喂完为准，取料后将微贮窖用塑料薄膜盖严、封好，防止秸秆变干或腐败。

(三)饲喂

以饲喂草食家畜为主，应循序渐进，逐步增加喂量。一般每头每天(只)饲喂量为奶牛、育成牛、肉牛15～20 kg，羊1～3 kg，马、驴、骡5～10 kg。

任务四 青贮饲料生产

【学习目标】

掌握青贮饲料的生产技术。

【操作与实施】

一、青贮的意义

青贮是贮存和调制青饲料并保持其营养特性的最好办法。青贮饲料是冬春维持草食动物高产不可缺少的饲料。将青饲料青贮能有效地保存青饲料的营养成分，延长青饲季节，杀灭青饲料中的寄生虫及有害菌，提高青饲料的适口性。

二、青贮方法

(一)一般青贮调制方法

1. 青贮原理

利用乳酸菌对青贮原料进行厌氧发酵，产生乳酸，当酸度达到pH 4左右时，所有的微生物停止活动，青饲料将长期保存下来。青贮的整个过程分三个阶段。

第一个阶段，植物呼吸阶段。青饲料铡短装窖后，植物细胞并未死亡，还能进行有氧呼吸，释放能量，导致青贮原料营养损失、青贮窖内温度升高，不利于乳酸菌发酵，青贮失败。将青贮原料压实，制造无氧环境，是减少营养损失，保证青贮成功的首要条件。

第二个阶段，微生物作用阶段。青贮窖内微量的空气很快就会被好气性微生物及植物呼吸耗尽。此时,厌气性微生物开始活动,为了确保青贮成功,必须创造适宜于乳酸菌繁殖的条件,使乳酸菌在与其他厌氧菌(丁酸菌、腐败菌、醋酸菌、真菌等)竞争中占优势,随着乳酸菌数量的增多,其酵解糖类产生的乳酸也不断增多,当酸度达到 pH 4 时,包括乳酸菌在内的所有微生物停止活动,这样饲料就在乳酸的保护下长期贮存下来,而不会变质。

第三个阶段,青贮成功阶段。当酸度达到 pH 4 左右时,所有微生物停止活动,青贮就成功了。从青贮开始到成功需 17～21 d,这与原料因素等有关。

2. 技术条件

(1)厌氧环境。青贮时,必须将青贮原料压实。否则,植物呼吸及好气性微生物活动会产生大量热量,不仅青贮过程中营养损失大,而且不利于乳酸菌发酵,导致青贮失败。

(2)青贮原料含可溶性糖分多。青贮原料中含一定量的可溶性糖分,有利于乳酸菌的繁殖,是青贮成功的必要条件。一般禾本科青饲料含可溶性糖分多,而豆科青饲料中含可溶性糖分少,含粗蛋白高。在青贮豆科青饲料时,需在青贮原料中撒入一定比例的玉米面或麸皮。

(3)温度适宜。一般以 19～37℃为宜。在青贮原料装窖时,只要青贮原料压实,温度条件就可以满足。

(4)水分适宜。青贮原料中含水量以 60%～70%为宜。青饲料中一般含水量在 75%以上,在青贮时可在青贮窖底铺干秸秆吸收多余水分或在青贮窖内挖排水沟排出多余的水分。采取这样的措施可以将收割的青饲料直接铡短装窖。

3. 设备

(1)青贮窖。青贮窖应选建在地势高燥、靠近养殖场且窖周围有一定的操作空间的地方。目前,大部分地区采用地上方形窖青贮。

小型临时性地上方形窖。其优点是投资少,不破坏土壤,可以随时建窖移窖,省时省力。用砖、白灰砌一个高 1.5～2 m、宽 3～4 m、长 5～8 m 的方形窖,在窖的一侧(靠近养殖场方向)留门,门的宽度 2m 左右,窖的底部仍为土质地面。

大型永久性地上方形窖。大型养殖场可采用大型的地上长方形窖,窖长 30～60 m、宽 5 m、高 3 m 左右,窖壁用砖石砌成,3 面为墙体,一面敞开,窖底部为混凝土结构,且向敞开面有一定的坡度,以利于排水,数个窖连体,建筑结构既简单又耐用,并节省用地。如图 2-9 所示。

(2)青贮用的铡草机。将需要青贮的原料进行切短,便于压实和青贮成功后开窖取料。

(3)拖拉机。将装窖的青贮原料压实。小型临时性地上方形窖可用手扶拖拉机或四轮拖拉机;大型永久性地上方形窖可用履带式拖拉机。

4.调制的方法步骤

(1)收割。把握好各种青贮原料的收割时间,及时收割。密植玉米在乳熟期收割,豆科植物在开花初期收割,禾本科牧草在抽穗期收割,甘薯藤在霜前收割。适时收割的原料,其营养成分高、产量高,水分适宜,可随割随贮。收割后的青贮原料放在田间时间越长,植物细胞的呼吸作用造成青贮原料养分损失越大,故青饲料收割后应及时青贮。

(2)切短。根据饲喂对象不同,将青贮原料切成2～5 cm长度。切短的青饲料易压实、压紧,利于空气排出,也有利于植物组织汁液的渗出,便于乳酸菌的生长,加速青贮过程,青贮成功后取料也方便。

(3)装窖。小型临时性地上方形窖。先在青贮窖底部铺10～15 cm厚的干秸秆(吸收青贮原料多余水分,青贮料与窖底土质地面隔离),将青贮原料铡短后迅速装窖铺平,大约装填30 cm厚时,用手扶拖拉机或四轮拖拉机车辙挨车辙压实(人站在青贮料上用力踩,脚周围的青贮料一起晃动为压实),青贮窖周边及四角处用脚踩实。继续装窖、压实至原料高出窖面30～60 cm,料面呈屋脊形。若青贮原料是非禾本科青饲料,在青贮原料中撒一定量的麸皮或玉米面;若青贮原料含水量低时(玉米秸秆下半部分叶变干),应在原料中洒入适量的水;若青贮窖过长,应采用逐段装填、逐段封窖;留有门的青贮窖,先将其他位置装填好,将车开出窖后,用干砖将门垒起来,再装填原料,边装边用脚踩实。

图2-12 大型永久性地上方形窖装窖

大型永久性地上方形窖。装窖过程与小型临时性地上方形窖相同,但窖底不需铺干秸秆,因大型永久性地上方型窖较长应采用逐段装填、逐段封窖的方法。见图2-12。

(4)封窖。青贮窖装好后,应及时密封和覆盖。用较厚的聚乙烯塑料薄膜从窖的一侧向另一侧覆盖,注意覆盖时排出塑料膜与青贮料之间的空气。用砖压好塑料薄膜四周,在塑料膜上铺10 cm厚的秸秆(秸秆使土与塑料膜隔离,便于开窖,防塑料膜破裂),再覆上30 cm厚的土,窖顶部呈屋脊形。用土封窖,劳动量较大,可采用废弃的汽车轮胎封窖,也可以采用筒状塑料农膜结扎一端，从另一端灌水后再结扎，利用水的流动性和重量封窖。封好后的青贮窖见图 2-13。

图 2-13　饲料青贮封窖

(5)管理。封窖后，要注意后期的管护，经常检查，发现裂缝、漏气要及时覆土压实，杜绝透气并防止雨水渗入。在我国南方多雨地区，应在青贮窖上搭棚。注意鼠害，发现覆盖物破损后应及时修补。

(二)半干青贮调制方法

半干青贮又叫低水分青贮。低水分青贮含干物质多，发酵过程慢，对糖分的要求不很严格。因此，低水分青贮法可以扩大青贮原料的范围，用一般方法不易青贮的原料(如豆科牧草)都可采用此法，但低水分青贮必须在高度厌氧环境下进行。半干青贮在美国、俄罗斯、加拿大、日本及我国北方已广泛使用。

1. 半干青贮原理

青饲料风干使含水量降至 40%～55%时，某些厌气性微生物，如腐败菌、丁酸菌甚至乳酸菌的生命活动接近生理干燥状态，其生长繁殖受到抑制，微生物发酵微弱，养分消耗量减少。在厌氧的环境下，好气性微生物不能活动，从而使饲料得以保存。

2. 技术条件

确保原料的含水量在 40%～55%；原料切碎的程度较一般青贮法短些(切成 0.5～1 cm 为好)，便于装窖压实封严；调制半干青贮饲料，必须密封 40 d 以上，才能开窖使用，一般夏天调制保存，冬季使用。

3. 调制的方法步骤

青饲料收割后，就地晾晒风干，使水分迅速散失。一般经 24～36 h 的晾晒，其含水量可达 45%～55%。有经验者可凭感官判断牧草含水量达 50%左右。如禾本科牧草经晾晒后，茎叶的基部尚保持鲜绿色，叶片卷成筒状；豆科牧草经晾晒后，叶片卷成筒状，叶柄易折断，小枝变软不易折断，压迫茎时能挤出水分，茎表皮可用指甲刮下。

将含水量 40%～55%的优质原料切碎，迅速装填，压紧密封，隔绝空气。半干青贮的方法、步骤与一般青贮相同。

(三)添加剂青贮

此法除了在原料中加入外加添加剂外，其余方法均与一般青贮方法相同，但应注意所添加的添加剂一定要混合均匀。

针对青贮原料的成分特点，为了保证青贮饲料的质量，可以在调制过程中加入青贮饲料添加剂。根据目的和作用原理的不同，青贮饲料添加剂可分为发酵促进剂、发酵抑制剂和营养性青贮添加剂三类。

1. 发酵促进剂

其主要作用是促进青贮原料中乳酸菌的发酵，有利于青贮成功。此类添加剂有富含碳水化合物的原料（糖蜜、麸皮、玉米面等）、乳酸菌制剂或酶制剂等。

（1）糖类及富含糖分的饲料

青贮原料中可溶性糖分含量在2%以上，才有利于乳酸菌的发酵。当青贮原料中可溶性糖分含量低时，添加糖和富含糖分的饲料可明显改善发酵效果，有利于青贮成功。糖蜜是制糖工业的副产品，残糖量达50%，每吨青贮原料中加入20 kg即可大大促进乳酸菌发酵，效果显著。谷类及糠麸类饲料也含有丰富的可溶性糖分，有利于乳酸菌的发酵，一般添加量为5%～10%。此外，谷类及糠麸类饲料也可以调节含水量，其所含的养分也是动物营养源。

（2）乳酸菌制剂。在青贮原料中加入乳酸菌制剂是人工扩大青贮原料中乳酸菌群体的方法。多数乳酸菌制剂使用的菌种为德氏乳酸杆菌，按照每克原料达到10^5～10^6个的菌数添加。乳酸菌对于禾本科青饲料全株青贮效果明显，对豆科牧草效果不大。

（3）酶制剂。利用淀粉分解酶和纤维素分解酶，把原料中的淀粉和纤维素分解为可溶性糖，供乳酸菌利用，达到促进青贮作用。迄今为止的研究中，一般每吨鲜草中添加纤维素分解酶的范围为100～2 000 g，添加量大，对青贮发酵品质的改善效果大，但过于增加添加量，青贮饲料组织容易崩溃且带有黏性。

2. 发酵抑制剂

其主要作用是防霉抑菌和改善饲料风味，提高饲料营养价值，减少有害微生物活动。此类添加剂有甲酸、丙酸、甲醛（福尔马林）和其他防霉抑菌剂。

（1）甲酸。添加甲酸青贮是20世纪60年代末开始在国外广泛使用的一种方法，即通过添加甲酸快速降低pH，抑制原料呼吸作用和不良细菌的活动，使营养物质的分解限制在最低水平，从而保证饲料品质。添加甲酸降低了乳酸的生成量，同时更明显降低了丁酸和氨态氮的生成量，从而改善发酵品质。添加甲酸的青贮饲料具有乳酸和总酸含量少等特点，另外，添加甲酸也能减少青贮发酵过程中的蛋白质分解，所以蛋白质利用率高。通常苜蓿的缓冲能力较强，需要较多的甲酸添加量，有人建议苜蓿适宜添加水平为5～6 L/t。

（2）甲醛。甲醛是研究的最多的青贮抑制剂之一，不仅有较好的抑菌防腐的作用，还可保护饲料蛋白质在反刍动物瘤胃内免受降解，增加家畜对蛋白质的吸收率，曾被认为是一种有效的青贮饲料添加剂，其推荐用量为0.3%～1.5%。但是，由于甲醛具有潜在的致癌作用，从动物和人类安全考虑，现在一般不提倡使用。

3.营养性青贮添加剂

主要是改善青贮饲料的营养价值，对青贮发酵一般不起作用。此类添加剂有非蛋白氮、矿物质等。

(1)非蛋白氮。目前应用最广的是尿素。制备反刍动物青贮料时，对于含粗蛋白较低的禾本科青草，在青贮时加入尿素可提高青贮饲料中粗蛋白的含量，用量为2～5 kg/t。

(2)矿物质添加物。针对原料中含量不足，适当补加碳酸钙、石灰石、磷酸钙、磷酸镁等，或者以有机酸钙的形式加入抑菌剂，这类物质除较好补充钙、磷、镁外，还有使青贮发酵持续、酸生成量增加的效果。

(四)塑封打捆青贮

塑封打捆青贮是把铡短后的青贮原料用打捆机进行高密度压实打捆，然后通过裹包机用拉伸膜包裹起来，从而创造一个厌氧的发酵环境，最终完成乳酸发酵过程，将青饲料长期保存下来。此法与其他青贮方式相比，制作不受时间、地点的限制，不受存放地点的限制，运输和使用比较方便，有利于青贮饲料的商品化。不足之处在于包装容易被破坏，不同草捆之间水分含量参差不齐。解决方法是：青贮原料在铡短时对于粗硬的青贮原料(如玉米秸秆)采用揉丝机加工到揉丝状，长短在2～6 cm，粗细在0.3～0.8 cm，保证拉伸膜不被秸秆扎破，包内物料水分均匀、密度高。塑封打捆青贮设备见图2-14，塑封打捆的青贮料见图2-15。

图2-14 塑封打捆的青贮料

图2-15 全自动塑封青贮打捆设备

项目二　谷物、饼粕类饲料的加工

任务一　谷物类饲料的加工

【学习目标】

学会根据不同动物的消化特点，对玉米、小麦、次粉、麸子等谷物饲料进行粉碎加工，使其粒度大小适中。

【操作与实施】

一、粉碎

（一）粉碎意义

饲料粉碎粒度不仅影响动物生产性能，同时也影响饲料加工质量。对饲料进行粉碎处理的目的是增加饲料的表面积，增加消化道消化酶与饲料接触面，提高饲料营养物质消化率，降低动物消化道疾病的发生率，并有利于饲料的混合、调质、制粒、挤压膨化及减少加工过程中饲料原料的分级，是保证产品质量的必要生产工艺。

（二）粉碎的粒度

粒度的大小应根据动物种类、年龄及加工成本（粒度越小，加成本本越高）综合考虑。适宜的加工粒度如下：

仔猪：0.6～1 mm，不超过 1.5 mm；生长育肥猪及母猪：0.5～0.6 mm，不超过 1 mm。

肉鸡：0.8～1.1 mm；蛋鸡育雏期：0.7～0.8 mm；蛋鸡育成期：1～1.5 mm；蛋

鸡产蛋期：1.5～2.0 mm。

牛、羊：1～2 mm；马：2～4 mm。图 2-16 锤片式粉碎机

图 2-16　锤片式粉碎机

（三）粉碎设备

谷物、饼粕类饲料粉碎最常用的设备是锤片式粉碎机。见图 2-16。锤片式粉碎机的使用及维护按说明书要求进行。

（四）注意事项

谷物、饼粕类饲料粉碎后，与空气接触面大，易吸潮、氧化和霉变等，不易保存。因此，谷物、饼粕类饲料粉碎后及时配料。

二、谷物的蒸汽压片处理

在欧、美等畜牧业发达国家，谷物的蒸汽压片处理加工技术在奶牛、肉牛、肉羊生产中已广泛应用。蒸汽压片是将谷物输入蒸汽箱，通入蒸汽 30～60 min，使谷物淀粉充分糊化，当谷物水分提高到 18%～20%时，再进入预先加热过的大型轧辊轧成薄片。见图 2-17，图 2-18。

图 2-17　蒸汽压片设备

图 2-18　玉米压片样品

谷物经蒸汽压片处理，破坏细胞内淀粉结合的氢键，改变谷物蛋白质的化学结构，使反刍动物对谷物中淀粉、蛋白质的利用率显著提高。见表 2-3。

表 2-3　加工方法及饲料消化率（牛）　%

处理方法	有机物消化率	淀粉消化率	粪中谷物
粉碎玉米	52.7	70.8	24.1
蒸汽压片玉米	60.9	99.9	7.7

蒸汽压片的工艺。原料清理—蒸汽加热调质—压片—干燥、冷却—包装—成品入库。蒸汽压片工艺简单，其加工成本不超过制粒。蒸汽压片处理谷物促进凝胶化过程和提高整体消化率的作用因素主要是水分、热量、处理时间及机械作用。水分的作用是起膨胀和软化作用，加热可使电子发生移动，破坏氢键，促进凝胶化反应，足够的蒸汽调质处理时间是获得充分凝胶化过程的保证，滚筒的机械作用是一个压碎成型及达到规定压片密度的过程。

蒸汽压片处理是目前最理想的谷物饲料加工技术，与其他加工方法相比较，可以明显提高谷物的利用率及转化率，目前国外普遍采用这项技术处理谷物用作肉牛和奶牛饲料。

三、膨化

膨化饲料是一项饲料加工新技术，饲料在挤压腔内膨化实际上是一个高温瞬时的过程：即饲料处于高温（110～200℃）、高压（25～100 kg/cm^2）以及高剪切力、高水分（10%～20%甚至30%）的环境中，通过连续混合、调质、升温、增压、熟化、挤出模孔和骤然降压后形成一种膨松多孔的饲料。

饲料经膨化后，形成“爆米花”的状态，不但外形等物理状态有所改变，而且内部有机物分子结构也有改变，使淀粉更易消化，蛋白更易利用。和普通全价颗粒饲料相比，膨化饲料有其独特的优点。

提高饲料的适口性。饲料原料经膨化处理后，香味增加，适口性提高，能刺激动物食欲。

提高饲料的消化率。饲料经膨化处理后，使蛋白质、脂肪等有机物的长链结构变为短链结构的程度增加，故变得更易消化。

提高饲料品质。由于蛋白质与淀粉基质结合在一起，因此饲喂时不易流失，只有当动物体内消化酶分解淀粉时才将蛋白质释放出来，提高了蛋白质的效价。膨化过程也使蛋白质发生变性，钝化了许多抗营养因子，同时改变了蛋白质的三级结构，缩短了蛋白质在肠道中的水解时间。对于反刍动物来讲，膨化生成瘤胃不可降解蛋白，即过瘤胃蛋白，可避免动物产生氨中毒，提高蛋白质的利用率。其次，膨化处理将原料分子中油脂释放出来，提高了脂肪的热能值，膨化还将脂肪与淀粉或蛋白一起形成复合产物脂蛋白或脂多糖，降低了游离脂肪酸含量，同时钝化了脂酶，抑制了油脂的降解，减少了产品贮存与运输过程中油脂成分的酸败、哈败。

饲料膨化最基本的就是减少了原料中的细菌、霉菌和真菌含量，提高了饲料的卫生品质，为动物提供无菌化、熟化饲料，从而减少动物患病风险，减少各种药物成分的添加量。

饲料进行膨化处理加工成本较高，对饲料原料进行膨化处理的主要有玉米、全脂大豆及豆粕等。膨化大豆及膨化豆粕在配制畜禽日粮中应用广泛，经膨化处理的大豆及豆粕，其蛋白质的消化率和利用率显著提高，尤其是高产奶牛，可增加过瘤胃蛋白量，减少高质量豆粕蛋白在瘤胃内的降解。

任务二　饼粕类饲料的加工

【学习目标】

根据动物的消化特点，对豆类饼(粕)、棉籽饼(粕)等蛋白质饲料进行粉碎加工，使其粒度大小适中。

【操作与实施】

一、全脂大豆的加工处理

生大豆含有胰蛋白酶抑制因子、脲酶、血细胞凝聚素(PHA)、致甲状腺肿物质、抗维生素、赖丙氨酸、皂甙、雌激素、胀气因子等有害物质或抗营养成分，它们影响饲料的适口性、消化性与动物的一些生理过程。但是这些有害成分中除了后3种较为耐热外，其他均不耐热，经湿热加工处理可使其丧失活性。此外，大豆还含有大豆抗原蛋白，该物质能够引起仔猪肠道过敏、损伤，进而腹泻。

(一)膨化

大豆籽实添加适量水分或蒸汽，在100～170℃高温及(2～10)×10^6 Pa高压下，使连续射出的物料体积骤然膨胀，水分快速蒸发，由此膨化为多孔状饲料。膨化大豆多用于代乳料中，不仅具有较高的能值，还可替代部分饼粕，效果很好。大豆湿法膨化处理能破坏全脂大豆的抗原性，乳猪料中使用的大豆应膨化处理。

(二)焙炒

焙炒可以破坏豆类籽实中的生长抑制因子；有助于提高蛋白质的利用率；使饲料中的淀粉部分转化为糊精而产生香味，用作诱食饲料。大豆焙炒易出现加热不均，加热不够或过热现象，影响大豆的饲用价值。

(三)蒸煮

蒸煮可破坏豆类饲料中的抗胰蛋白酶，去除豆腥味。但加热时间不宜过长。

一般情况下，在130℃的温度下进行蒸煮，时间以不超过20 min为宜。

(四)微波

大豆经微波辐射数分钟，进行脱腥和杀菌处理，提高适口性。微波的穿透加热不受颗粒大小及热传导等因素影响。

二、菜籽饼(粕)的脱毒技术

菜籽饼(粕)中含有较多的有毒有害物质，从而限制了其在动物日粮中的使用。菜籽饼(粕)含有硫葡萄糖苷，其本身无毒，但在一定水分和温度条件下，经本身芥子酶的作用，可水解成噁唑烷硫酮、异硫氰酸酯、硫氰酸酯及氰类。异硫氰酸酯有辛辣味，严重影响菜籽饼(粕)的适口性，长期或大量饲喂菜籽饼(粕)可引起胃肠炎、肾炎及支气管炎，甚至肺水肿，同时导致甲状腺肿大，并使动物生长速度降低。异硫氰酸酯、恶唑烷硫酮均可导致甲状腺肿大。菜籽饼(粕)中含有1%～15%的芥子碱，其具有的苦味，是导致菜籽饼(粕)适口性差的主要因素之一，芥子碱与褐壳蛋系蛋鸡产腥味蛋有关。菜籽饼(粕)中单宁含量为1.5%～3.5%，单宁具有苦味，影响动物采食，干扰蛋白质利用，抑制动物生长。菜籽饼(粕)中植酸含量为3%～5%，它是一种很强的金属螯合剂，能与钙、镁等金属离子螯合，不易被动物机体所利用。

菜籽饼(粕)的脱毒技术。有水浸法、热处理法、化学物质处理法、微生物降解法和坑埋法。成本最低的脱毒方法是坑埋法，其操作方法是挖一土坑，坑的大小视原料多少而定，坑内铺放塑料薄膜，将粉碎的菜籽饼(粕)按1∶1的比例加水浸泡，然后装进坑内，每立方米可装菜籽饼(粕)500～700 kg，装满后，顶部铺塑料薄膜，薄膜上放一层秸秆，然后在上面压土20 cm以上。埋置2个月后，即可饲喂。该法脱毒效果达90%以上。在埋置过程中，菜籽饼中蛋白质有一定损失，平均损失率占蛋白质总量的7.93%。

三、棉籽(仁)饼(粕)脱毒技术

棉籽(仁)饼(粕)中含游离棉酚，单胃动物摄食过量或摄食时间过长可导致中毒。游离棉酚可损害生殖系统，特别是雄性动物的生殖机能，导致精子畸形、死亡，甚至无精子。当日粮含游离棉酚为110～138 mg/kg时，公猪血液中睾丸酮含量显著降低，母猪卵泡上皮细胞脱落。

棉籽(仁)饼(粕)脱毒技术。脱毒方法有加热处理、微生物发酵处理及化学去毒处理等。化学去毒处理是在棉籽(仁)饼(粕)中加入某种化学物质，如亚铁、钙、碱、芳香胺、尿素等，使有毒的游离棉酚变成无毒的结合棉酚而达到脱毒目的。其中，最常用的是硫酸亚铁法。游离棉酚含量在0.005％以上的棉籽(仁)饼(粕),饲喂猪、禽前最好脱毒。操作方法是按硫酸亚铁与游离棉酚5∶1的重量比,把0.2％～0.5％的硫酸亚铁溶液(饼与水比例为1∶2.5)加入棉籽(仁)饼(粕)中混合,搅拌均匀后浸泡,2～2 d即可饲用。

四、其他饼粕类饲料的去毒处理

花生饼一般在120℃左右加热可破坏胰蛋白酶抑制剂,从而降低毒害作用;亚麻籽饼经水浸泡后煮熟(煮时将锅盖打开),可以使氢氰酸挥发而消除其毒性;酒糟则采用晒干、烘干或青贮的方法;豆腐渣则采用加热煮熟的方法等。

项目三　利用浓缩料进行全价料的生产

任务　利用浓缩料进行全价料生产

【学习目标】

学会利用购买的浓缩料进行全价料生产。

【操作与实施】

一、根据不同营养需求选购浓缩饲料

浓缩饲料是由蛋白质饲料、常量矿物质饲料和添加剂预混料按一定比例配制而成的均匀混合物，是配合饲料厂生产的半成品，不能单独饲喂动物，必须与一定比例的能量饲料均匀混合后才能构成用于直接饲喂动物的全价配合饲料或精料补充料。动物的种类、品种、性别、年龄、体重、生理状态、生产水平、生产目的不同，其所需的各种营养物质量也不同。养殖场（户）应根据饲养动物的实际情况选购浓缩饲料，选购浓缩饲料应考虑以下几点。

（一）选好厂家和品牌

生产浓缩饲料的厂家很多，品牌种类繁多，质量优劣不一。应选购信誉高、质量好、售后服务完善的知名品牌产品。

（二）合格的浓缩饲料必须具备的条件

1. 产品标签

标签内容包括产品名称、饲用对象、产品登记号或批准文号、主要饲料原料类

别、各种营养成分含量(通常要求蛋白质含量在30%以上,水分含量13%以下,粗纤维含量8%以下,粗脂肪含量3%以上,还有钙、磷的含量指标等)、主要氨基酸指标、药物种类、剂量及停药期、抗氧化剂、防霉剂种类及数量、用法、生产日期、厂名和厂址。

2. 产品说明书

说明书内容包括使用方法、饲养效果、保存方法及注意事项等。

3. 产品合格证,并有检验日期及检定人的印章

4. 注册商标,并应标志在产品标签、说明书或外包装上

只有掌握这些基本知识,才能选购到质量可靠的产品。

二、根据饲养动物的实际情况,选购专一性强的浓缩饲料

动物对各种营养物质需要量受很多因素影响,只有选择专一性强的浓缩饲料,才能更好地满足动物营养需要,发挥动物的生产潜力。选择通用型浓缩饲料是不够合理的,因为那样在营养上难以达到配套平衡。

(一)适量购进,注意保管

浓缩饲料有一定时间的保质期,长时间保存或保存不当,其某些有效成分会失活,影响产品质量。购买浓缩饲料时应注意生产日期及保质期,一次购入量不宜过多,以确保在有效期内使用。浓缩饲料最好贮存在干燥、阴凉、避光的地方。

(二)浓缩饲料的合理使用

浓缩饲料不能直接用于饲喂动物,必须与能量饲料合理搭配后才能饲喂,使用浓缩饲料时应注意以下几方面。

1. 按固定比例配制

应用浓缩饲料的关键就是确定与能量饲料的配合比例或具体用量,使用浓缩饲料时,必须严格按照产品说明中补充能量饲料种类和比例。一般浓缩饲料在全价料中的比例在20%~40%,以30%最为普遍,但具体比例取决于浓缩饲料的营养水平和与之搭配的能量饲料的种类。例如:某厂30%蛋白鸡浓缩饲料的建议配比为:玉米63%、浓缩饲料30%、石粉(钙≥35%)7%,可按规定比例进行配制。

2. 按灵活比例配制

对于通用型浓缩饲料常推荐有各种比例,但客户因原料变化或其他目的也不一定按固定比例配制,这时可将浓缩饲料作为单一原料,照顾主要指标进行配方设计。例如:可能形成玉米62.1%、浓缩饲料28%、石粉7%、小麦麸2.9%构成一个近似的蛋鸡配方。

3.使用前各种原料必须混合均匀

要保证与之相配的能量饲料原料的质量和粉碎粒度，不能将浓缩饲料和能量饲料分开使用，为了保证浓缩饲料的使用效果，有条件的使用者，应配置相应的饲料混合机等设备。

4.浓缩饲料的储藏和使用期

在储藏浓缩饲料时，要注意通风、阴凉、避光，严防潮湿、雨淋和暴晒，提供一个良好的贮存条件。浓缩饲料应在保质期内用完，对于超过保质期的浓缩饲料一定要慎用。

三、由浓缩饲料设计全价料配方

浓缩饲料是饲料厂生产的半成品。浓缩饲料与能量饲料按一定比例均匀混合即为全价的配合饲料或精料补充料。饲料企业设计浓缩饲料配方一般采用以下两种方法。

一种为由全价饲料配方推算出浓缩饲料配方。这是一种比较常见、直观而且简单的方法，就是先行设计相应的全价饲料配方，再根据产品的具体要求，去掉能量饲料，将剩余各原料重新计算百分比，即可得到浓缩饲料配方。在换算时应注意浓缩饲料和能量饲料的比例最好为整数，以方便使用、适应市场要求。例如：浓缩饲料用量为15%、25%、35%，则添加的能量饲料等原料相应为85%、75%、65%。直接计算浓缩饲料配方。对于专门生产浓缩饲料的厂家，可以直接计算浓缩饲料配方。

①根据蛋白质、矿物质饲料的供应情况和价格，厂家自行决定浓缩饲料的营养水平，即确定粗蛋白质、氨基酸、钙和磷等指标后，与计算配合饲料配方方法一样计算出最低成本的浓缩饲料配方，用户买到浓缩饲料后再根据其各营养成分的含量选择能量饲料的种类和配合数，或根据不同配比的建议进行应用。

②根据用户能量饲料种类和数量，厂家确定浓缩饲料与能量饲料的比例，结合动物饲养标准确定浓缩饲料各养分所应达到的水平，最后计算浓缩饲料配方。

另一种为由浓缩饲料设计全价配合饲料配方，可把浓缩饲料作为一种饲料原料，再选择常用的能量饲料，用试差法进行设计，设计方法与试差法设计动物全价配合饲料方法相同。一般分四个步骤进行。第一步，查饲料标准并根据实际情况，合理确定配料对象的营养物质需要量。第二步，根据当地饲料资源情况选择能量饲料（玉米、小麦、糙米、麸皮等），查饲料营养成分表，确定各种能量饲料的营养指标，把浓缩饲料作为一种单一的饲料原料，根据浓缩饲料标签确定浓缩饲料主要的营养指标（粗蛋白、钙、有效磷、主要氨基酸等）。第三步，确定并调整能量饲料和浓缩饲料配比，使所配料的主要营养指标与动物的营养需要接近。第四步，列出全价配合饲料配方。示例可参考试差法设计全价料配方。

四、全价料的生产

利用浓缩饲料生产全价配合饲料一般采用小型饲料加工机组，见图 2-19。小型饲料加工机组由粉碎机、饲料混合机、输送设备及控制柜等设备。操作使用小型饲料加工机组必要严格按设备的使用说明书进行。称量是否准确、混合时间是否合理是影响全价料质量的主要因素。人工称量浓缩饲料、各种能量饲料应准确无误，卧式混合机一般混合时间为 6 min，立式混合机一般混合时间为 18 min。

图 2-19 小型饲料加工机组

很多养殖户自己加工饲料，为了减少设备投入，大多采用人工配料，人工混合的方法。为了确保配料的质量，应采用以下方法。

(一)浓缩饲料及能量饲料的称量必须准确，并制作配料批次表，防止漏加或多加原料

(二)混合均匀

先称取用量大的能量饲料放在水泥地面上，再称取浓缩饲料放在能量饲料上面，人工混合时采用“倒堆”的方法，从不同的方位至少“倒堆”6 次，采用这种方法混合，其混合均匀度比较高。

【知识链接】

预混料、浓缩料、全价料的概念、成分区别及正确使用。

1. 添加剂预混料

添加剂预混料简称预混料，是一种或多种饲料添加剂与适当比例的载体或稀释剂配制而成的均匀混合物。主要成分有微量元素、复合维生素、氨基酸、药物等成分。添加剂预混料不能单独饲喂动物，必须与一定比例的能量饲料、蛋白质饲料、矿物质饲料配制成全价的配合饲料才能饲喂动物。大多数厂家生产预混料时，加入矿物质饲料，用户购买此类预混料，只需与一定比例的能量饲料、蛋白质饲料均匀混合即为全价的配合饲料。

2.浓缩料

浓缩料是添加剂预混料、蛋白质饲料及矿物质饲料,按配方制成的均匀混合物。它与预混料一样不能直接饲喂动物,必须与一定比例的能量饲料相混合,才可制成全价饲料或补充料。一般占全价料的20%~40%。

3.全价料

全价料由浓缩饲料配以能量饲料制成,是一种可以直接饲喂单胃动物的营养平衡饲料。全价料是由添加剂预混料、矿物质饲料、能量饲料、蛋白质饲料构成。

项目四　预混料、浓缩料、全价料、精料补充料的配方设计与生产

任务一　预混合饲料的设计与生产

【学习目标】

学会猪、鸡预混料的配方设计及生产加工。

【操作与实施】

一、复合预混料的配方设计

复合预混料设计时，先由复合多维和复合微量元素预混料为基础，复合预混料中的营养成分包括钙、磷、维生素、微量元素、饲料风味剂及其他的非营养性添加剂等，复合预混料在全价料中的添加比例一般设计为4%。复合维生素和微量元素的配方，可参考畜禽的营养标准设计，养殖场可直接购买维生素和微量元素预混剂使用(表2-4)。预混料设计时要求：

表2-4　30～60 kg体重育肥猪预混料的配方设计

原料名称	基础配方添加量	4%预混合饲料
食盐	3.0	7.50%
鱼粉	15.0	37.50%
石粉	8.0	20.00%
磷酸氢钙	4.0	10.00%
乳酸菌素	0.2	0.50%
活菌制剂	0.1	0.25%

续表 2-4

原料名称	基础配方添加量	4%预混合饲料
复合酶制剂	0.2	0.50%
甜味剂	0.1	0.25%
中药添加剂	1.0	2.50%
氯化胆碱 50%	1.0	2.50%
维生素 C	0.2	0.50%
蛋氨酸	0.1	0.25%
赖氨酸	1.5	3.75%
苏氨酸	0.2	0.50%
色氨酸	0.1	0.25%
小苏打	2.0	5.00%
维生素预混合饲料	0.2	0.50%
微量元素预混合饲料	1.0	2.50%
载体	2.1	5.25%
合计	40.0	100.00%

备注:基础配方添加量是各原料在全价料中的千分比。

(1)考虑混合均匀度,一般要考虑选择使用载体或稀释剂,一般选用沸石粉、蛋白质原料如豆粕、鱼粉等。

(2)注意防霉剂、流散剂、抗结块剂、抗氧化剂等的使用。

二、预混合饲料的加工

预混料生产工艺主要包括原料的前处理,液体添加工艺,配料工艺,混合工艺,物料的输送和产品的包装等部分。

(一)原料的前处理

生产预混料的原料,若是采购得到符合生产要求的饲料级产品,则无须再处理。但若采购到产品不符合生产要求,如水分高,颗粒大,易吸湿,结块等,则应进行前处理。

1. 载体或稀释剂的前处理

原料接受→除杂→干燥→粉碎。

2.微量元素前处理

微量元素添加剂主要指铜、铁、锰、锌等的矿物盐与氧化物。这些添加剂中有的水溶性差，工艺上易处理；有的极易吸湿返潮而结块，直接影响加工处理，影响设备的使用寿命，又影响饲料产品的质量。因此，在应用之前必须进行适当处理，如干燥，细粒化，添加防结剂，制成预混料等，以改变它们的某些物理性状，使之既符合加工工艺要求又能确保产品质量。例如：亚硒酸钠、碘化钾和氯化钴的预处理：可称取一定数量的亚硒酸钠按一定的比例溶于热水中，混匀，喷洒于正在混合的吸附剂(如砻糠)上，充分混合，干燥后，再与其他物料制成含硒1%的预混料。

一般情况下，直接从专业生产维生素或微量元素的公司直接购进每个单项的原料，这些原料都是经过预处理的，可直接使用。

3. 添加防结剂

在某些特别容易吸湿结块的硫酸盐原料中添加少量吸水性差，流动性好，对畜禽无害甚至有益的某些防结剂，例如：二氧化硅，硅酸钙等，以解决硫酸盐易结块和流动性差的问题。但防结剂的用量不得超过饲料最终成品的2%。

(二)预混料的配制

配制预混料就是将微量元素添加剂与稀释剂或载体进行预先混合，以保证其能均匀地混合于预混料中，增加有效性和安全性，如亚硒酸钠，氯化钴等均应制成预混料后使用。在我国目前的技术力量，设备条件下，预混料无疑是一种使用添加剂不可缺少的办法。

1.预混料的加工设备

腰鼓式混合机和立式螺带混合机。结构式样如图2-20，图2-21所示。

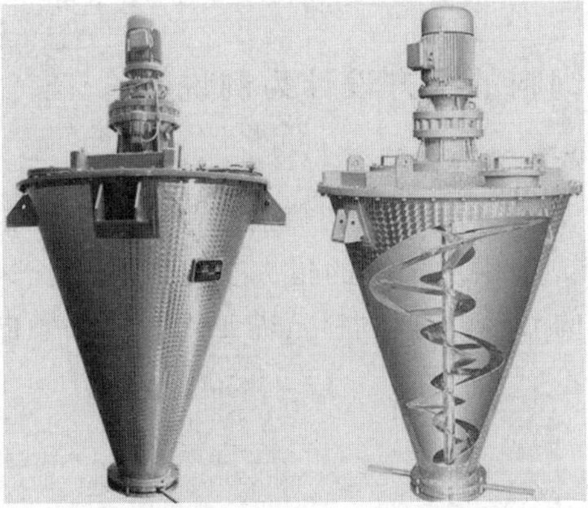

图2-20　立式螺旋带混合机

图2-21　腰鼓式混合机

2. 预混料的生产加工流程

(1)原料接收原料接收。保证饲料产品质量的第一道工序,接收设备与工艺的设置要保证原料接收过程中要合理组合原料的清理设备。

(2)配料。

(3)混合。是预混料生产的关键环节,保证混合均匀,防止混合后分级是生产的关键。

(4)计量与包装。自动定量包装—自动上袋套袋打包—输送、缝口。

【注意事项】

不同生长阶段的动物预混料生产技术相同,只是根据不同的营养标准设计配方组成。

任务二　浓缩饲料的设计与生产

【学习目标】

学会猪、鸡浓缩料的配方设计及生产加工。

【操作与实施】

所谓的浓缩饲料,是我们国家的一个特有的产品。对于养殖农场来说,只是一个半成品。严格意义上畜禽浓缩饲料的配方设计,是建立在全价配合饲料基础上的。

一、以 30～60 kg 体重育肥猪浓缩饲料的配方设计为例说明

第一步,确定 30～60 kg 生长育肥猪的营养需要。

一般参考《中国猪营养需要》、NRC 等。对于不同国家营养需求的推荐标准都有一定的局限性,请注意从宏观上理解使用。国内所饲养的猪大多是以杜×长×大为主的三元杂交猪,是来源于外国的育种的品种,国内饲料营养工作者还是倾向于参考 NRC 标准(表 2-5)。

表 2-5　美国 NRC 饲养标准

适用阶段/kg	消化能/(Mcal/kg)	代谢能/(Mcal/kg)	粗蛋白/%	钙/%	有效磷/%	赖氨酸/%	蛋氨酸/%	蛋氨酸+胱氨酸/%	苏氨酸/%	色氨酸/%	精氨酸/%	异亮氨酸/%	组氨酸/%	亮氨酸/%	苯丙氨酸/%	苯丙氨酸+酪氨酸/%	缬氨酸/%	钠/%
10～20	3.40	3.265	20.9	0.70	0.32	1.15	0.30	0.65	0.74	0.21	0.46	0.63	0.36	1.12	0.68	1.06	0.79	0.15
20～50	3.40	3.265	18.0	0.60	0.23	0.95	0.25	0.54	0.61	0.17	0.37	0.51	0.30	0.90	0.55	0.87	0.64	0.10
50～80	3.40	3.265	15.5	0.50	0.19	0.75	0.20	0.44	0.51	0.14	0.27	0.42	0.24	0.71	0.44	0.70	0.52	0.10

第二步，确定原料以及营养成分含量，要注意原料产地来源、成熟季节等具体情况的不同，可能使原料营养成分有差异，这时要相应调整原料数据库。使用配方软件或 EXCEL 表格的自动计算功能，计算出全价配合饲料的基础配方。

第三步，计算出基础配方中营养物质含量。

备注：

(1)在没有计算机时使用试差法是合适的，现在，我们可以借助的工具很多，比如：EXCEL 中的线性规划功能，以及许多公司销售的配方软件等等，在帮助我们筛选或优化配方时可以帮助我们。

(2)但是，无论是 EXCEL 中的线性规划功能，还是计算机软件公司销售的配方软件中的原始的数据库，还要依靠自己预先搭建，并凭借实践检验和不断的修正，以适合日益改良变化的动物品种，以及不断变化的环境、动物群体健康、消费者对动物产品的消费诉求。

(3)注意原料中的抗营养因子的含量，这决定了这种原料在配方中使用限制量。

(4)注意原料之间营养成分的互补性。

(5)不同的动物品种，以及动物处于不同的生理生命阶段时，对于影响饲料适口性的因素如颗粒大小、气味、口感、质地等等，在配方设计时时一定要考虑的重要因素之一。

第四步，计算出基础配方中营养物质含量与动物营养需要的差距，就是要额外添加的各种营养物质的量。

在计算配方时，可以参考营养需要标准的数据之间的关系，能量蛋白质之比，能量氨基酸之比，理想氨基酸模型等等可以借鉴的数据等等。

第五步，写出配方（表 2-6）。

表 2-6　30～60 kg 生长育肥猪全价饲料配方计算

原料名称	配方	消化能/（Mcal/kg）	粗蛋白/%	粗脂肪/%	粗纤维/%	粗灰分/%	钙/%	有效磷/%	赖氨酸/%	蛋氨酸/%	苏氨酸/%	色氨酸/%
玉米	560	3.41	85	3.6	1.6	1.4	0.02	0.12	0.24	0.18	0.30	0.07
小麦麸	86	2.2	14.5	3.9	8.9	4.9	0.1	0.2	0.6	0.1	0.4	0.2
发酵大豆	30	3.41	45.0	1.9	5.2	6.1	0.33	0.18	2.45	0.62	1.92	0.64
大豆粕	120	3.41	43.0	1.9	5.2	6.1	0.33	0.18	2.45	0.62	1.92	0.64
棉籽粕	10	2.31	42.0	0.5	10.5	6.6	0.28	0.36	1.97	0.58	1.25	0.51
菜籽粕	30	2.53	42.0	1.4	11.8	7.3	0.65	0.35	1.3	0.63	1.49	0.43
DDGS	10	3.43	28.0	13.7	7.1	4.1	0.2	0.42	0.59	0.59	0.92	0.19
鱼粉	60	3.1	60.0	4.0	0.5	12.0	3.5	3.05	4.5	1.66	2.78	0.75
植物油	55	8.29	0.0	98.0	0.0							
食盐	3.0											
石粉	15.0					88.0	38					
磷酸氢钙	4.0					88.0	24	17				
乳酸菌素	0.2											
活菌制剂	0.1											
复合酶制剂	0.2											
甜味剂	0.1											
中药添加剂	10.0											
氯化胆碱 50%	1.0											
维生素 C	0.2											
蛋氨酸	0.1											
赖氨酸	1.5								78.8	99.00		
苏氨酸	0.2										98.00	
色氨酸	0.1											98
小苏打	2.0											
维生素预混合饲料	0.2											
微量元素预混合饲料	1.0											
合计	1 000.0											
营养成分/%		3.39	18.08	8.45	3.00	4.86	0.97	0.38	1.00	0.48	0.75	0.23

第六步，除去猪全价配合饲料中玉米、植物油、小麦麸和小米糠后，计算其他饲料原料占得百分比，即得到浓缩饲料的配方(表 2-7)。

表 2-7　30～60 kg 体重育肥猪浓缩料配方

原料名称	配方	百分比/%	消化能/(Mcal/kg)	粗蛋白%	粗脂肪%	粗纤维%	粗灰分%	钙/%	有效磷/%	赖氨酸/%	蛋氨酸/%	苏氨酸/%	色氨酸/%
发酵大豆粕	30	10.04	3.41	45.0	1.9	5.2	6.1	0.33	0.18	2.45	0.62	1.92	0.64
大豆粕	120	40.15	3.41	43.0	1.9	5.2	6.1	0.33	0.18	2.45	0.62	1.92	0.64
棉籽粕	10	3.35	2.31	42.0	0.5	10.5	6.6	0.28	0.36	1.97	0.58	1.25	0.51
菜籽粕	30	10.04	2.53	42.0	1.4	11.8	7.3	0.65	0.35	1.3	0.63	1.49	0.43
DDGS	10	3.35	3.43	28.0	13.7	7.1	4.1	0.2	0.42	0.59	0.59	0.92	0.19
鱼粉(CP62.5%)	60	20.07	3.10	60.0	4.0	0.5	12.3	3.5	3.05	4.5	1.66	2.78	0.75
食盐	3	1.00											
石粉	15	5.02					88.0	38					
磷酸氢钙	4.0	1.34					88.0	24	17				
乳酸菌素	0.2	0.07											
活菌制剂	0.1	0.03											
复合酶制剂	0.2	0.07											
甜味剂	0.1	0.03											
中药添加剂	10.0	3.35											
氯化胆碱 50%	1.0	0.33											
维生素 C	0.2	0.07											
蛋氨酸	0.1	0.03											
赖氨酸	1.5	0.50								78.8	99.00		
苏氨酸	0.2	0.07										98.00	
色氨酸	0.1	0.03											98
小苏打	2.0	0.67											
维生素预混合饲料	0.2	0.07											
微量元素预混合饲料	1.0	0.33											
合计	298.9	100.00											
营养成分/%			2.78	40.38	2.37	4.48	12.21	3.18	0.99	2.74	1.24	1.81	0.57

二、产蛋鸡产蛋高峰期浓缩饲料的配方设计

第一步，确定蛋鸡的营养需要。

一般参考《中国蛋鸡营养需要》、NRC等。对于不同国家营养需求的推荐标准都有一定的局限性，请注意从宏观上理解使用。

第二步，确定原料以及营养成分含量，要注意原料产地来源、成熟季节等具体情况的不同，可能使原料营养成分有差异，这时要相应调整原料数据库。使用配方软件或EXCEL表格的自动计算功能，计算出全价配合饲料的基础配方（表2-8）。

表2-8 高峰期蛋鸡全价料配方表

原料名称	原料用量/%	鸡代谢能/(Mcal/kg)	粗蛋白/%	钙/%	有效磷/%	赖氨酸/%	蛋氨酸/%	蛋氨酸+胱氨酸/%	苏氨酸/%	色氨酸/%
玉米(二级)	62.000	3.15	7.62	0.02	0.10	0.22	0.15	0.29	0.28	0.06
豆粕	20.000	2.35	44.00	0.33	0.18	2.66	0.62	1.30	1.92	0.64
棉粕	2.000	2.06	43.50	0.28	0.36	1.97	0.58	1.26	1.25	0.51
玉米蛋白粉	5.000	3.41	0.06	0.16	0.16	0.92	1.14	1.90	1.59	0.31
石粉	8.500			36.50						
磷酸氢钙	1.500			23.00	16.00					
食盐	0.250									
油	0.500	8.50								
氯化胆碱	0.100									
蛋氨酸	0.080	5.02	56.00				99.00	99.00		
多维	0.025									
微量元素	0.100									
总计	100.060	2.68	14.441	3.540	0.353	0.757	0.363	0.641	0.664	0.190

第三步，计算出基础配方中营养物质含量，即为全价配合饲料的基础配方。

第四步，依据上面的基础配方去除玉米等能量饲料原料即得浓缩饲料配方（表2-9）。

表 2-9　高峰期蛋鸡浓缩料配方表

原料名称	原料用量/%	浓缩配方/%	鸡代谢能/(Mcal/kg)	粗蛋白/%	钙/%	有效磷/%	赖氨酸/%	蛋氨酸/%	蛋氨酸+胱氨酸/%	苏氨酸/%	色氨酸/%	食盐/%
豆粕	20.00	67.80	2.35	44.00	0.33	0.18	2.66	0.62	1.30	1.92	0.64	
棉粕	2.00	6.78	2.06	43.50	0.28	0.36	1.97	0.58	1.26	1.25	0.51	
玉米蛋白粉	5.00	16.95	3.41	0.06	0.16	0.16	0.92	1.14	1.90	1.59	0.31	
石粉	8.50	0.000			36.50							
磷酸氢钙	1.50	5.08			23.00	16.00						
食盐	0.25	0.85										98.00
油	0.50	1.70	8.50									
氯化胆碱	0.10	0.34										
蛋氨酸	0.08	0.27	5.02	56.00				99.00	99.00			
多维	0.02	0.09										
微量元素	0.10	0.34										
总计	100.05	100.19	2.68	14.44	3.54	0.35	0.75	0.36	0.64	0.66	0.19	0.25

任务三　牛、羊精料补充料的设计与生产

【学习目标】

学会牛、羊精料补充料的配方设计及生产加工。

【操作与实施】

奶牛的精料补充料的配方设计

日粮配合技术是动物营养学、动物饲养学及动物饲料学内最基础的技术，在现代动物营养学内，日粮配合技术既可用于研究目的，也可用于生产目的。传统的日

粮配合技术对于养殖业现代化和饲料工业的发展做出了巨大的贡献。奶牛饲料成本占鲜奶生产成本的60%以上，因此，日粮配合的合理与否，关系到奶牛健康和生产性能的发挥，并且饲料资源的利用直接影响养奶牛的经济效益。羊的精料补充料设计与奶牛相似，可参考奶牛的设计方案。

(一)奶牛日粮配合的原则

1. 满足营养需要

饲养标准是对奶牛实行科学饲养的基本依据，因此，日粮必须参照我国的奶牛饲养标准或美国NRC标准进行配制。但在生产实践中，奶牛所处环境千变万化，多种多样的因素并非饲养标准所能涵盖，因此在使用饲养标准时，不能将其中数据视为一成不变的固定值，应针对各种具体条件(如环境温度、饲养方式、饲料品质、加工条件等)加以调整，并在饲养实践中进行验证。

2. 营养平衡

配合奶牛日粮时，除应注意保持能量与蛋白，以及矿物质和维生素等营养平衡外，还应注意非结构性碳水化合物与中性洗涤纤维的平衡，以保证瘤胃的正常生理功能和代谢。

3. 优化饲料组合

在配合日粮时，应尽可能选用具有正组合效应的饲料搭配，减少或避免负组合效应，以提高饲料的可利用性。

4. 体积适当

日粮的体积要符合奶牛消化道的容量。体积过大，奶牛因不能按定量食尽全部日粮，而影响营养的摄入；体积过小，奶牛虽按定量食尽全部日粮，但因不能饱腹而经常处于不安状态，从而影响生长发育和生产性能的发挥。正常情况下，泌乳牛每头每日对干物质摄取量平均为其体重的3.0%～3.5%，干奶牛则为2.0%。

5. 适口性

日粮所选用的原料要有较好的适口性，奶牛爱吃，采食量大，才能多产奶。

6. 对产品无不良影响

有些饲料对牛奶的味道、品质有不良影响，如葱、蒜类等应禁止配合到日粮中去。

7. 经济性

原料的选择必须考虑经济原则，即尽量因地制宜和因时制宜地选用原料，充分利用当地饲料资源。并注意同样的饲料原料比价值，同样的价格条件下比原料的质量，以便最大限度地控制饲用原料的成本，提高经济效益。

(二)日粮配合的基本步骤

1. 检查饲养标准

根据奶牛的体重、胎次和产奶性能从饲养标准中查出营养需要量，其包括干物质、奶牛能量单位(或产奶净能)、蛋白质(有条件应包括可消化粗蛋白、代谢蛋白质、瘤胃降解蛋白、过瘤胃蛋白)、粗纤维(有条件以中性洗涤纤维为宜)、非纤维性碳水化合物、矿物质及维生素需要量。

2. 确定日粮精粗料比例

一般要求粗饲料干物质至少应占奶牛日粮总干物质的 40%～50%。粗料量确定后，计算各种粗饲料所提供的能量、蛋白质等营养量。所用饲料的营养成分最好每次均能进行测定，因饲料成分及营养价值表所提供的饲料成分及营养价值是许多样本的均值，不同批次原料之间有差异，尤其是粗饲料。测定的项目至少包括干物质、粗蛋白质、钙和磷。

3. 确定精料配方

从营养需要量中扣除粗饲料提供的部分，得出需由精料补充的差值，并通过计算机或手工计算，在可选范围内，找出一个最低成本的精料配方。

4. 确定添加剂配方及添加量

除矿物质和维生素外，一些特殊用途的添加剂也由此确定和添加。

下面以奶牛为例说明精料补充料的配方设计方法。

例如：为体重 600 kg 成年奶牛(日产 4%标准乳 30 kg)，设计精料补充料。

第一步：根据奶牛的生理阶段或生产水平，考虑干物质和粗纤维的供给量。

为了保证奶牛身体健康，充分发挥奶牛的生产潜力，必须首先考虑其进食量。在大量科学实验和饲养实践的基础上，我国奶牛饲养标准(冯仰廉，2000)中提出了有关干物质进食量的参数和估计公式，适于偏粗料型，精料补充料与草青贮料等粗料比约 45∶55。

关于 CF 含量：以饲粮中含量 15%～20%为宜，最低也不能低于 13%。

如果产奶牛尚处在第一胎、第二胎，则还需加上增重的需要(在维持基础上加约 20%、10%)，如又处于妊娠 6～9 月，则还需考虑妊娠需要，具体数值参考饲养标准。

根据实例中奶牛的生产水平，确定采用精料型日粮(精粗比 6∶4)，于是可以计算出：

$$奶牛\ DM\ 进食量(kg/d)=0.062\times600\hat{}0.75+0.4\times30=19.52$$

第二步：查中国奶牛饲养标准，确定各养分进食量列于表 2-10 中。

表 2-10　奶牛的每日养分需要量

	干物质/kg	能量 NND/(Mcal/kg)	粗蛋白/g	钙/g	磷/g
维持需要	7.52	13.78	559	36	27
产奶需要	12	30	2 550	135	90
合计	19.52	43.78	3 109	171	171

注：NND 是一种能量单位。奶牛能量单位(NND)是我国奶牛饲养标准中广泛采用的产奶净能单位。泌乳奶牛的维持需要、产奶需要与体重增加需要的能量累加之和即为总的能量营养需要。

使用 EXCEL 的线性规划法计算出合理的奶牛精料补充料配方(表 2-11)。

表 2-11　奶牛精料补充料配方

原料名称	配方1	配方2	粗蛋白/%	产奶净能/(Mcal/kg)	钙Ca/%	总磷/%	无氮浸出物NFE/%	中性纤维NDF/%	酸性纤维ADF/%	精氨酸Arg/%	赖氨酸Lys/%	蛋氨酸Met/%	胱氨酸Cys/%
玉米	410	430	8.5	1.84	0.02	0.27	70.7	9.3	2.7	0.39	0.24	0.18	0.2
小麦	20	20	13	1.75	0.17	0.41	65.0	13.3	3.9	0.58	0.3	0.25	0.24
大豆饼	50	60	38	1.75	0.31	0.5	30.7	18.1	15.5	2.53	2.43	0.6	0.62
棉籽粕	80	120	43.5	1.54	0.28	1.04	28.9	28.4	19.4	4.65	1.97	0.58	0.68
菜籽粕	20	20	38.6	1.39	0.65	1.02	28.9	20.7	16.8	1.83	1.3	0.63	0.87
花生仁(饼)	20	20	43.0	2.02	0.25	0.53	25.1	14	8.7	4.6	1.32	0.39	0.38
向日葵仁(饼)	40	40	28.0	1.28	0.24	0.87	31.0	41.4	29.6	2.44	0.96	0.59	0.43
玉米蛋白饲料	30	10	21.0	1.7	0.15	0.7	48.0	33.6	10.5	0.77	0.63	0.29	0.33
玉米胚芽饼			16.7	1.75	0.04	1.45	50.8			1.16	0.7	0.31	0.47
苹果渣													
菊花粉	100	50	12.0	1.00									
啤酒糟	150	150	24.5	1.39	0.32	0.42	40.8	39.4	24.6	0.98	0.72	0.52	0.35
糖浆	30	30											
磷酸氢钙	10	8			22	17							
石粉	18	18			38								
食盐	10	10											
氯化钾	1	1											

续表 2-11

原料名称	配方1	配方2	粗蛋白/%	产奶净能/(Mcal/kg)	钙 Ca/%	总磷/%	无氮浸出物 NFE/%	中性纤维 NDF/%	酸性纤维 ADF/%	精氨酸 Arg/%	赖氨酸 Lys/%	蛋氨酸 Met/%	胱氨酸 Cys/%
氧化镁	0.5	0.5											
甜味剂	0.1	0.1											
莫能霉素 15%	0.2	0.2											
脲酶抑制剂	0.5	0.5											
专用复合酶	1	1											
双乙酸钠	1.5	2											
小苏打	10	15											
多维	0.25	0.25											
微量	2	2											
膨润土	10	10											
合计	1 015	1 019											
营养成分　配方 1			17.1	1.5	1.0	0.5	43.4	16.3	9.1	1.1	0.6	0.3	0.3
营养成分　配方 2			18.31	1.483	0.983	0.541	45.09	17.04	9.804	1.247	0.684	0.307	0.302

任务四　全价配合饲料的设计与生产

【学习目标】

学会猪、鸡全价料的配方设计及生产加工。

【操作与实施】

35～60 kg 体重瘦肉型育肥猪全价料的配方设计。

一、全价料配方设计原则

单胃非草食动物的全价料配方设计与生产的程序是类似，饲料配方设计要符合以下原则。

(一)营养性

配合饲料能够满足动物生产的营养需要,保证动物对能量、蛋白质及氨基酸、矿物质、维生素等重要营养物质的需求。在各种营养物质的搭配过程中,还要掌握以满足能量需求为第一原则,另外要考虑蛋白质、氨基酸、矿物质和维生素的需要。这就要根据动物的不同品种、不同生长阶段、不同环境、不同饲养目标制定合适的营养标准。

(二)经济性

据统计饲料成本在养殖业生产中成本中占70%左右的比例,因此,节约饲料成本就提高了养殖效益。从原料准备到加工储存都要精心计算,在满足畜禽营养需要的前提下,尽量选择当地的饲料原料,并考虑原料营养成分含量之间的互补。例如在选择钙源饲料时能就地取材绝不舍近求远增加运输成本,当地石粉资源丰富就选择石粉做钙源饲料,当地贝壳资源丰富就选择贝壳做钙源饲料。

(三)安全性与适口性

饲料要做到对人畜安全,违禁药物和添加剂不得使用。另外,要考虑饲料原料中的抗营养因子,以免影响动物对营养物质的吸收。饲料原料和加工贮存条件要卫生干燥,防止污染。注意饲料的适口性、容积等因素,保证动物能随意采食。

二、全价料配方设计步骤

以35～60 kg体重瘦肉型育肥猪的全价料配方设计为例加以阐述说明。

第一步:确定营养需要标准。

不同国家、不同动物品种有不同的营养标准,根据自己的饲养畜种的特点选择合适的饲养标准,这里以我国(NY/T—65—2004)饲养标准为参考,查得35～60 kg的生长育肥猪的营养需要见表2-12。

表2-12　35～60 kg的生长育肥猪的营养需要

消化能/(MJ/kg)	粗蛋白质/%	钙/%	磷/%	赖氨酸/%	蛋氨酸+胱氨酸/%
12.97	14.0	0.50	0.41	0.56	0.37

第二步:确定饲料原料及原料中各种营养成分的含量。查中国饲料成分及营养价值表(2013年第24版),将查得的饲料原料营养成分整理为表2-13。

表 2-13 原料的营养成分表

饲料名称	消化能/(MJ/kg)	粗蛋白质/%	钙/%	有效磷/%	赖氨酸/%	蛋氨酸+胱氨酸/%
玉米	14.27	8.7	0.02	0.09	0.24	0.38
麸皮	9.37	15.7	0.11	0.28	0.58	0.39
豆粕	13.51	41.8	0.31	0.21	2.99	1.41
棉籽粕	9.92	36.3	0.21	0.38	1.56	1.24
石粉			38			
磷酸氢钙			26.0	18.0		

第三步:设计配合饲料初配方。

饲料配方设计常用的有试差法、方形法、代数法三种方式。比较容易掌握的是前两种方法,这里分别介绍前两种设计方法。

试差法:试差法是中小型饲料厂和养殖场经常采用的方法。前提是根据以往经验有一个自定的饲料配方,然后计算该饲料配方中,各类营养成分的含量是否能满足动物的营养需求,如果不能满足,需要经过反复调整各类饲料的用量,直至饲料配方能接近营养标准。例如:根据以往经验将 35～60 kg 育肥猪的饲料配方初步设定为表 2-14。

表 2-14 35～60 kg 育肥猪的饲料初配方

原料	用量	消化能/(MJ/kg)	粗蛋白质/%	钙/%	有效磷/%	赖氨酸/%	蛋氨酸+胱氨酸/%
玉米	0.600	8.562	5.220	0.012	0.054	0.144	0.228
麸皮	0.090	0.843	1.413	0.001	0.025	0.052	0.035
豆粕	0.185	2.500	7.733	0.057	0.039	0.553	0.261
棉籽粕	0.090	0.893	3.267	0.019	0.034	0.140	0.112
食盐	0.003						
合计	0.968	12.798	17.630	0.089	0.152	0.889	0.636
营养标准		12.970	14.000	0.500	0.410	0.560	0.370
与标准差		−0.172	3.63	−0.411	−0.258	0.329	0.266

通过计算可见:这个初拟配方中粗蛋白质、赖氨酸、蛋氨酸+胱氨酸都高于营养标准,而消化能、钙和有效磷则低于营养标准。这种高蛋白的饲料会提高饲料成本,造成饲料的浪费。因此,可以先调整降低蛋白质标准。这样,就要由蛋白质低的饲料来代替蛋白质含量高的饲料,由于玉米蛋白质含量低,成本也比较低,而且,

它们的粗蛋白质含量相差较大。由于玉米的消化能高于豆粕，所以，由玉米代替豆粕还能提高配合饲料的消化能。参考玉米和豆粕的粗蛋白含量，可见，每使用1%的玉米代替豆粕，可使蛋白质降低0.33%[(41.8－8.7)/100]，3.63%÷0.33%＝11，因此，可以由饲料中11%的玉米代替11%的豆粕。这样调整后的饲料配方及各养分的含量见表2-15。

表2-15 初步调整后的35～60 kg体重育肥猪饲料配方及养分含量

原料	用量	消化能/(MJ/kg)	粗蛋白质/%	钙/%	有效磷/%	赖氨酸/%	蛋氨酸＋胱氨酸/%
玉米	0.710	10.132	6.177	0.014	0.064	0.170	0.270
麸皮	0.090	0.843	1.413	0.001	0.025	0.052	0.035
豆粕	0.075	1.013	3.135	0.023	0.016	0.224	0.106
棉籽粕	0.090	0.893	3.267	0.019	0.034	0.140	0.112
食盐	0.003						
合计	0.968	12.881	14.992	0.057	0.139	0.586	0.523
营养标准		12.970	14.000	0.500	0.410	0.560	0.370
与标准差		－0.089	－0.008	－0.443	－0.271	0.026	0.153

经豆粕与玉米调整后的饲料配方中，粗蛋白和消化能接近营养标准，赖氨酸和蛋氨酸、胱氨酸能满足需要。钙和有效磷不能满足需求，由磷酸氢钙补充磷，石粉再补充钙。计算方法在前面钙磷饲料补充中已经详细讲解。经计算，可知磷酸氢钙需补充：0.258%÷18%＝1.4%。

1.4%×26%＝0.36%，尚添加石粉比例为(0.443%－0.36%)÷38%＝0.22%。调整后的饲料配方为表2-16。

表2-16 进一步调整后35～60 kg体重育肥猪饲料配方及养分含量

原料	用量	消化能/(MJ/kg)	粗蛋白质/%	钙/%	有效磷/%	赖氨酸/%	蛋氨酸＋胱氨酸/%
玉米	0.710	10.132	6.177	0.014	0.064	0.170	0.270
麸皮	0.090	0.843	1.413	0.001	0.025	0.052	0.035
豆粕	0.075	1.013	3.135	0.023	0.016	0.224	0.106
棉籽粕	0.090	0.893	3.267	0.019	0.034	0.140	0.112
食盐	0.003						
磷酸氢钙	0.014			0.364	0.252		
石粉	0.002			0.076			
合计	0.987	12.881	14.992	0.497	0.391	0.586	0.523
营养标准		12.970	14.000	0.500	0.410	0.560	0.370
与标准差		－0.089	－0.008	－0.003	－0.009	0.026	0.153

由此，所得饲料配方与营养标准比较接近，试差法的缺点是：需要反复调整，计算较多。到此为止，这个全价料配方中，各种原料的总和为 0.987，而未达到 1，剩余的 0.013 由维生素、微量元素和其他添加剂补充。这些饲料也就是预混料，但是，它们含量较低，对于饲料配方的影响偏小。一般在饲料中的含量为 0.5%～1%。至于维生素和微量元素的组成和添加剂量，见预混料的配方设计。

方形法：方形法又称交叉法、对角线法，在饲料原料种类对多，考虑营养指标较少的情况下，可以获得比较理想的饲料配方，也比较适合小型饲料厂和养殖户使用。

例：用玉米、麸皮、豆粕、棉籽粕、磷酸氢钙、石粉为 35～60 kg 育肥猪设计配合饲料。

前两步与试差法相同，列出供参考的营养标准和饲料原料中的营养成分含量，接下来用方形法计算饲料配方。

首先，计算各种原料及拟配饲料的粗蛋白质与能量比。如玉米的粗蛋白质为 8.7%（1 kg 玉米的粗蛋白为 87 g），消化能为 14.27 MJ/kg，那么玉米的蛋白质能量比为：87/14.2。

同理，麸皮：157/9.37＝16.76；豆粕：418/13.51＝30.94；棉籽粕：363/9.92＝36.59；拟配饲料：140/12.97＝10.79。

其次，分别将蛋白能量比偏高的与偏低的分成两组，将能量蛋白比偏高和偏低的组成一对组合，将其数值放在四边形的左侧，将拟配饲料的蛋白能量比放在四边形的对角线上，分别计算原料的蛋白能量比与拟配饲料的蛋白能量比的差值，将差值写在四边形相应的位置上。

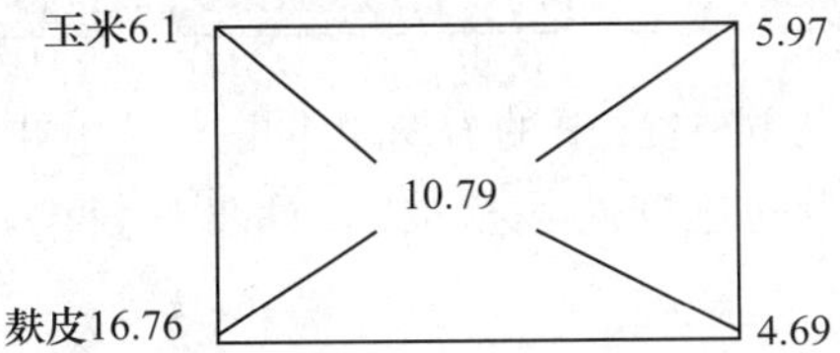

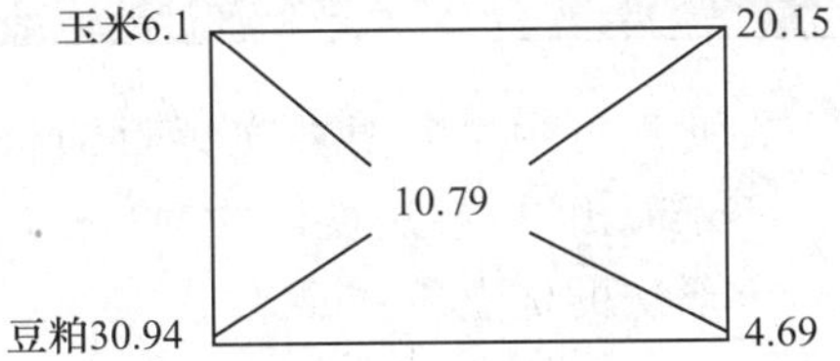

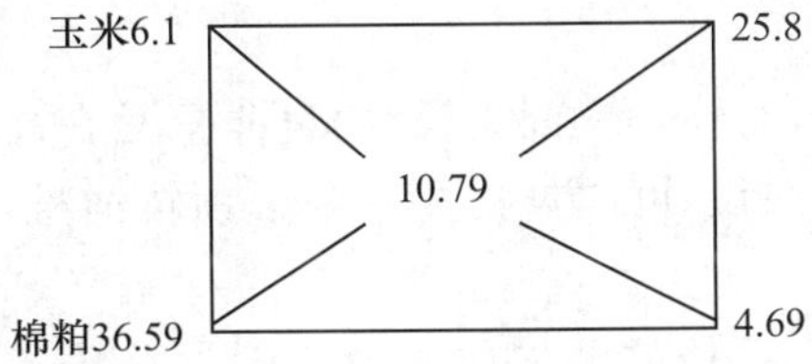

图中数据计算说明：
5.97=16.76－10.79
4.69=10.79－6.1
其他数据算法相同

再次,将三个四方形右侧的数据求和 5.97+4.69+20.15+4.69+25.8+4.69=65.99。

玉米所占的蛋白能量比份数为:5.97+20.15+25.8=51.92,(所占的份数比为 51.92/65.99)麸皮、豆粕、棉粕为 4.69(所占的份数为 4.69/65.99),也就是说,用 51.92 MJ 的玉米和 4.69 MJ 的麸皮、豆粕、棉粕可以配成蛋白能量比为 10.79 的饲料。由于拟配饲料的消化能标准是 12.97 MJ,那么,由玉米、麸皮、豆粕、棉粕分别提供的消化能分别为:玉米 51.92/65.99×12.97=10.20(MJ);麸皮、豆粕、棉粕均为 4.69/65.99×12.97=0.92(MJ)

再将代谢能除以原料的消化能含量(MJ/kg)就是各原料的添加用量。

玉米:10.20/14.27=0.715(kg)麸皮:0.92/9.37=0.098(kg)豆粕:0.92/13.51=0.068(kg)。

棉粕:0.92/9.92=0.093(kg)。将原料中的营养成分含量列入表 2-17。

表 2-17 方形法计算的 35～60 kg 育肥猪饲料配方及营养成分含量

原料	用量	消化能/(MJ/kg)	粗蛋白质/%	钙/%	有效磷/%	赖氨酸/%	蛋氨酸+胱氨酸/%
玉米	0.715	10.203	6.22	0.014	0.064	0.172	0.271
麸皮	0.098	0.918	1.539	0.011	0.027	0.057	0.038
豆粕	0.068	0.919	2.842	0.021	0.014	0.203	0.096
棉籽粕	0.093	0.923	3.376	0.020	0.035	0.145	0.115
食盐	0.003						
合计	0.977	12.963	13.977	0.045	0.140	0.577	0.520
营养标准		12.970	14.000	0.500	0.410	0.560	0.370
与标准差		−0.007	−0.003	−0.455	−0.27	0.017	0.140

在此配方中还需要补充钙磷饲料,方法与试差法中的补充相同,这里不再赘述。不难看出,方形法设计的饲料配方比较容易达到营养标准,计算步骤较少,这也是方形法的优点所在。

三、蛋鸡的全价料的配方设计

蛋鸡生产过程中,雏鸡饲料与育成鸡饲料与猪饲料配方设计相同,只是在高产蛋鸡饲料配方时,需要添加的钙源饲料较多,在设计配方时,要先考虑钙磷饲料,然后,再计算其他饲料原料的配合比例。

在模块一中已经计算出高产蛋鸡饲料中,石粉的添加比例为 7.5%,骨粉的添加比例为 2.2%,这里就不再重复讲述。如果由玉米、豆粕、棉粕、麸皮来分别补充能量和蛋白质饲料，那么这些原料在饲料配方中所占的比例约为 90%（再减去 0.5%～1%的预混料）。这里用方形法再设计配方如下：

查高峰期蛋鸡营养标准（表 2-18）、（表 2-19）。

表 2-18 高峰期蛋鸡营养需要标准（部分氨基酸）

代谢能/(MJ/kg)	粗蛋白	钙/%	有效磷/%	蛋氨酸/%	蛋氨酸＋胱氨酸/%
11.29	16.5	3.5	0.32	0.32	0.65

表 2-19 原料营养成分表

饲料名称	代谢能/(MJ/kg)	粗蛋白质/%	赖氨酸/%	蛋氨酸＋胱氨酸%
玉米	13.56	8.7	0.24	0.38
麸皮	5.69	15.7	0.58	0.39
豆粕	10.58	47.9	2.99	1.41
棉籽粕	9.04	36.3	1.56	1.24

在蛋鸡饲料中，由于考虑到棉粕饲料中棉酚对产蛋率和蛋黄品质的影响，所以，棉粕的添加剂量不超过 10%，这里先将棉粕的用量限定到 5%，在前面讲述钙磷饲料添加时，已经计算出由石粉、骨粉补充时，它们在配合饲料中的添加比例分别为 2.2%和 7.5%，再加上维生素和微量元素、食盐的添加量，剩余的玉米、豆粕、麸皮的添加剂量大约为 85%。先计算由 5%的棉粕添加到全价料中时，已经加入了 5%×36.3%＝1.815%的粗蛋白。那么，由玉米、麸皮、豆粕组成的混合料粗蛋白的水平应达到(16.5-1.815)÷85%＝17.28 才能满足需求。

根据粗蛋白水平，用方形法计算玉米、麸皮和豆粕的添加比例。

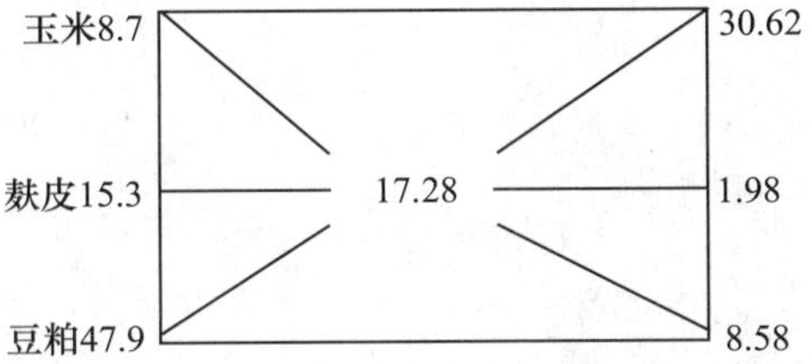

玉米在全价料中的添加比例为 30.62÷(30.62＋1.98＋8.58)×85%＝63.2%。

同理计算出麸皮的比例为 4.09%、豆粕为 17.71%。由此，根据粗蛋白营养标准将高峰期蛋鸡的饲料配方设计为：玉米为 63.2%、麸皮为 4.09%、棉粕为 5%、豆粕为 17.71%、石粉为 7.5%、骨粉为 2.2%。根据组成可计算各种原料中的营养成分含量，如果氨基酸不足，尤其是蛋氨酸不足，可用人工合成的氨基酸补充。如果能量不足，再进行适当调整。借助于计算机以及配方软件，全价料配方设计步骤。

计算机可以代替烦琐的计算过程，理论上的思路与试差法和方形法相同，可以更多地使用饲料原料种类，更多的设计配方计算参数。

四、全价配合料的加工

饲料原料经筛选后，可进行混合加工，在中小型饲料厂，以及自备料的养殖场，加工设备比较简单。基本的设备就是粉碎和混合搅拌设备。如果需要制作颗粒饲料的，还需要有颗粒饲料加工设备。

（一）全价料生产加工流程

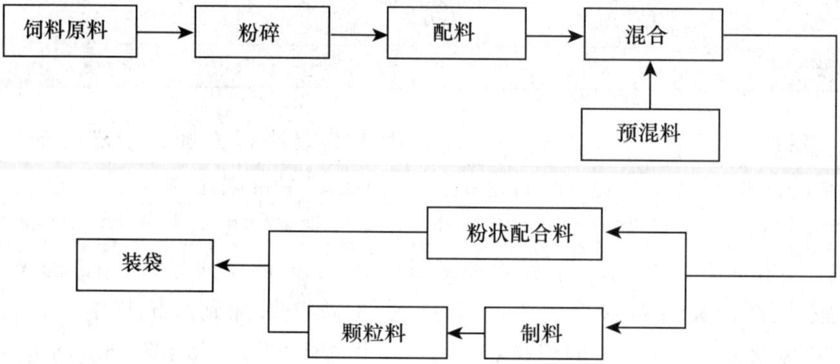

（二）全价料生产加工工艺

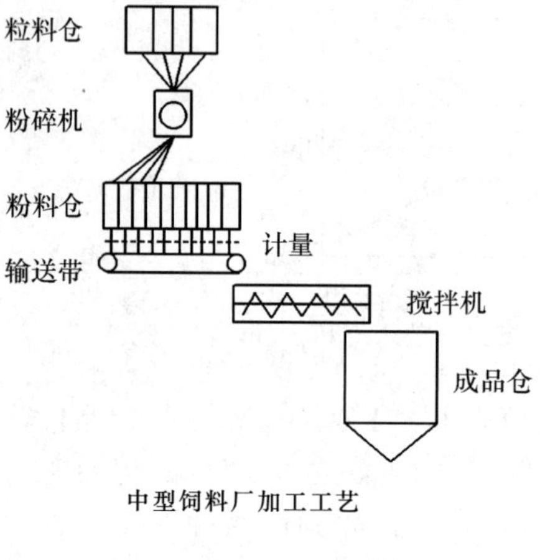

中型饲料厂加工工艺

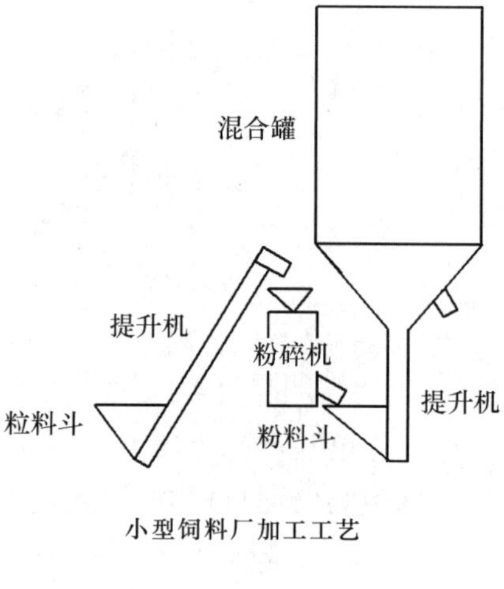

小型饲料厂加工工艺

任务五　牛全混合日粮的生产

【学习目标】

学会牛全混合日粮的配方设计及生产。

【操作实施】

利用 TMR 饲料搅拌机进行牛的全混合日粮的配方设计和生产。

任何饲养方法的最终目标都希望奶牛在恰当的阶段能够采食适量的平衡的营养达到最高的产量、最佳的繁殖率和最大的利润。全混合日粮(TMR)是唯一对大小牛群均适用的、能达到以上目的的饲养方法,它具有如下优点:避免挑食;确定的采食量;便于控制饲料成本;扩大饲料来源等。要达到 TMR 的饲养目的,必须对其关键环节进行科学的管理。

一、干物质采食量(DMI)预测

头胎牛 DMI=-2.12+0.882×泌乳周-0.031×泌乳周 2+0.0003×泌乳周 3+0.016×体重(kg)+0.351×4%脂肪校正奶(kg/d)-1.51×乳脂肪率+0.752×乳蛋白率。

非头胎牛 DMI=0.959+1.051×泌乳周-0.042×泌乳周 2+0.0005×泌乳周 3+0.012×体重(kg)+0.354×4%脂肪校正奶(kg/d)-1.966×乳脂肪率+0.941×乳蛋白率。

如果实际采食量与预测相差在 5%以上,应寻找原因,是采食率问题还是称重或是其他原因,并加以校正。

二、搅拌

搅拌是制作 TMR 的一个最重要的环节,一定要注意称量准确:

(一)称要准确

称不同重量时称子可能会有不同偏差,称应每月校正一次。校正方法为:搅拌机四角各放 50 kg 重的袋子,读出重量;然后当装满 1/3、1/2、满时四角再各放 50 kg 重的袋子,称子读数是否增加 200 kg。

(二)原料水分准确

TMR 饲喂失败的主要原因之一是当原料水分,尤其是青贮、鲜糟、青绿饲料等高湿原料等原料水分发生较大变异时,未对投料量进行校正,因此至少每周测一次原料水分。

(三)投料准确

每批原料投放应有记录,并进行审核。

(四)添加量

每批原料添加量不少于 20 kg。

(五)搅拌

1. 时间

最后一批原料加完后再搅拌 4～5 min。搅拌过长,TMR 太细,有效纤维不足;搅拌时间过短,原料混合不匀。过度搅拌比搅拌不足危害更大。

2. 顺序

对于轴向搅拌机,投料顺序为:谷物—蛋白质饲料—矿物质—青贮—粗料。其他类型搅拌机则不太讲究。

3. 搅拌细度

用颗粒振动筛测定,顶层筛上物重应占样品重的 6%～10%。搅拌细度为颗粒振动筛顶层筛上物重应占样品重的 6%～10%,且筛上物为可食部分,不能为长粗草秆或玉米秆。

4. 搅拌容量

占 90%,可达到最佳搅拌效果。

5. 搅拌均匀

干草搅拌不匀,TMR 中的干草易被母牛挑出,使母牛专挑吃较细的精料而发生酸中毒,故应注意。

6. TMR 中干草用量每天＜5 磅(2.3 kg)/头(图 2-22,图 2-23)

7. 料脚观察

料脚细度、成分应与 TMR 一致,如料脚筛上物重超过 10%,说明母牛在挑食。

图 2-22　TMR 混合日粮的饲喂

图 2-23　TMR 混合饲料机

【知识链接】

预混料产品的特殊性,要求预混料生产工艺与之相适应。要求如下:

1. 最大可能地保护微量成分的活性

预混饲料的微量组分原料大多来自于专业的维生素和微量元素制造公司,从原料选购,接收开始,应注意其理化特性。在混合前,对需处理的原料进行粉碎,除水,稀释,包被,抗静电等预处理。在贮存、加工过程中,一方面要设法保护添加剂组分的原有活性;另一方面要避免不同组分产品间的交叉污染影响。因此,工艺设计时要采取特有的手段,使用专用生产线,最大可能地保护微量成分的活性。

2. 配料精度高,误差小

一般的配合饲料公司处理的对象都是常量原料,其常量成分的变化范围都较大。但是预混料厂和配合饲料厂不同,它所涉及的物料大都是微量成分,用量很少,有的甚至极微量,而且安全剂量与中毒剂量十分接近,如硒、碘、钴等,因此对配料精度要求很高。配料误差小,是生产高质量预混料的前提。为实现这一目标,必须选用高精度的配料器具,如电子秤,设计出合理的称量工艺,例如:采用多级稀释混合,分组配料工艺,对某些级微量成分甚至可在配制室内用微量天平称取,以保证称量精确。

3. 生产工艺要简短

在有利于保证成品质量的前提下,为减少长距离输送而造成污染和分级,预混料生产工艺要简化,缩短路线,减少运送环节,不必对自动化,机械化过于苛求,设备无残留,便于观察,检测,各部位没有死角,这样也比适合我国当前的大部分饲料企业的实际情况。即使在技术较为先进的发达国家,生产规模比较大的预混料厂的生产工艺也往往比较简短。

4. 混合均匀要求高

混合均匀度是反映预混料的一个重要加工质量指标。合理的配料系统，保证了其总量的标准，但很有可能混合不均，仍不能满足配料系统，保证了其总量的准确，但很多可能混合不均，仍不能满足质量指标. 对于预混料，因其为高浓度的中间产品，在后加工中还要不断稀释扩大，因此前段的不均匀，就有可能变成后一段工序的配比不正确。事实上，将从几克到几百千克的各种原料在一周期内混合在一起，并达到较高的均匀度确实比较困难。这就要求既要选择高校，低残留的混合机（如国内的牧羊饲料机械集团和正昌饲料机械公司，以及外企的布勒公司的生产工艺设备），又必须设计合理的混合工艺。除此之外，尚要对原料的理化特性做某些必要的改变以保证上述目标的实现，例如：对载体的粒度，微量组分的强烈吸湿性等要做相应的处理。

5. 防腐蚀性强

在预混料中，除了一部分粮食类原料或其副产品外，其余部分不同程度地呈现出化学活性，有些甚至会产生腐蚀作用，反过来，设备的制造材料也可能会影响某些成分的效价。所以，凡与高浓度活性成分接触的设备，管道和料斗等都宜选用合适材料，如不锈钢等。

6. 包装要求高

包装不仅影响产品形象，而且对预混料的质量也有影响，特别是预混料中的一些微量组分会在贮存过程中逐渐变化，失去活性，为此要求包装材料应采用无毒、无害、结实、防湿、避光的材料，包装严密、美观，严防混杂。

饲料设计生产中应注意：

(1)关注能量浓度以及与其他营养元素。如：氨基酸、矿物质的比例。在应用营养标准时，不要孤立地看待每个数据，更应当理解与注意数据之间的比例关系。

(2)在长期的实际生产中发现，全价配合饲料中的能量浓度，是制约饲料成本的关键因素，更是影响养殖经济效益的关键因素。比如：商品产蛋鸡全价配合饲料中棉粕的使用量，如果超过 5%，成本得以降低，但是每增加 1% 的使用量，在蛋鸡产蛋期的死淘率增加 1%。

(3)饲料碱贮可用系酸力或酸结合能力（acid binding capacity）来表示，它反映出饲料的酸碱缓冲能力的大小。一般定义为 100 g 饲料或原料加入 200 g 去离子水中，用浓度为 1 moL 的盐酸滴定该溶液，当溶液的 pH 达到 4.0 时所消耗盐酸的毫摩尔数。此数值越大，表示该饲料在胃中的碱化作用越强，需要分泌更多胃酸来中和，这对新生幼畜禽消化是不利的，成为近年来对仔猪早期断奶配合饲料关注热点。

(4)近年来,玉米、花生粕等饲料原料在生长、收获季节或存放中的霉变,以及对于霉变的处理,受到饲料厂和养殖场的广泛关注。

奶牛日粮的检测:

1.日粮精粗比

奶牛日粮适宜的精粗比,有利于维持瘤胃的正常 pH,保证奶牛健康和生产水平,以及一定的乳脂率。

NFC/NDF 比:奶牛日粮中非结构碳水化合物(NFC)与中性洗涤纤维(NDF)之比过高或过低,均会影响奶牛的生产性能和健康。2001 年,美国 NRC 将泌乳牛日粮 NDF 水平的最低值定为 25%~33%DM,NFC 水平的最高值定为 36%~44%DM,日粮 NFC 与 NDF 之比为 1.44∶1.33。

粗饲料综合值(RVI 值):粗饲料综合值主要用来评定奶牛日粮的物理特性是否适宜。该指标以每千克日粮干物质所需的咀嚼时间(采食饲料时间和反刍时间之和)来表示,单位是 min/kg 干物质。据报道,生产乳脂率为 3.5%的奶,所需的最低粗饲料综合值为 31 min/kg 干物质;而达到最高乳脂产量的粗饲料综合值,则需 49.3 min/kg 干物质。粗饲料综合值过高会影响产奶量,过低会影响乳脂率以及奶牛健康。粗饲料综合值与日粮中纤维成分含量、组成结构以及粗料长度有关。

2.日粮中各类蛋白比和蛋白能量比

奶牛日粮中各类蛋白质比例是否适宜不仅影响奶牛的蛋白质营养状况,进而影响产奶量;同时,也对控制环境污染和降低饲养成本有重要意义。在考虑日粮降解蛋白的适宜水平时,还必须同时考虑与非结构碳水化合物的匹配关系。最简单的办法就是按每 3.0~3.2 个单位的非结构碳水化合物需要 1 个单位的降解蛋白来估算即可。

3.奶牛干物质采食量

奶牛能否高产除了本身的遗传因素外,饲料采食量起着决定作用。采食量高,从饲料中获得的营养物质多,产奶量高。正常情况下,成年奶牛对干物质摄取量约占体重的 3.0%~3.5%,干奶牛则为 2%。高产奶牛对干物质采食量一般要比普通牛高 40%以上。该项检测的具体做法是:用一些估测奶牛的干物质采食量的公式(AFRC,1990)对奶牛的干物质采食量进行估算,如果实际值远低于估测值则说明奶牛采食量偏低,尚有增加潜力;相反,如果实际值远高于估测值,则表明奶牛饲料利用率偏低,可通过调整精料配方或粗饲料质量或精粗料比来加以改进。

4.日粮阴阳离子差值

日粮阴阳离子差值(DCAD)是指日粮中每千克干物质所含阴阳离子毫摩尔(或毫当量之差),亦称为日粮阴阳离子平衡(DCAB)。近 30 年来,随着反刍动物营养学的深入研究，人们越来越意识到日粮阴阳离子平衡对奶牛健康和生产性能的重要性。目前大多研究认为，以预防乳热症或亚临床低血钙症为目的，奶牛产前3周日粮较适宜的日粮阴阳离子差值为100～200 mmol/kg。而泌乳牛采用阳离子日粮，则有助于增加干物质采食量，提高产奶性能。Block等认为，泌乳早期适宜的日粮阴阳离子差值为400 mmol/kg干物质，泌乳中期为275～400 mmol/kg干物质，犊牛比较适宜的日粮阴阳离子差值为370 mmol/kg干物质。

配制阴离子日粮时，一般先用含硫阴离子盐，如：$MgSO_4$、$(NH_4)_2SO_4$、$CaSO_4$，调整日粮阴阳离子平衡，当硫含量达干物质的0.4%后，再采用含氯阴离子盐（如NH_4Cl、$CaCl_2$等）进行调整，使日粮阴阳离子差值达所需水平。虽然氯盐或盐酸的酸化效果优于硫盐或硫酸，但由于硫的适口性优于氯，因此在调制阴离子日粮时，一般还是先采用含硫阴离子盐。

尿液pH可作为产前奶牛日粮阴阳离子平衡的一个检测指标。当尿液pH大于8.0时，通常为代谢碱中毒，应补充阴离子矿物盐；尿液pH为6.0～7.0，则表明日粮阴阳离子平衡适宜；尿液pH小于5.5则表明日粮阴离子矿物盐添加过量。尿液的检测时间通常是在采食后2～4 h进行。

5. 奶牛乳中尿素氮指标（MUN）

MUN可以反映出日粮蛋白质和碳水化合物在体内的转化情况。一般认为，牛奶中尿素氮正常值为120～160 mg/L，超出这个范围则说明奶牛营养状况有待改进。若结合检测日粮的非结构性碳水化合物、中性洗涤纤维、瘤胃降解蛋白和过瘤胃蛋白平衡状况，则更能说明问题。

牛TMR日粮饲喂注意事项：

1. TMR营养浓度控制

TMR原料应每周化验一次。因为当原料成分变化时，正确的配方也可使TMR迅速变得营养不平衡。例如当青贮玉米干物质从35%变为45%时，蛋白质摄入量仅相差45.4 g，却造成454 g的乳蛋白产量的变异；对于高产牛，粗料干物质减少导致食欲不振、酸中毒等。

2. 部分TMR法 TMR+谷物

最高产的成乳牛或头胎牛，在正常饲喂TMR基础上每天分2～3次额外添加1.4～3.6 kg谷物。TMR+长草：部分牛单独再添加0.9～2.3 kg干草/(头·d)。

3. 饲喂次数

多数牧场为2次/d，天冷时1次/d。增加饲喂次数并不增加干物质采食量，但可提高饲料效率。经常翻料也可达到增加饲喂次数的效果。干奶牛和生长牛1次/d。

4. 饲槽管理

饲槽管理的目标是确保母牛采食新鲜、适口、平衡的 TMR 来获取最大的干物质采食量。干物质采食量是维持牛群高产的关键因素。饲槽管理有以下几方面：

(1) 整个饲槽饲料投放均匀。每只母牛有 46～76 cm 宽的采食空间。

(2)评估饲料分层及料脚情况。饲料尤其粗料、颗粒料应不分层、料脚外观及组成应与 TMR 相近。

(3) 料脚应冰凉新鲜。发现热的发霉料脚应该补饲。所剩料脚应占饲粮的3%～5%，以防止剩料或缺料，料脚应及时出槽。

(4)饲喂技术。饲料每天翻料 2～3 次。空槽时间每天不超过 2～3 h。发料时观察母牛食欲，病牛、跛脚牛往往食欲不佳。料槽光滑有利于采食和清扫。应保持母牛低头采食的良好习惯，低头采食便于唾液吞咽，又可达到最佳采食量，还可避免甩料。在母牛采食最频繁的时间发料。

(5)定期检查水质。

5. 分群

分群方案取决于分几群和吃几种 TMR 日粮。

(1)小群牛(<100 头)只喂一种 TMR，不考虑产量和体况。优点是搅拌单一、减少饲喂工、避免换料时产量受影响。不足之处是饲料成本增加、一些牛(有繁殖问题)过胖、低质饲料应用受限制等。

(2)大群母牛(>100 头)依营养需要及干物质采食量分如下几群：

①新产群。分娩后 1～2 周内或分娩后食欲尚未恢复的新产牛及患病牛。该群不能拥挤，饲槽应充足，以减少抢食和应激。

②高产成乳牛群。饲喂高产 TMR。

③高产头胎牛群。该牛群胆子小、少吃多餐，采食持续时间短。在同一产奶水平下头胎牛干物质采食量比成乳牛低 15%～20%，因此需要单独的饲料配方。

④体况异常牛群。由瘦牛、胖牛及因繁殖障碍导致泌乳期过长的牛组成。

(3)干奶群。可再细分为：

①干奶前期(干奶期头 30～45 d)。依体况可饲喂两种 TMR 日粮。即干奶体况>3.75(5 分制，1 分最瘦，5 分最胖)只饲喂维持型 TMR；体况<3.75 则饲喂增重型 TMR。

②围产期(分娩前 14～21 d)。可逐步饲喂泌乳型 TMR。

【思考与训练】

(1)调查当地市场销售的各种预混料、浓缩料和全价料。

(2)从市场选择一种微量元素预混剂,利用所学的知识判断该预混剂配方是否合理,推荐使用量是否正确。

(3)自己为任何一种动物设计一个饲料配方。

(4)参观一个饲料厂,自己绘制饲料生产加工流程图。

模块三　饲料的质量检验与常规分析

项目一　饲料的质量检验

项目二　饲料的常规分析

【导读】

岗位任务：了解饲料质量检验的常规分析项目、分析方法及意义。

岗位目标：学会饲料中水分、粗纤维、粗蛋白质、粗脂肪、粗灰分的测定技术。

重点：粗蛋白的测定。难点：饲料分析原理。

能力素质要求：培养认真、细心精神；提高鉴别判断能力。

项目一　饲料的质量检验

任务一　饲料样品的采集

【教学目标】

通过学习，掌握各种饲料样本的采样数量、样本制备和保存的方法。

【操作与实施】

从待测饲料原料或产品中获取一定数量、具有代表性样品的过程称为采样。将样品进行干燥、磨碎和混合处理，以便进行理化分析的过程称为样品的制备。样品采集与制备是饲料分析与检测的基础，必须重视。

粉料和颗粒饲料样品的采集

这类饲料包括磨成粉末的各种谷物和糠麸以及配合饲料，或混合饲料、预混料等。

(一)采样工具的准备

粉料和颗粒料通常用探针采样器，锥形袋式取样器，见图 3-1 和图 3-2。

(二)散样料的采集

采样的一般方法，可先采取原始样本，再从原始样本中采取分析样本。对于储藏在仓库中的散装产品的原始样本，采样前先将层表面划分为 6 个等份，在每一部分的四方形对角线的四角和交叉点 5 个不同地方采样。当料层厚度在 0.75 m 以下时，分两层取样，分别在距料层表面 10～15 cm 深处的上层和靠近地面的下层选取。当料层厚度在 0.75 m 以上时，分三层取样，分别在距料层表面 10～15 cm 深

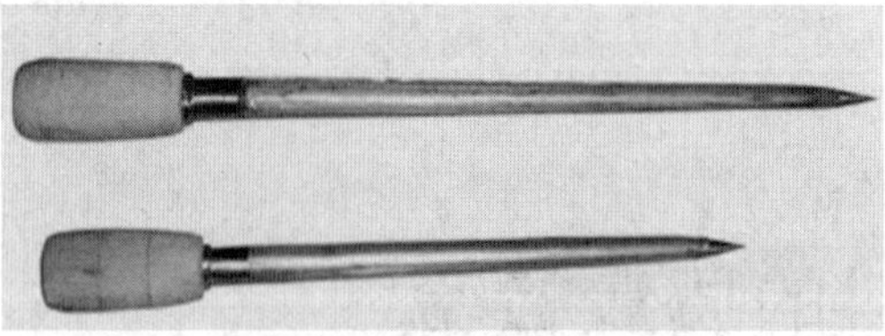

图 3-1 锥形袋式取样器

图片说明：常用于袋装饲料的采集。采样时将取样器的槽口向下插入袋中，然后翻转 180℃，取出样品。

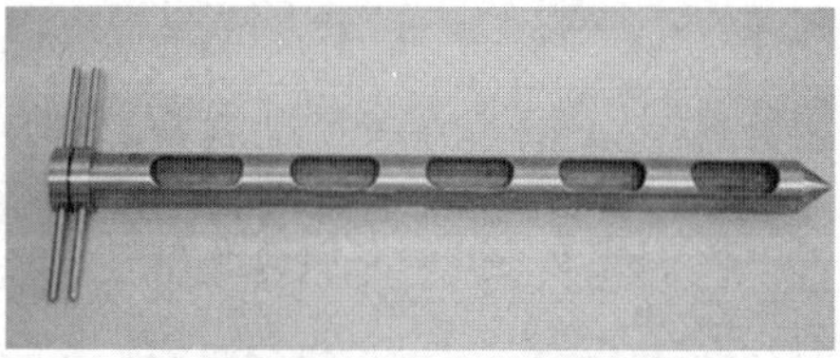

图 3-2 探针采样器

图片说明：常用于散堆料的采集。

处的上层、中层和靠近地面的下层选取。在任何情况下，原始样本都是先从上层，然后是中层、下层选取的。将所抽取的样本混合均匀得原始样品。原始样品一般不少于 2 kg。

用“四分法”获取次级样品或化验样品。四分法操作见图 3-3。

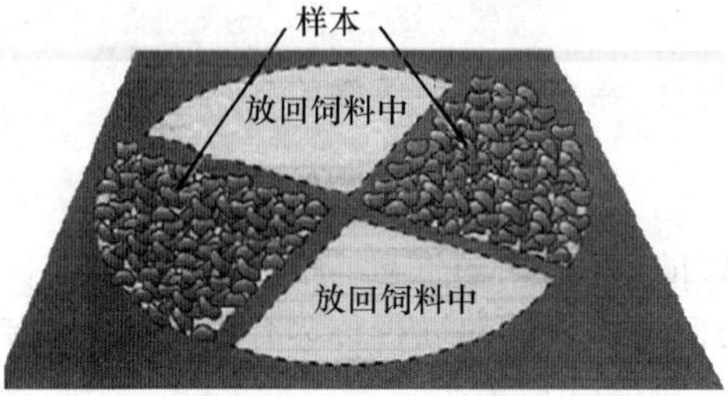

图 3-3 四分法示意图

图片说明：将采集的原始样品或次级样品放在干净的塑料薄膜上，混合均匀并铺成圆形或四方形，经过中心平均分成四份，保留对角两份，去掉两份。按此法反复操作，直至保留分析用量(200～500 g)。

装载工具中散料的采集，可以按五点交叉法采样。具体做法如图 3-4。

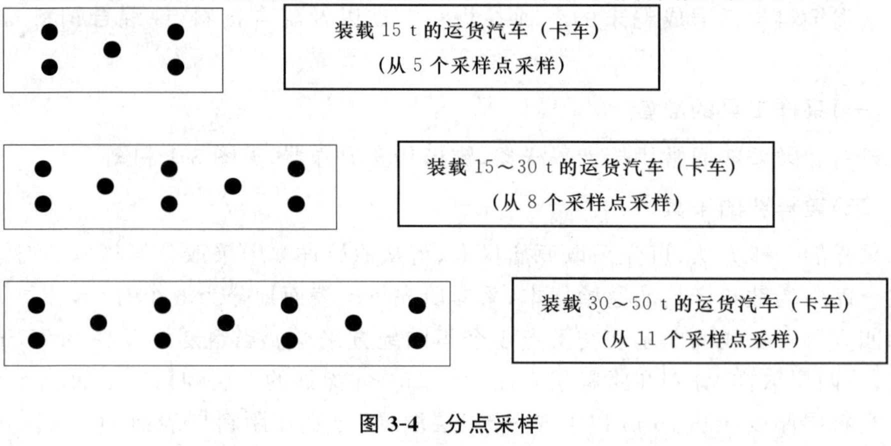

图 3-4 分点采样

(三)袋装料的采集

袋装料采样的袋数取决于总袋数。一般 10 袋以下的需要每袋都取样；总袋数在 100 袋以下的，取样不少于 10 袋；总袋数在 100 袋以上的，每增加 100 袋需增加 1 袋。中小颗粒料如玉米、大麦抽样的袋数不少于总袋数的 5%；粉状饲料抽样的袋数不少于 3%。

取样时，用采样器从口袋的上下两个部位采样，或将料袋平放，将采样器的槽口向下，从袋口的一角按对角线方向插入袋中，然后转动器柄使槽口向上，抽出采样器，取出样品。将每袋取得的样品混合均匀得原始样品，见图 3-5。

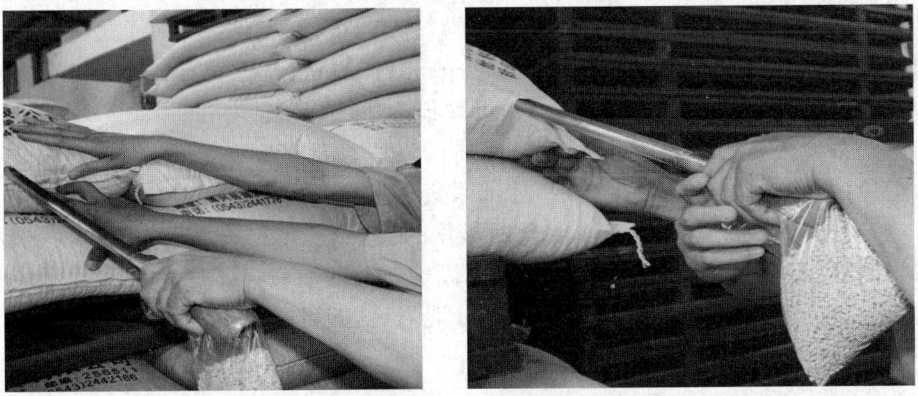

图 3-5　槽口向下(左)、向上(右)插入采样器

(四)配合饲料生产过程中样品的采集

主要针对饲料进入包装车间或成品库的流水线上、传送带上、贮塔下、料斗下、秤上或工艺设备上的原始样本的采集。在饲料确实混合均匀后，可以从混合机的出口处定期取样，并随机掌握取样的间隔。

1. 固体样本采样法

用长柄勺、自动选样器等工具，间隔时间相同，截断落下的饲料流，混合后为原始样品。间隔时间应根据产品移动的速度来确定，同时要考虑到每批选取原始样品的总质量。对于饲料级磷酸盐、动物性饲料和鱼粉应不少于 2 kg，而其他饲料产品则不低于 4 kg。获取原始样品后，用四分法获取次级样品和分析样品。

2. 液体或半固体样本的采样法

(1)采集液体饲料。桶装的植物油等液体饲料应从不同的包装单位中分别取样，然后混合。取样的桶数如下：

7 桶以下：取样桶数不少于 5 桶。

10 桶以下:取样桶数不少于 7 桶。

10~50 桶:取样桶数不少于 10 桶。

51~100 桶:取样桶数不少于 15 桶。

101 桶以上:按不少于总桶数的 15%取样。

所采用的取样工具是空心探针,取样时,先将桶内的液体饲料搅拌均匀,然后将空心探针缓慢地自桶口插至桶底,然后堵压上口提出探针,将液体饲料注入样品瓶内混匀。

对于大桶或池装的液体饲料,需按其高度分上、中、下三层取样,然后混合样品。上层距离液面约 40 cm 处,中层设在液体中间,下层距池底 40 cm 处,三层采样数量的比例为 1∶3∶1(卧式液池)或 1∶8∶1(车槽)。原始样品的数量决定于总量。总量为 500 t 以下,应不少于 1.5 kg;501~1 000 t,不少于 2.0 kg;1 001 t 以上,不少于 4.0 kg。原始样品混匀后,再采集 1 kg 做次级样品备用。

(2)采集固体油脂。在常温下呈固体的动物性油脂,可参照固体饲料采样方法,但原始样品应加热熔化混匀后,才能采集次级样品。

(3)采集黏性液体。糖蜜等富含固形物的黏性料,取样方法比较特殊,一般在装料卸料过程中使用抓勺等工具,每间隔固定时间截取料样。原始样品数量应为:总量 1 t 时,至少采集 1 L。原始样品充分混匀后,即可采集次级样品。

任务二　饲料物理加工指标的检测

【教学目标】

掌握各种饲料的加工过程中,饲料原料的品质检测及加工性状检测。

【操作与实施】

常用的检测方法,以感官检测为主,还包括物理、化学、生物检测。必要时进行仪器分析。

一、感官性状检测

此法是对样品不加以任何处理,直接通过感觉器官进行鉴定。感官检测主要分视觉、味觉、嗅觉、触觉等检测。

(一)视觉检查

观察饲料的形状、色泽、颗粒大小、是否有霉变、结块、异物等。

（二）味觉检查

通过舌舔和牙咬来辨别有无异味和干燥程度。注意不要误尝对人体有害、有毒物质。

（三）嗅觉检查

嗅辨饲料气味是否正常。鉴别是否霉臭、腐臭、氨臭、焦臭等。

（四）触觉检查

取饲料样品于手上，用手指搓捻，通过感触判断饲料的粒度大小、硬度、黏稠性、有无掺杂物和水分含量等。

二、饲料容重测定

容重是指单位体积的饲料所具有的质量，通常以 1 L 体积的饲料质量计。各种饲料原料均具有一定的容重。测定饲料样品的容重，与标准纯品的容重进行对比，可判断原料是否掺有杂物。因此，对饲料样品要做仔细地检查，特别是细粉粒原料。一般来说，掺杂物有时被粉碎得非常小以逃避检查。根据容重测定结果，分析人员可做进一步的观察，如饲料的形状、颜色、粒度、硬度、组织、气味、霉菌和污点等外观鉴别。

容重的测定方法如下：

（一）样品制备

整颗谷粒彻底混合，无须粉碎；颗粒、碎料和粉粒状的饲料必须用效果均匀的粉碎机粉碎。

（二）仪器与设备

粗天平（感量 0.1 g），1 000 mL 量筒 4 个，不锈钢盘（30 cm×40 cm）4 个，小刀、钥匙等。

（三）测定步骤

（1）用四分法取样，然后轻轻将样品放入 1 000 mL 的量筒中，用药匙调整容积到 1 000 mL 刻度为止。放入样品时应轻放，不得打击。

（2）将样品从量筒中倒出并称重。

（3）反复测量 3 次，取平均值，即为该饲料的容重。

项目二　饲料的常规分析

任务一　饲料中水分及干物质含量分析

【教学目标】

通过学习，掌握饲料样本中水分含量的定量方法及的意义。

【操作与实施】

一、测定原理

试样在(105±2)℃烘箱内，在大气压下烘干，直至恒重，逸失的重量为水分，剩下的重量即为干物质的量。

二、准备仪器设备

实验室用样品粉碎机或研钵。

分样筛：孔径 0.45 mm(40 目)。

分析天平：感量 0.000 1 g，如图 3-6 所示。

电热式恒温烘箱：可控制温度为(105±2)℃，如图 3-7 所示。

称样皿：玻璃或铝质，直径 40 mm 以上，高 25 mm 以下。

干燥器：用氯化钙(干燥试剂)或变色硅胶作干燥剂。

图 3-6 分析天平

图 3-7 电热式恒温烘箱

三、试样的选取与制备

(1)选取有代表性的试样,其原始样量应在 1 000 g 以上。

(2)用四分法将原始样品缩减至 500 g,风干后粉碎至 40 目,再用四分法缩至 200 g,装入密封容器,放阴凉干燥处保存。

(3)如试样是多汁的鲜样,或无法粉碎时应预先干燥处理,称取试样 200～300 g,在 105℃烘箱中烘 15 min,立即降至 65℃,烘干 5～6 h,取出后,在室内空气中冷却 4 h,称重,即得风干试样。

四、测定步骤

(1)洁净称样皿,在(105±2)℃烘箱中烘 1 h,取出在干燥器中冷却 30 min,称准至 0.000 2 g,再烘干 30 min,同样冷却,称重,直至两次重量之差小于 0.000 5 g 为恒重。

(2)用已恒重称样皿称取两份平行样,每份 2～5 g 含水量 0.1 g 以上,样品厚度 4 mm 以下,称量准确至 0.000 2 g,不盖称样皿盖,在(105±2)℃烘箱中烘干 3 h,以温度到达 105℃开始计时,取出盖好称样皿盖,在干燥器中冷却 30 min,称重。

(3)再同样烘干 1 h,冷却,称重,直至两次称重之重量差小于 0.002 g。

五、测定结果计算

$$水分=\frac{m_1-m_2}{m_1-m_0}\times100\% \qquad 干物质=1-水分(\%)$$

式中：m_1——105℃烘干前的试样及称样皿的重量，g；

m_2——105℃烘干后试样及称样皿的重量，g；

m_0——已恒重的称样皿的重量，g。

【注意事项】

(1)每个试样应取两个平行样进行测定，以其算术平均值为结果，两个平行样测定值相差不得超过 0.2%，否则应重做。

(2)如果试样进行过预先干燥处理，应按下式计算原来试样的所含水分总量：原试样总水分＝预干燥减重%＋[100－预干燥减重]×风干试样水分%。

(3)某些含脂肪高的样品，烘干时间长反而增重，乃脂肪氧化所致，应以增重前那次重量为准。

(4)含糖分高的易分解或易焦化试样，应使用减压干燥法(70℃，600 mmHg 以下，烘干 5 h)测定水分(1 mmHg＝133.3 Pa)。

任务二　饲料中粗蛋白质的含量测定

【教学目标】

掌握饲料样本中粗蛋白含量的测量原理、操作步骤和计算方法。

【操作与实施】

一、测定原理

饲料中粗蛋白质含量是用凯氏定氮法测定的，(简易装置如图 3-8 所示；全自动设备如图 3-9 所示)试样中的含氮量，在催化剂(如硫酸铜、硫酸钾、硫酸钠或硒粉)作用下，用浓硫酸分解样本中蛋白质与氨化物，使含氮物转化为硫酸铵。加入浓碱进行蒸馏使氨逸出，用硼酸溶液吸收后，再用盐酸或硫酸标准液滴定，即可测出含氮量。根据氮量，乘以换算系数 6.25，即得出样本中粗蛋白质含量。上述过程中的化学反应如下：

$2CH_3CHNH_2COOH + 13H_2SO_4 \rightarrow (NH_4)_2SO_4 + 6CO_2\uparrow + 12SO_2\uparrow + 16H_2O$

$(NH_4)_2SO_4 + 2NaOH \rightarrow 2NH_3\uparrow + 2H_2O + Na_2SO_4$

$4H_3BO_3 + NH_3 \rightarrow NH_4HB_4O_7 + 5H_2O$

$NH_4HB_4O_7 + HCl + 5H_2O \rightarrow NH_4Cl + 4H_3BO_3$

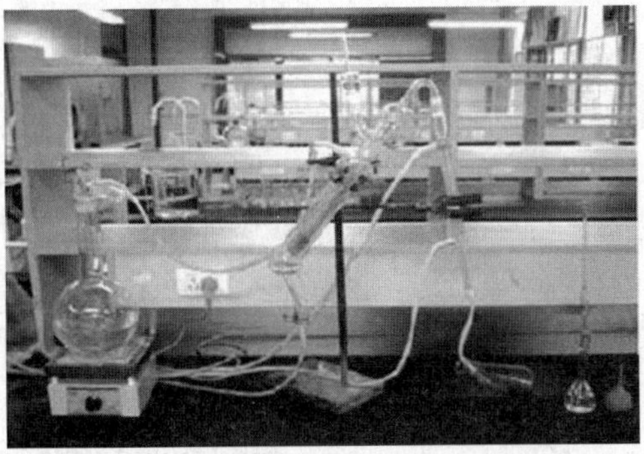

图 3-8　简易凯氏测氮装置

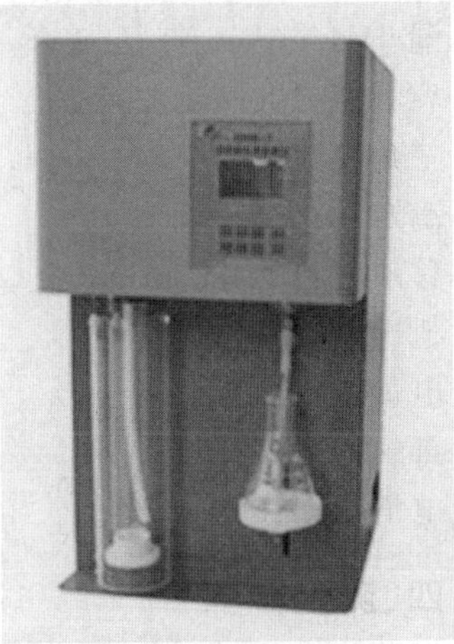

图 3-9　全自动测氮仪

二、试剂

硫酸铜：化学纯，含量为 98%，无氮，0.52 g。

无水硫酸钠：化学纯，10 g。

硫酸(比重 1.84，无氮)：24 mL。

盐酸标准溶液(0.010 0 mol/L)或硫酸标准液(0.005 0 mol/L)，80 mL。

硼酸溶液：1%(溶 1 g 化学纯硼酸于 100 mL 蒸馏水内)，20 mL。

氢氧化钠溶液：40%(溶 40 g 氢氧化钠于 100 mL 蒸馏水内)，40 mL。

甲基红-溴甲酚绿混合指示剂：2 mL(取 20 mL 0.1%甲基红酒精液与 20 mL 0.5%溴甲酚绿酒精液混匀。此混合指示剂在碱性溶液呈蓝色，在中性溶液呈灰色)。

铵氮标准液：0.005 mol/L 硫酸铵液，10 mL(将硫酸铵分析纯试剂放入 105℃烘箱中烘 1 h，在干燥器中冷却。称取 0.661 g 干燥的硫酸铵盐加蒸馏水制备成 1 L)。

三、仪器设备

凯氏烧瓶:100 mL,2 个。

分析天平:1 架。

玻璃珠:6 粒。

量筒:50 mL,1 个。

漏斗:4～6 cm 直径,2 个。

容量瓶:100 mL,2 个。

三角瓶:150 mL,2～6 个。

滴定管:1 支。

移液管:10 或 5 mL,1 支。

凯氏蒸馏器:1 套。

电炉:1 000 W,1 个。

毒气柜:1 架。

电消化架:5 孔,1 架。

四、测定步骤

(一)消化

准确称取风干或半干样本 0.4～1 g(精确至 0.000 2 g),将称样纸卷成筒状,小心无损地将样本放入洗净、烘干、编号的 100 mL 凯氏烧瓶内。

加入无水硫酸钠(或无水硫酸钾)2.5 g,硫酸铜 0.13 g 和浓硫酸 6 mL,再加玻璃珠 2 粒(防消化时液体溅出)。

将凯氏烧瓶放到毒气柜中的消煮炉上加热,开始小火,待样品焦化,泡沫消失后,再加强火力直至呈透明的蓝绿色,继续加热 30 min 即可。

一般饲料消化需 3～4 h,消化过程中产生 SO_2,有刺鼻味,故需在毒气柜中进行。

烧瓶冷却后加蒸馏水 20 mL,摇匀,然后将烧瓶中溶液无损地移入 100 mL 容量瓶内,用蒸馏水冲洗凯氏烧瓶数次,洗液注入容量瓶内,冷却后,加入蒸馏水稀释至刻度,摇匀后供测定氮用。

可另取 100 mL 凯氏烧瓶一个,加入无水硫酸钠 2.5 g,硫酸铜 0.13 g 及硫酸 6 mL,玻璃珠 2 粒,同样消化,制成同样容量的试剂,作为空白试验。

(二)蒸馏

准备好凯氏半微量定氮仪装置,用蒸气洗涤一次。

用量筒取 10 mL 1%硼酸溶液加入 150 mL 三角瓶内，加入 2 滴甲基红-溴甲酚绿混合指示剂，置于蒸馏装置的冷凝管下，使管口浸入硼酸溶液内。

煮沸蒸气发生瓶中蒸馏水。用移液管取 10 mL 样本消化液，由凯氏蒸馏装置上的小玻杯注入反应室，用少量蒸馏水冲洗进样入口，塞好入口玻璃塞，再加入 10 mL 氢氧化钠溶液，小心提起玻璃塞使之流入反应室，将玻璃塞塞好，且在入口处加水密封，防止漏气。

夹紧外套管出口的橡皮管。向反应室吹入蒸气，开始定时。蒸馏 4 min，降下锥形瓶使冷凝管末端离开吸收液面，再蒸馏 1 min，用蒸馏水冲洗冷凝管末端，洗液均流入三角瓶内，然后停止蒸馏。将三角瓶移开蒸馏装置，准备滴定。

蒸馏完毕后，在小玻杯中加满蒸馏水，提起玻棒，水流入反应室，随手夹紧橡皮管以切断电源。反应室中的残液自动吸入反应室外层中，如此冲洗 4 次后将外套管下端出口的橡皮管打开，使反应室外层中的残液排出。待残液排完后，夹紧橡皮管，进行第二次蒸馏，每个样品至少要蒸馏 3 次。

将空白试剂测定的消化液同样处理，测定其中含氮量。

(三)滴定

滴定管装入 0.01 mol/L 盐酸标准液，将移开蒸馏装置的三角瓶用盐酸滴定，瓶中的溶液由蓝色变成灰色为终点。

同样滴定试剂空白消化液中蒸馏出的氨。

五、测定结果计算

$$\text{粗蛋白质}=\frac{(V_2-V_1)c\times 0.0140\times 6.25}{m\,\dfrac{V_3}{V}}\times 100\%$$

式中：V——试样分解液总体积，mL；

V_1——滴定空白时所需标准盐酸溶液体积，mL；

V_2——滴定试样时所需标准盐酸溶液体积，mL；

V_3——试样分解液蒸馏用体积，mL；

m——试样质量，g；

c——盐酸标准溶液浓度，mol/L；

0.014 0——1 mol/L 盐酸标准溶液 1 mL 相当的氮的质量，g。

6.25——氮换算为蛋白质的系数(按每 100 g 粗蛋白质含有 16 g 氮计算)。

【注意事项】

(1)每个试样应取两个平行样进行测定,以其算术平均值为测定结果。

(2)当粗蛋白质含量在25%以上时,允许相对偏差为1%;当粗蛋白质含量为10%~25%时,允许相对偏差为2%;当粗蛋白质含量在10%以下时,允许相对偏差为3%。

(3)在消煮时为防止气泡溅出,开始时炉温应低些,当溶液澄清时可将温度调高。

(4)蒸馏前先检查定氮蒸馏装置是否漏气,在蒸馏过程中,不能使蒸馏漏气,加碱时应小心,冷凝管管口应浸入吸收液中,防止氨损失。

(5)混合指示剂在碱性溶液中呈蓝色,在酸性溶液中呈红色。吸收液滴定终点应为灰色,过量则呈红色。

任务三　饲料中粗脂肪含量测定

【教学目标】

掌握饲料原料中粗脂肪含量的测定原理和测定方法。

【操作与实施】

一、测定原理

饲料的脂肪可溶解于乙醚中,用乙醚反复浸提饲料,溶有脂肪的乙醚流集于盛醚瓶中,而后将乙醚蒸发,瓶中所剩残渣的重量即为饲料的脂肪量。此为索氏测定法的原理。

饲料被乙醚所溶解的物质,除真脂肪外,尚有麦角固醇、胆固醇、脂溶性维生素、叶绿素等。由于所得油脂残渣不纯,故称为粗脂肪。

测定脂肪所用饲料样品必须烘干,因样品中水分可影响乙醚的浸提和蒸发过程。

二、试剂

乙醚:化学纯、无水,200 mL。

氯化钙:工业用,500 g。

凡士林：普通，10 g。

三、仪器设备

索氏脂肪提取器：1 套。如图 3-10 所示。

盛醚瓶：100 mL，1 个。

脱脂滤纸或特制滤纸筒：2 个或 1 个。

脱脂白色棉线：2 根。

干燥器：30 cm 直径，1 个。

分析天平：1 架。

恒温水浴锅：调节温度范围为 30～90℃，8 孔。

烘箱：1 台。

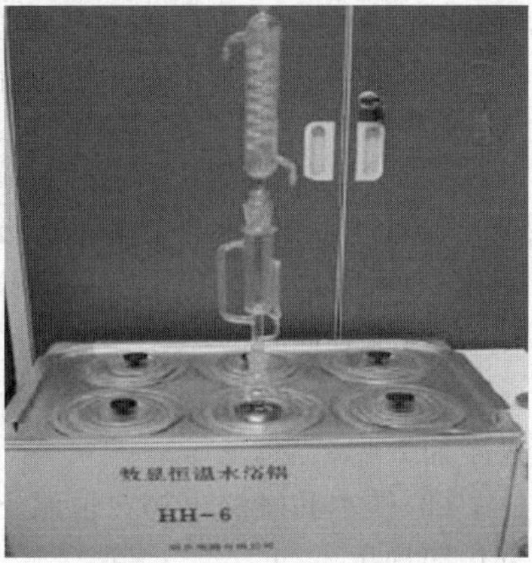

图 3-10　索氏脂肪提取器

四、测定步骤

(1)索氏脂肪提取器由三个部分组成，下部为盛醚瓶，中间为浸提管，上部为冷凝管。冷凝管上端加棉花塞，以防乙醚逸失。

(2)索氏脂肪提取器应干燥无水，抽提瓶中有沸石数粒，在(105±2)℃烘箱中烘干 60 min，干燥器中冷却 30 min，称重，再烘干 30 min，同样冷却称重，两次重量之差小于 0.000 8 g 为恒重。

(3)称取 1～5 g 试样(准确至 0.000 2 g)，于滤纸筒中，或用脱脂滤纸包好，放入 105℃烘箱中，烘干 2 h(或称取测水分后的干试样，折算成风干样品重)，滤纸筒应高于提取器虹吸管的高度，滤纸包长度应以可全部浸泡于乙醚中为准，将滤纸包或滤纸筒放入抽提管，在抽提瓶中加入无水乙醚 60～100 mL，在 60～75℃的水浴上加热，使乙醚回流，控制乙醚回流次数约为 10 次/ h，共回流约 50 次，含油高的试样约 70 次，或检查抽提管流出的乙醚挥发后不留下油迹为抽提终点。

(4)取出试样，仍用原提取器回收乙醚直至抽提瓶全部收完，取下抽提瓶，在水浴上蒸去残留乙醚，擦净瓶外壁，将抽提器放入(105±2)℃烘箱中烘干 2 h，干燥器中冷却 30 min，同样冷却称重，两次重量之差小于 0.000 1 g 为恒重。

五、测定结果计算

$$粗脂肪=\frac{m_1-m_2}{m}\times 100\%$$

式中：m——风干试样重量，g；

m_1——已恒重的抽提瓶重量,g;

m_2——已恒重的盛有脂肪的抽提瓶的重量,g。

【注意事项】

(1)每个试样取两个平行样进行测定,取其算术平均值为结果。

(2)粗脂肪含量在10%以上时,允许相对偏差为3%;粗脂肪含量在10%以下时,允许相对偏差为5%。

样本滤纸包不得漏样,高度不得超过虹吸管高度的2/3,否则因上部脂肪不能提净而影响结果。

(3)样本和醚浸出物在恒温干燥箱中干燥的时间不能过长,反复加热会因脂类氧化而增重。

(4)乙醚易燃烧,在用乙醚提取时,实验室内严禁点酒精灯、擦火柴、吸烟等,以防着火。

任务四 饲料粗纤维含量测定

【教学目标】

掌握饲料样本中粗纤维含量的测定方法。

【操作与实施】

一、测定原理

用浓度准确的酸和碱,在特定条件下消煮样品,再用乙醇除去可溶物,经高温灼烧扣除矿物质的量,所余量称为粗纤维。它不是一个确切的化学实体,只是在公认强制规定的条件下测出的概略养分,其中以纤维素为主,还有少量半纤维素和木质素。

二、试剂

硫酸溶液:400 mL,(0.128±0.005)mol/L,每100 mL含1.25 g纯硫酸。应用氢氧化钠标准溶液标定。

氢氧化钠溶液:400 mL,(0.313±0.005)mol/L,每100 mL含1.25 g氢氧化钠。应用邻苯二甲酸氢钾法标定。

酸洗石棉：市售或自制中等长度酸洗石棉，在 1∶3 的盐酸中煮沸 45 min，过滤后于 550℃烧灼 16 h，用 0.128 mol/L 硫酸浸泡且煮沸 30 min，过滤，用少量硫酸溶液洗一次，烘干后于 550℃烧灼 2 h，其空白试验结果为每克石棉含粗纤维量小于 1 mg。

95%乙醇：化学纯。

乙醚：化学纯。

正辛醇(防泡剂)：分析纯。

三、仪器设备

粗纤维测定仪，如图 3-11 所示。

图 3-11　粗纤维测定仪

三角瓶：500 mL，2 个。

表面皿：盖三角瓶或烧杯用，2 个。

冷凝管：30 cm，2 支。

抽滤瓶：500 mL，2 个。

布氏漏斗：6 cm 直径，2 个。

古氏坩埚：带盖 30 mL，2 个。

古氏坩埚垫：橡胶质，2 个。

小匙勺：1 个。

洗瓶：500 mL，1 个。

玻棒：16 cm 长，1 支。

烧杯：50 mL，1 个。

量筒：200 mL，1 个。

干燥器：30 cm 直径，1 个。

分析天平：1 架。

滤布：2 方(1 方 $=1\ m^3$)。

烧杯：1 000 mL，1 个。

电热板：1 块。

量筒：200 mL，2 个。

橡皮管：壁厚 0.5～0.7 cm，直径 3 cm，1 根。

定时钟：1 只。

烘箱：1 台。

马福炉：1 台。

真空抽气机：1/4 匹马力，1 架(1 匹马力＝0.735 kW)。

四、测定步骤

(1)取1～2 g试样，准确至0.000 2 g，用乙醚脱脂(含脂肪大于10%必须脱脂，含脂肪小于10%可不脱脂)，放入消煮器。

(2)加浓度准确且已沸腾的硫酸溶液200 mL和1滴正辛醇，立即加热，应使其在2 min内沸腾，调整加热器，使溶液连续沸腾30 min，注意保持硫酸浓度不变。试样不应离开溶液粘到瓶壁上。随后抽滤，残渣用沸蒸馏水洗至中性后抽干。

(3)用浓度准确且已沸腾的氢氧化钠溶液将残渣转移到原容器中加至200 mL，同样准确微沸30 min，立即在铺有石棉的古氏坩埚上过滤，先用25 mL硫酸溶液洗涤，残渣无损失的转移到坩埚中，用沸蒸馏水洗至中性，再用15 mL乙醇洗涤，抽干。

(4)将坩埚放入烘箱(130±2)℃下烘干2 h，取出后在干燥器中冷却至室温，称重，再于(550±20)℃高温炉中灼烧30 min，取出后与干燥器中冷却至室温后，称重。

五、测定结果计算

$$粗纤维=\frac{m_1-m_2}{m}\times 100\%$$

式中：m—试样质量，g；

m_1——130℃烘干后坩埚及试样残渣重，g；

m_2——550℃灼烧后坩埚及试样残渣重，g。

【注意事项】

(1)每个试样取两个平行样进行测定，取其算术平均值为结果。

(2)粗纤维含量在10%以下时，允许绝对值相差0.4；粗纤维含量在10%以上时，允许相对偏差为4%。

(3)能量饲料如玉米、大麦等淀粉含量高，在2 g样本中加入0.5 g处理过的石棉，再加硫酸溶液，便于过滤。

(4)为保持三角瓶中硫酸液的容量和浓度不变，瓶口装置冷凝管较为合适，以防水蒸气逸出和酸浓度增加。

(5)制备古氏坩埚时，将制备的石棉放入盛蒸馏水的玻璃瓶内，加水振摇玻璃瓶，使石棉成稀薄的悬液。将混匀的石棉悬液约30 mL倒入坩埚内，使其中的水自动漏出，再用抽滤瓶抽干。将坩埚取下，用眼向有光处检查，如该坩埚内所铺石棉无小孔,即可使用;但石棉层不可太厚,以免不易过滤。

任务五　饲料中粗灰分含量测定

【学习目标】

掌握饲料中粗灰分的测定方法。

【实施操作】

一、测定原理

饲料样本经过高温 550℃的灼烧以后,所剩残渣主要是氧化物、无机盐类等矿物质,也包括混入饲料中的沙石、土等杂质,故称粗灰分。粗灰分用质量百分率表示。

二、仪器设备

实验室用样品粉碎机或研钵。

分析天平:感量 0.000 1 g。

高温炉:可控制炉温在(550±20)℃(图 3-12)。

分样筛:孔径 0.45 mm(40 目)。

瓷坩埚:50 mL。

干燥器:用氯化钙或变色硅胶做干燥剂。

坩埚钳:长柄 45 cm,短柄 25 cm。

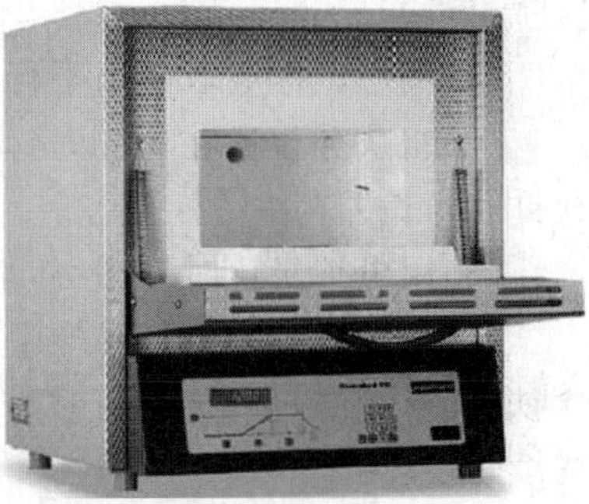

图 3-12　高温炉

三、测定步骤

(一)坩埚的处理

洗净坩埚,用 0.5%氯化铁墨水溶液编号,在(550±20)℃高温炉中灼烧 30 min,待炉温降至 200℃以下时,移入干燥器中冷却 30 min 后称重,如此重复操作至两次重量之差小于 0.000 5 g 为恒重。

(二)称取试样

在已恒重的坩埚中精确称取试样 2～3 g(准确到 0.000 2 g)。

(三)炭化

将装有试样的坩埚放在电炉上，在较低温度状态加热灼烧至无烟状态，然后升温灼烧至样本无炭粒。

(四)灼烧

将炭化好的试样放入高温炉(550±20)℃灼烧 3 h，取出，在空气中冷却约 1 min，放入干燥器中冷却 30 min，称重。再灼烧 1 h，同样冷却称重，直至前后两次重量之差小于 0.000 2 g 为恒重。

四、测定结果计算

$$粗灰分=\frac{m_2-m_0}{m_1-m_0}\times 100\%$$

式中：m_0——恒重空坩埚质量，g；

m_1——坩埚加样本的质量，g；

m_2——炭化灼烧后坩埚加灰分的质量，g。

【注意事项】

(1)每个试样应取两个平行样进行测定，取其算术平均值为结果。

(2)粗灰分含量在5%以上时，允许相对偏差为1%；粗灰分含量在5%以下时，允许相对偏差为5%。

(3)用电炉炭化时应小心，打开坩埚盖少许，以防炭化过快，试样飞溅。

(4)灼烧残渣颜色与试样中各元素含量有关。一般样品灰化完全时为白色，但含铁高时为红棕色，含锰高时为淡蓝色。如炭灰呈灰色，则表明没有灰化完全，需继续灼烧。

(5)炭化后如果还能观察到炭粒，需加蒸馏水或过氧化氢进行处理，继续灼烧 0.5 h。

(6)坩埚加高温后，需炉温将至 200℃以下，并将坩埚钳预热后才能夹取。

【思考与训练】

(1)练习用感官判断饲料加工的均匀度。

(2)饲料水分含量的测定在生产上有什么意义？

(3)非蛋白质氮对饲料粗蛋白含量的测定有影响吗？为什么？

(4)按照国际饲料分类法，可将饲料原料分为八大类，通过哪些分析可以把某种新型饲料原料进行归类？

附　录

附录一　中国饲料成分及营养价值表(2012 年第 23 版中国饲料数据库)(节选)

附录二　鸡的饲养标准

附录三　瘦肉型猪饲养标准

附录一　中国饲料成分及营养价值表(2012年第23版中国饲料数据库)(节选)

附表1　饲料描述及常规成分

序号	中国饲料号	饲料名称	饲料描述	干物质DM/%	粗蛋白质CP/%	粗脂肪EE/%	粗纤维GF/%	无氮浸出物NFE/%	粗灰分Ash/%	中性洗涤纤维NDF/%	酸性洗涤纤维ADF/%	淀粉starch/%	钙Ca/%	总磷P/%	有效磷/%
1	4-07-0278	玉米	成熟,高蛋白质,优质	86.0	9.4	3.1	1.2	71.1	1.2	9.4	3.5	60.9	0.09	0.22	0.09
2	4-07-0288	玉米	成熟,高赖氨酸,优质	86.0	8.5	5.3	2.6	68.3	1.3	9.4	3.5	59.0	0.16	0.25	0.09
3	4-07-0279	玉米	成熟, GB/T 17890—2008, 1级	86.0	8.7	3.6	1.6	70.7	1.4	9.3	2.7	65.4	0.02	0.27	0.11
4	4-07-0280	玉米	成熟, GB/T 17890—2008, 2级	86.0	7.8	3.5	1.6	71.8	1.3	7.9	2.6	62.6	0.02	0.27	0.11
5	4-07-0272	高粱	成熟,NY/T 1级	86.0	9.0	3.4	1.4	70.4	1.3	17.4	8.0	68.0	0.13	0.36	0.12

续附表 1

序号	中国饲料号	饲料名称	饲料描述	干物质 DM/%	粗蛋白质 CP/%	粗脂肪 EE/%	粗纤维 GF/%	无氮浸出物 NFE/%	粗灰分 Ash/%	中性洗涤纤维 NDF/%	酸性洗涤纤维 ADF/%	淀粉 starch/%	钙 Ca/%	总磷 P/%	有效磷/%
6	4-07-0270	小麦	混合小麦,成熟,GB 1351—2008,2 级	88.0	13.4	1.7	1.9	69.1	1.9	13.3	3.9	54.6	0.17	0.41	0.13
7	4-07-0274	大麦(裸)	裸大麦,成熟,GB/T 11760—2008,2 级	87.0	13.0	2.1	2.0	67.7	2.2	10.0	2.2	50.2	0.04	0.39	0.13
8	4-07-0277	大麦(皮)	皮大麦,成熟,GB/T 10367—89,1 级	87.0	11.0	1.7	4.8	67.1	2.4	18.4	6.8	52.2	0.09	0.33	0.12
9	4-07-0281	黑麦	籽粒,进口	88.0	9.5	1.5	2.2	73.0	1.8	12.3	4.6	56.5	0.05	0.30	0.11
10	4-07-0273	稻谷	成熟,晒干,NY/T 2 级	86.0	7.8	1.6	8.2	63.8	4.6	27.4	28.7	—	0.03	0.36	0.15
11	4-07-0276	糙米	除去外壳的大米,GB/T 18810—2002,1 级	87.0	8.8	2.0	0.7	74.2	1.3	1.6	0.8	47.8	0.03	0.35	0.13
12	4-07-0275	碎米	加工精米后的副产品 GB/T 5503—2009,1 级	88.0	10.4	2.2	1.1	72.7	1.6	0.8	0.6	51.6	0.06	0.35	0.12

注:①“—”表示未测值(下同);②“ * ”代表典型值(下同);③空的数据项代表为“0”(下同);④从附表 1 至附表 2 所示所有数据,无特别说明者,均表示为饲喂状态的含量数据。

13	4-07-0479	粟(谷子)	合格,带壳,成熟	86.5	9.7	2.3	6.8	65.0	2.7	15.2	13.3	63.2	0.12	0.30	0.09
14	4-04-0067	木薯干	木薯干片,晒干,GB 10369—89,合格	87.0	2.5	0.7	2.5	79.4	1.9	8.4	6.4	71.6	0.27	0.09	—

续附表 1

序号	中国饲料号	饲料名称	饲料描述	干物质 DM/%	粗蛋白质 CP/%	粗脂肪 EE/%	粗纤维 GF/%	无氮浸出物 NFE/%	粗灰分 Ash/%	中性洗涤纤维 NDF/%	酸性洗涤纤维 ADF/%	淀粉 starch/%	钙 Ca/%	总磷 P/%	有效磷/%
15	4-04-0068	甘薯干	甘薯干片，晒干 NY/T 121—1989 合格	87.0	4.0	0.8	2.8	76.4	3.0	8.1	4.1	64.5	0.19	0.02	—
16	4-08-0104	次粉	黑面，黄粉，下面 NY/T 211—92 1 级	88.0	15.4	2.2	1.5	67.1	1.5	18.7	4.3	37.8	0.08	0.48	0.15
17	4-08-0105	次粉	黑面，黄粉，下面 NY/T 211—92 2 级	87.0	13.6	2.1	2.8	66.7	1.8	31.9	10.5	36.7	0.08	0.48	0.15
18	4-08-0069	小麦麸	传统制粉工艺 GB 10368—89 1 级	87.0	15.7	2.2	6.5	56.0	4.9	37.0	13.0	22.6	0.11	0.92	0.28
19	4-08-0070	小麦麸	传统制粉工艺 GB 10368—89 2 级	87.0	14.3	2.1	6.8	57.1	4.8	41.3	11.9	19.8	0.10	0.93	0.28
20	4-08-0041	米糠	新鲜，不脱脂 NY/T 2 级	87.0	12.8	3.9	5.7	44.5	7.5	22.9	13.4	27.4	0.07	1.43	0.20
21	4-10-0025	米糠饼	未脱脂，机榨 NY/T 1 级	88.0	14.7	4.0	7.4	48.2	8.7	27.7	11.6	30.2	0.14	1.69	0.24
22	4-10-0018	米糠粕	浸提或预压浸提，NY/T 1 级	87.0	15.1	16.5	7.5	53.6	8.8	23.3	10.9	—	0.15	1.82	0.25
23	5-09-0127	大豆	黄大豆，成熟 GB 1352—86 2 级	87.0	35.5	9.0	4.3	25.7	4.2	7.9	7.3	2.6	0.27	0.48	0.4
24	5-09-0128	全脂大豆	微粒化 GB 1352—86 2 级	88.0	35.5	2.0	4.6	25.2	4.0	11.0	6.4	6.7	0.32	0.40	0.14

续附表 1

序号	中国饲料号	饲料名称	饲料描述	干物质 DM/%	粗蛋白质 CP/%	粗脂肪 EE/%	粗纤维 GF/%	无氮浸出物 NFE/%	粗灰分 Ash/%	中性洗涤纤维 NDF/%	酸性洗涤纤维 ADF/%	淀粉 starch/%	钙 Ca/%	总磷 P/%	有效磷/%
25	5-10-0241	大豆饼	机榨 GB 10379—989 2 级	89.0	41.8	17.3	4.8	30.7	5.9	18.1	15.5	3.6	0.31	0.50	0.17
26	5-10-0103	大豆粕	去皮，浸提或预压浸提 NY/T 1 级	89.0	47.9	18.7	3.3	29.7	4.9	8.8	5.3	1.8	0.34	0.65	0.22
27	5-10-0102	大豆粕	浸提或预压浸提 NY/T 1 级	89.0	44.2	5.8	5.9	28.3	6.1	13.6	9.6	3.5	0.33	0.62	0.21
28	5-10-0118	棉籽饼	机榨 NY/ T 129—1989 2 级	88.0	36.3	1.5	12.5	26.1	5.7	32.1	22.9	3.0	0.21	0.83	0.28
29	5-10-0119	棉籽粕	浸提 GB 21264—2007 1 级	90.0	47.0	1.9	10.2	26.3	6.0	22.5	15.3	1.5	0.25	1.10	0.38
30	5-10-0117	棉籽粕	浸提 GB21264—2007 2 级	90.0	43.5	7.4	10.5	28.9	6.6	28.4	19.4	1.8	0.28	1.04	0.36
31	5-10-0220	棉籽蛋白	脱酚，低温一次浸出，分步萃取	92.0	51.1	0.5	6.9	27.3	5.7	20.0	13.7	—	0.29	0.89	0.29
32	5-10-0183	菜籽饼	机榨 NY/T 1799-2009 2 级	88.0	35.7	0.5	11.4	26.3	7.2	33.3	26.0	3.8	0.59	0.96	0.33
33	5-10-0121	菜籽粕	浸提 GB/T 23736—2009 2 级	88.0	38.6	1.0	11.8	28.9	7.3	20.7	16.8	6.1	0.65	1.02	0.35
34	5-10-0116	花生仁饼	机榨 NY/T 2 级	88.0	44.7	7.4	5.9	25.1	5.1	14.0	8.7	6.6	0.25	0.53	0.16
35	5-10-0115	花生仁粕	浸提 NY/T 133—1989 2 级	88.0	47.8	1.4	6.2	27.2	5.4	15.5	11.7	6.7	0.27	0.56	0.17
36	1-10-0031	向日葵仁饼	壳仁比 35∶65 NY/ T 3 级	88.0	29.0	2.9	20.4	31.0	4.7	41.4	29.6	2.0	0.24	0.87	0.22
37	5-10-0242	向日葵仁粕	壳仁比 16∶84 NY/ T 2 级	88.0	36.5	1.0	10.5	34.4	5.6	14.9	13.6	6.2	0.27	1.13	0.29

续附表 1

序号	中国饲料号	饲料名称	饲料描述	干物质 DM /%	粗蛋白质 CP /%	粗脂肪 EE /%	粗纤维 GF /%	无氮浸出物 NFE /%	粗灰分 Ash /%	中性洗涤纤维 NDF /%	酸性洗涤纤维 ADF /%	淀粉 starch /%	钙 Ca /%	总磷 P /%	有效磷 /%
38	5-10-0243	向日葵仁粕	壳仁比 24：76 NY/ T 2 级	88.0	33.6	1.0	14.8	38.8	5.3	32.8	23.5	4.4	0.26	1.03	0.26
39	5-10-0119	亚麻仁饼	机榨 NY/T 2 级	88.0	32.2	7.8	7.8	34.0	6.2	29.7	27.1	11.4	0.39	0.88	—
40	5-10-0120	亚麻仁粕	机榨，CP40%	88.0	34.8	1.8	8.2	36.6	6.6	21.6	14.4	13.0	0.42	0.95	—
41	5-10-0246	芝麻饼	浸提或预压浸提 NY/T 2 级	92.0	39.2	10.3	7.2	24.9	10.4	18.0	1 3.2	1.8	2.24	1.19	0.22
42	5-11-0001	玉米蛋白粉	去胚芽、淀粉后的面筋部分 CP 60 %	90.1	63.5	5.4	1.0	19.2	1.0	8.7	4.6	17.2	0.07	0.44	0.16
43	5-11-0002	玉米蛋白粉	同上，中等蛋白质产品 CP 50%	91.2	51.3	7.8	2.1	28.0	2.0	10.1	7.5	—	0.06	0.42	0.15
44	5- 1 1-0008	玉米蛋白粉	同上，中等蛋白质产品 CP 40%	89.9	44.3	6.0	1.6	37.1	0.9	29.1	8.2	—	0.12	0.50	0.31
45	5 5-11-000	玉米蛋白饲料	玉米去胚芽、淀粉后的含皮残渣	88.0	19.7	7.5	7.8	48.0	5.4	33.6	10.5	21.5	0.15	0.70	0.17
46	4-10-0026	玉米胚芽饼	玉米磨湿后的胚芽，机榨	90.0	16.7	9.6	6.3	50.8	6.6	28.5	7.4	13.5	0.04	0.50	0.15
47	4-10-0244	玉米胚芽粕	玉米磨湿后的胚芽，浸提	89.2	29.8	2.0	6.5	54.8	5.9	38.2	10.7	14.2	0.06	0.50	0.15
48	5-1 1-0007	DDGS	玉米酒精糟及可溶物，脱水	88.0	27.5	10.1	6.6	39.9	5.1	27.6	12.2	26.7	0.05	0.71	0.48
49	5-11-0009	蚕豆粉浆蛋白粉	蚕豆去皮制粉丝后的浆液，脱水	89.7	66.3	4.7	4.1	10.3	2.6	13.7	9.7	—		0.59	0.18

续附表 1

序号	中国饲料号	饲料名称	饲料描述	干物质DM/%	粗蛋白质CP/%	粗脂肪EE/%	粗纤维GF/%	无氮浸出物NFE/%	粗灰分Ash/%	中性洗涤纤维NDF/%	酸性洗涤纤维ADF/%	淀粉starch/%	钙Ca/%	总磷P/%	有效磷/%
50	5-11-0004	麦芽根	大麦芽副产品，干燥	92.4	28.3	1.4	12.5	41.4	6.1	40.0	15.1	7.2	0.22	0.73	—
51	5-13-0044	鱼粉（CP67%）	进口 GB/T 19164—2003 特级	90.0	67.0	8.4	0.2	0.4	16.4				4.56	2.88	2.88
52	5-13-0046	鱼粉（CP60.2%）	沿海产的海鱼粉，脱脂，12样平均值	90.0	60.2	4.9	0.5	11.6	12.8				4.04	2.90	2.90
53	5-13-0077	鱼粉（CP53.5%）	沿海产的海鱼粉，脱脂，11样平均值	88.0	53.5	10.0	0.8	4.9	20.8				5.88	3.20	3.20
54	5-13-0036	血粉	鲜猪血，喷雾干燥	88.0	82.8	0.4		1.6	3.2				0.29	0.31	0.31
55	5-13-0037	羽毛粉	纯净羽毛，水解	88.0	77.9	2.2	0.7	1.4	5.8						
56	5-13-0038	皮革粉	废牛皮，水解	93.0	74.7	0.8	1.6		10.9						
57	5-13-0047	肉骨粉	屠宰下脚、带骨干燥粉碎	94.0	50.0	8.5	2.8		31.7	32.5	5.6		9.20	4.70	4.70
58	5-13-0048	肉粉	脱脂	87.0	54.0	12.0	1.4	4.3	22.3	31.6	8.3		7.69	3.88	3.88
59	1-05-0074	苜蓿草粉（CP19%）	一茬盛花期烘干 NY/T 1 级	87.0	19.1	2.3	22.7	35.3	7.6	36.7	25.0	6.1	1.40	0.51	0.51
60	1-05-0075	苜蓿草粉（CP17%）	一茬盛花期烘干 NY/T 2 级	87.0	17.2	2.6	25.6	33.3	8.3	39.0	28.6	3.4	1.52	0.22	0.22

续附表 1

序号	中国饲料号	饲料名称	饲料描述	干物质 DM/%	粗蛋白质 CP/%	粗脂肪 EE/%	粗纤维 GF/%	无氮浸出物 NFE/%	粗灰分 Ash/%	中性洗涤纤维 NDF/%	酸性洗涤纤维 ADF/%	淀粉 starch/%	钙 Ca/%	总磷 P/%	有效磷/%
61	1-05-0076	苜蓿草粉(CP 14%~15%)	NY/T 3 级	88.0	14.3	2.1	29.8	33.8	10.1	36.8	2.9	3.5	1.34	0.19	0.19
62	5-11-0005	啤酒糟	大麦酿造副产品	91.7	24.3	5.3	13.4	40.8	4.2	39.4	24.6	11.5	0.32	0.42	0.14
63	7-15-0001	啤酒酵母	啤酒酵母菌粉，QB/T 1940—94	94.0	52.4	0.4	0.6	33.6	4.7	6.1	1.8	1.0	0.16	1.02	0.46
64	4-13-0075	乳清粉	乳清，脱水，低乳糖含量	91.0	12.0	0.7		71.6	9.7				0.87	0.79	0.79
65	5-01-0162	酪蛋白	脱水	90.0	84.4	0.6		2.4	3.6				0.36	0.32	0.32
66	5-14-0503	明胶	食用	96.0	88.6	0.5		0.59	0.31				0.49		
67	4-06-0076	牛奶乳糖	进口，含乳糖 80%以上	96.0	3.5	0.5		82.0	10.0				0.52	0.62	0.62
68	4-06-0077	乳糖	食用	90.0	0.3			95.7							
69	4-06-0078	葡萄糖	食用	99.0	0.3			89.7							
70	4-060-079	蔗糖	食用	99.0				98.5	0.5				0.04	0.01	0.01
71	4-02-0889	玉米淀粉	食用	99.0	0.3	0.2		98.5				98.0		0.03	0.01
72	4-17-0001	牛脂		99.0		98.0*		0.5	0.5						
73	4-17-0002	猪油		99.0		98.0*		0.5	0.5						

续附表 1

序号	中国饲料号	饲料名称	饲料描述	干物质 DM/%	粗蛋白质 CP/%	粗脂肪 EE/%	粗纤维 GF/%	无氮浸出物 NFE/%	粗灰分 Ash/%	中性洗涤纤维 NDF/%	酸性洗涤纤维 ADF/%	淀粉 starch/%	钙 Ca/%	总磷 P/%	有效磷/%
74	4-17-0003	家禽脂肪		90.0		98.0*		0.5	0.5						
75	4-17-0004	鱼油		99.0		98.0*		0.5	0.5						
76	4-17-0005	菜籽油		99.0		98.0*		0.5	0.5						
77	4-17-0006	椰子油		99.0		98.0*		0.5	0.5						
78	4-17-0007	玉米油		99.0		98.0*		0.5	0.5						
79	4-17-0008	棉籽油		99.0		98.0*		0.5	0.5						
80	4-17-0009	棕榈油		99.0		98.0*		0.5	0.5						
81	4-17-0010	花生油		99.0		98.0*		0.5	0.5						
82	4-17-0011	芝麻油		99.0		98.0*		0.5	0.5						
83	4-17-0012	大豆油	粗制	99.0		98.0*		0.5	0.5						
84	4-17-0013	葵花油		99.0		98.0*		0.5	0.5						

附录二　鸡的饲养标准

本标准引用中华人民共和国农业行业标准（NY/T 33—2004），适用于专业化养鸡场和配合饲料厂，蛋用鸡营养需要适用于轻型和中型蛋鸡，肉用鸡营养需要适用于专门化培育的品系。

1. 蛋用鸡的营养需要

附表 2　生长蛋鸡营养需要

营养指标 Nutrient	单位 Unit	0～8 周龄 0～8 whs	9～18 周龄 9～18 whs	19 周龄至开产 19 onset of lay
代谢能 ME	MJ/kg （Mcal/kg）	11.91 （2.85）	11.70 （2.80）	11.50 （2.75）
粗蛋白质 CP	%	19.00	15.50	17.00
蛋白/能量 CP/ME	g/MJ （g/Mcal）	15.95 （66.67）	13.25 （55.30）	14.78 （61.82）
赖氨酸/能量 Lys/ME	g/MJ （g/Mcal）	0.84 （3.51）	0.58 （2.43）	0.61 （2.55）
赖氨酸 Lys	%	1.00	0.68	0.70
蛋氨酸 Met	%	0.37	0.27	0.34
蛋氨酸＋胱氨酸 Met＋Cys	%	0.74	0.55	0.64
苏氨酸 Thr	%	0.66	0.55	0.64
色氨酸 Trp	%	0.20	0.18	0.19
精氨酸 Arg	%	1.18	0.98	1.02
亮氨酸 Leu	%	1.27	1.01	1.07
异亮氨酸 Ile	%	0.71	0.59	0.60
苯丙氨酸 Phe	%	0.64	0.53	0.54

续附表 2

营养指标 Nutrient	单位 Unit	0～8 周龄 0～8 whs	9～18 周龄 9～18 whs	19 周龄至开产 19 onset of lay
苯丙氨酸＋酪氨酸 Phe＋Tyr	%	1.18	0.98	1.00
组氨酸 His	%	0.31	0.26	0.27
脯氨酸 Pro	%	0.50	0.34	0.44
缬氨酸 Val	%	0.73	0.60	0.62
甘氨酸＋丝氨酸 Gly＋Ser	%	0.82	0.68	0.71
钙 Ca	%	0.90	0.80	2.00
总磷 Total P	%	0.70	0.60	0.55
非植酸磷 Nonphytate P	%	0.40	0.35	0.32
钠 Na	%	0.15	0.15	0.15
氯 Cl	%	0.15	0.15	0.15
铁 Fe	mg/kg	80	60	60
铜 Cu	mg/kg	8	6	8
锌 Zn	mg/kg	60	40	80
锰 Mn	mg/kg	60	40	60
碘 I	mg/kg	0.35	0.35	0.35
硒 Se	mg/kg	0.30	0.30	0.30
亚油酸 Linoleic acid	%	1	1	1
维生素 A Vitamin A	IU/kg	4 000	4 000	4 000
维生素 D_3 Vitamin D_3	IU/kg	800	800	800
维生素 E Vitamin E	IU/kg	10	8	8
维生素 K Vitamin K	mg/kg	0.5	0.5	0.5
硫胺素 Thiamin	mg/kg	1.8	1.3	1.3
核黄素 Riboflavin	mg/kg	3.6	1.8	2.2
泛酸 Pantothenic acid	mg/kg	10	10	10
烟酸 Niacin	mg/kg	30	11	11
吡哆醇 Pyridoxine	mg/kg	3	3	3
生物素 Biotin	mg/kg	0.15	0.10	0.10
叶酸 Folic acid	mg/kg	0.55	0.25	0.25
维生素 B_{12} Vitamin B_{12}	mg/kg	0.01	0.003	0.004
胆碱 Choline	mg/kg	1 300	900	500

注：根据中型体重鸡制定，轻型鸡可酌减 10%，开产日龄按 5%产蛋率计算。

附表 3 产蛋鸡营养需要

营养指标	单位	开产—高峰期（>85%）	高峰后（<85%）	种鸡
代谢能 ME	MJ/kg （Mcal/ kg）	11.29 （2.70）	11.87	11.29
粗蛋白 CP	%	16.5	15.5	18.0
蛋白能量比 CP/ME	g/MJ （g/ Mcal）	14.61 （61.11）	12.26	15.94
赖氨酸能量比 Lys/ME	g/MJ （g/ Mcal）	0.64 （2.67）	0.61 （2.54）	0.63 （2.63）
赖氨酸 Lys	%	0.75	0.70	0.75
蛋氨酸 Met	%	0.34	0.32	0.34
蛋氨酸 + 胱氨酸 Met+Cys	%	0.65	0.56	0.65
苏氨酸 Ths	%	0.55	0.50	0.55
色氨酸 Trp	%	0.16	0.15	0.16
精氨酸 Arg	%	0.76	0.69	0.76
亮氨酸 Leu	%	1.02	0.98	1.02
异亮氨酸 Ile	%	0.72	0.66	0.72
苯丙氨酸 Phe	%	0.58	0.52	0.58
苯丙氨酸 + 酪氨酸 Phe+Tyr	%	1.08	1.06	1.08
组氨酸 His	%	0.25	0.23	0.25
脯氨酸	%			
缬氨酸 Val	%	0.59	0.54	0.59
甘氨酸 + 丝氨酸 Gly+Ser	%	0.57	0.48	0.57
可利用赖氨酸 Available Lys	%	0.66	0.60	
可利用蛋氨酸 Available Met	%	0.32	0.30	

续附表 3

营养指标	单位	开产—高峰期（>85%）	高峰后（<85%）	种鸡
钙 Ca	%	3.5	3.50	3.5
总磷 Total P	%	0.60	0.60	0.60
非植酸磷 Nonphytate P	%	0.32	0.32	0.32
钠 Na	%	0.15	0.15	0.15
氯 Cl	%	0.15	0.15	0.15
铁 Fe	mg/kg	60	60	60
铜 Cu	mg/kg	8	8	6
锰 Mn	mg/kg	60	60	60
锌 Zn	mg/kg	80	80	60
碘 I	mg/kg	0.35	0.35	0.35
硒 Se	mg/kg	0.30	0.30	0.30
亚油酸 Linoleic Acid	%	1	1	1
维生素 A Vitamin A	IU/kg	8 000	8 000	10 000
维生素 D Vitamin D	IU/kg	1 600	1 600	2 000
维生素 E Vitamin E	IU/kg	5	5	10
维生素 K Vitamin K	mg/kg	0.5	0.5	1.0
硫胺素 Thiamin	mg/kg	0.8	0.8	0.8
核黄素 Riboflavin	mg/kg	2.5	2.5	3.8
泛酸 Pantothenic Acid	mg/kg	2.2	2.2	10
烟酸 Niacin	mg/kg	20	20	30
吡哆醇 Pyridoxine	mg/kg	3.0	3.0	4.5
生物素 Biotin	mg/kg	0.10	0.10	0.15
叶酸 Folic Acid	mg/kg	0.25	0.25	0.35
维生素 B_{12} Vitamin B_{12}	mg/kg	0.004	0.004	0.004
胆碱 Choline	mg/kg	500	500	500

附表 4　生长蛋鸡体重与耗料量

周龄 wks	周末体重/(g/只) BW/(g/brid)	耗料量/(g/只) FI/(g/brid)	累计耗料量/(g/只) Accumulative FI/(g/brid)
1	70	84	84
2	130	119	203
3	200	154	357
4	275	189	546
5	360	224	770
6	445	259	1 029
7	530	294	1 323
8	615	329	1 652
9	700	357	2 009
10	785	385	2 394
11	875	413	2 807
12	965	441	3 248
13	1 055	469	3 717
14	1 145	497	4 214
15	1 235	525	4 739
16	1 325	546	5 285
17	1 415	567	5 852
18	1 505	588	6 440
19	1 595	609	7 049
20	1 670	630	7 679

注：0～8 周龄为自由采食，9 周龄开始结合光照进行限饲。

2. 肉用鸡营养需要量

附表 5 肉用仔鸡的营养需要之一

营养指标 Nutrient	单位 Unit	0～3 周龄 0～3 whs	4～6 周龄 4～6 whs	7 周龄～ 7 whs～
代谢能 ME	MJ/kg (Mcal/kg)	12.54 (3.00)	12.96 (3.10)	13.17 (3.15)
粗蛋白质 CP	%	21.5	20.0	18.0
蛋白/能量 CP/ME	g/MJ (g/Mcal)	17.14 (71.67)	15.43 (64.52)	13.67 (57.14)
赖氨酸/能量 Lys/ME	g/MJ (g/Mcal)	0.92 (3.83)	0.77 (3.23)	0.67 (2.81)
赖氨酸 Lys	%	1.15	1.00	0.87
蛋氨酸 Met	%	0.50	0.40	0.34
蛋氨酸＋胱氨酸 Met＋Cys	%	0.91	0.76	0.65
苏氨酸 Thr	%	0.81	0.72	0.68
色氨酸 Trp	%	0.21	0.18	0.17
精氨酸 Arg	%	1.20	1.12	1.01
亮氨酸 Leu	%	1.26	1.05	0.94
异亮氨酸 Ile	%	0.81	0.75	0.63
苯丙氨酸 Phe	%	0.71	0.66	0.58
苯丙氨酸＋酪氨酸 Phe＋Tyr	%	1.27	1.15	1.00
组氨酸 His	%	0.35	0.32	0.27
脯氨酸 Pro	%	0.58	0.54	0.47
缬氨酸 Val	%	0.85	0.74	0.64
甘氨酸＋丝氨酸 Gly＋Ser	%	1.24	1.10	0.96
钙 Ca	%	1.0	0.90	0.80
总磷 Total P	%	0.68	0.65	0.60

续附表 5

营养指标 Nutrient	单位 Unit	0～3 周龄 0～3 whs	4～6 周龄 4～6 whs	7 周龄～ 7 whs～
非植酸磷 Nonphytate P	%	0.45	0.40	0.35
氯 Cl	%	0.20	0.15	0.15
钠 Na	%	0.20	0.15	0.15
铁 Fe	mg/kg	100	80	80
铜 Cu	mg/kg	8	8	8
锰 Mn	mg/kg	120	100	80
锌 Zn	mg/kg	100	80	80
碘 I	mg/kg	0.70	0.70	0.70
硒 Se	mg/kg	0.30	0.30	0.30
亚油酸 Linoleic acid	%	1	1	1
维生素 A Vitamin A	IU/kg	8 000	6 000	2 700
维生素 D_3 Vitamin D_3	IU/kg	1 000	750	400
维生素 E Vitamin E	IU/kg	20	10	10
维生素 K Vitamin K	mg/kg	0.5	0.5	0.5
硫胺素 Thiamin	mg/kg	2.0	2.0	2.0
核黄素 Riboflavin	mg/kg	8	5	5
泛酸 Pantothenic acid	mg/kg	10	10	10
烟酸 Niacin	mg/kg	35	30	30
吡哆醇 Pyridoxine	mg/kg	3.5	3.0	3.0
生物素 Biotin	mg/kg	0.18	0.15	0.10
叶酸 Folic acid	mg/kg	0.55	0.55	0.50
维生素 B_{12} Vitamin B_{12}	mg/kg	0.010	0.010	0.007
胆碱 Choline	mg/kg	1 300	1 000	750

附表 6　肉用仔鸡的营养需要之二

营养指标 Nutrient	单位 Unit	0～2 周龄 0～2 whs	3～6 周龄 3～6 whs	7 周龄～ 7 whs～
代谢能 ME	MJ/kg (Mcal/kg)	12.75 (3.05)	12.96 (3.10)	13.17 (3.15)
粗蛋白质 CP	%	22.0	20.0	17.0
蛋白/能量 CP/ME	g/MJ (g/Mcal)	17.25 (72.13)	15.43 (64.52)	12.91 (53.97)
赖氨酸/能量 Lys/ME	g/MJ (g/Mcal)	0.88 (3.67)	0.77 (3.23)	0.62 (2.60)
赖氨酸 Lys	%	1.20	1.00	0.82
蛋氨酸 Met	%	0.52	0.40	0.32
蛋氨酸＋胱氨酸 Met＋Cys	%	0.92	0.76	0.63
苏氨酸 Thr	%	0.84	0.72	0.64
色氨酸 Trp	%	0.21	0.18	0.16
精氨酸 Arg	%	1.25	1.12	0.95
亮氨酸 Leu	%	1.32	1.05	0.89
异亮氨酸 Ile	%	0.84	0.75	0.59
苯丙氨酸 Phe	%	0.74	0.66	0.55
苯丙氨酸＋酪氨酸 Phe＋Tyr	%	1.32	1.15	0.98
组氨酸 His	%	0.36	0.32	0.25
脯氨酸 Pro	%	0.60	0.54	0.44
缬氨酸 Val	%	0.90	0.74	0.72
甘氨酸＋丝氨酸 Gly＋Ser	%	1.30	1.10	0.93
钙 Ca	%	1.05	0.95	0.80
总磷 Total P	%	0.68	0.65	0.60
非植酸磷 Nonphytate P	%	0.50	0.40	0.35

续附表 6

营养指标 Nutrient	单位 Unit	0～2 周龄 0～2 whs	3～6 周龄 3～6 whs	7 周龄～ 7 whs～
氯 Cl	%	0.20	0.15	0.15
钠 Na	%	0.20	0.15	0.15
铁 Fe	mg/kg	120	80	80
铜 Cu	mg/kg	10	8	8
锰 Mn	mg/kg	120	100	80
锌 Zn	mg/kg	120	80	80
碘 I	mg/kg	0.70	0.70	0.70
硒 Se	mg/kg	0.30	0.30	0.30
亚油酸 Linoleic acid	%	1	1	1
维生素 A Vitamin A	IU/kg	10 000	6 000	2 700
维生素 D_3 Vitamin D_3	IU/kg	2 000	1 000	400
维生素 E Vitamin E	IU/kg	30	10	10
维生素 K Vitamin K	mg/kg	1.0	0.5	0.5
硫胺素 Thiamin	mg/kg	2	2	2
核黄素 Riboflavin	mg/kg	10	5	5
泛酸 Pantothenic acid	mg/kg	10	10	10
烟酸 Niacin	mg/kg	45	30	30
吡哆醇 Pyridoxine	mg/kg	4.0	3.0	3.0
生物素 Biotin	mg/kg	0.20	0.15	0.10
叶酸 Folic acid	mg/kg	1.00	0.55	0.50
维生素 B_{12} Vitamin B_{12}	mg/kg	0.010	0.010	0.007
胆碱 Choline	mg/kg	1 500	1 200	750

附表 7 肉用仔鸡体重与耗料量

周龄 wks	周末体重/(g/只) BW/(g/bird)	耗料量/(g/只) FI/(g/bird)	累计耗料量/(g/只) Accumulative FI/(g/bird)
1	126	113	113
2	317	273	386
3	558	473	859
4	900	643	1502
5	1 309	867	2 369
6	1 696	954	3 323
7	2 117	1 164	4 487
8	2 457	1 079	5 566

附表 8 肉用种鸡的营养需要

营养指标 Nutrient	单位 Unit	0～6 周龄	7～18 周龄	19 周龄至开产	开产至高峰期（产蛋＞65%）	高峰期后（产蛋＜65%）
代谢能 ME	MJ/kg (Mcal/kg)	12.12 (2.90)	11.91 (2.85)	11.70 (2.80)	11.70 (2.80)	11.70 (2.80)
粗蛋白质 CP	%	18.0	15.0	16.0	17.0	16.0
蛋白/能量 CP/ME	g/MJ (g/Mcal)	14.85 (62.07)	12.59 (52.63)	13.68 (57.14)	14.53 (60.71)	13.68 (57.14)
赖氨酸/能量 Lys/ME	g/MJ (g/Mcal)	0.76 (3.17)	0.55 (2.28)	0.64 (2.68)	0.68 (2.86)	0.64 (2.68)
赖氨酸 Lys	%	0.92	0.65	0.75	0.80	0.75
蛋氨酸 Met	%	0.34	0.30	0.32	0.34	0.30
蛋氨酸＋胱氨酸 Met＋Cys	%	0.72	0.56	0.62	0.64	0.60
苏氨酸 Thr	%	0.52	0.48	0.50	0.55	0.50
色氨酸 Trp	%	0.20	0.17	0.16	0.17	0.16
精氨酸 Arg	%	0.90	0.75	0.90	0.90	0.88
亮氨酸 Leu	%	1.05	0.81	0.86	0.86	0.81
异亮氨酸 Ile	%	0.66	0.58	0.58	0.58	0.58
苯丙氨酸 Phe	%	0.52	0.39	0.42	0.51	0.48
苯丙氨酸＋酪氨酸 Phe＋Tyr	%	1.00	0.77	0.82	0.85	0.80
组氨酸 His	%	0.26	0.21	0.22	0.24	0.21

续附表 8

营养指标 Nutrient	单位 Unit	0～6 周龄	7～18 周龄	19 周龄至开产	开产至高峰期（产蛋＞65%）	高峰期后（产蛋＜65%）
脯氨酸 Pro	%	0.50	0.41	0.44	0.45	0.42
缬氨酸 Val	%	0.62	0.47	0.50	0.66	0.51
甘氨酸＋丝氨酸 Gly＋Ser	%	0.70	0.53	0.56	0.57	0.54
钙 Ca	%	1.00	0.90	2.00	3.30	3.50
总磷 Total P	%	0.68	0.65	0.65	0.68	0.65
非植酸磷 Nonphytate P	%	0.45	0.40	0.42	0.45	0.42
氯 Cl	%	0.18	0.18	0.18	0.18	0.18
钠 Na	%	0.18	0.18	0.18	0.18	0.18
铁 Fe	mg/kg	60	60	80	80	80
铜 Cu	mg/kg	6	6	8	8	8
锰 Mn	mg/kg	80	80	100	100	100
锌 Zn	mg/kg	60	60	80	80	80
碘 I	mg/kg	0.70	0.70	1.00	1.00	1.00
硒 Se	mg/kg	0.30	0.30	0.30	0.30	0.30
亚油酸	%	1	1	1	1	1
维生素 A Vitamin A	IU/kg	8 000	6 000	9 000	12 000	12 000
维生素 D Vitamin D	IU/kg	1 600	1 200	1 800	2 400	2 400
维生素 E Vitamin E	IU/kg	20	10	10	30	30
维生素 K Vitamin K	mg/kg	1.5	1.5	1.5	1.5	1.5
硫胺素 Thiamin	mg/kg	1.8	1.5	1.5	2.0	2.0
核黄素 Riboflavin	mg/kg	8	6	6	9	9
泛酸 Pantothenic acid	mg/kg	12	10	10	12	12
烟酸 Niacin	mg/kg	30	20	20	35	35
吡哆醇 Pyridoxine	mg/kg	3.0	3.0	3.0	4.5	4.5
生物素 Biotin	mg/kg	0.15	0.10	0.10	0.20	0.20
叶酸 Folic acid	mg/kg	1.0	0.5	0.5	1.2	1.2
维生素 B_{12} Vitamin B_{12}	mg/kg	0.010	0.006	0.008	0.012	0.012
胆碱 Choline	mg/kg	1 300	900	500	500	500

附表 9　肉用种鸡体重与耗料量

周龄 wks	周末体重/(g/只) BW/(g/bird)	耗料量/(g/只) FI/(g/bird)	累计耗料量/(g/只) Accumulative FI/(g/bird)
1	90	100	100
2	185	168	268
3	340	231	499
4	430	266	765
5	520	287	1 052
6	610	301	1 353
7	700	322	1 675
8	795	336	2 011
9	890	357	2 368
10	985	378	2 746
11	1 080	406	3 152
12	1 180	434	3 586
13	1 280	462	4 048
14	1 380	497	4 545
15	1 480	518	5 063
16	1 595	353	5 616
17	1 710	588	6 204
18	1 840	630	6 834
19	1 970	658	7 492
20	2 100	707	8 199
21	2 250	749	8 948
22	2 400	798	9 746
23	2 550	847	10 593
24	2 710	896	11 489
25	2 870	952	12 441
29	3 477	1 190	13 631
33	3 603	1 169	14 800
43	3 608	1 141	15 941
58	3 782	1 064	17 005

附录三　瘦肉型猪饲养标准

本标准引用中华人民共和国农业行业标准(NY/T 65—2004),规定了瘦肉型猪对能量、蛋白质、氨基酸、矿物元素和维生素的需要量。适用于配合饲料厂、养猪场和养猪专业户饲养瘦肉型猪的饲粮配制。

1. 生长肥育猪饲养标准

附表 10　生长肥育猪每千克饲粮养分含量(自由采食,88%干物质)[a]

体重 BW/kg	3～8	8～20	20～35	35～60	60～90
平均体重 Average BW/kg	5.5	14.0	27.5	47.5	75.0
日增重 ADG/(kg/d)	0.24	0.44	0.61	0.69	0.80
采食量 ADFI/(kg/d)	0.30	0.74	1.43	1.90	2.50
饲料/增重 F/G	1.25	1.59	2.34	2.75	3.13
饲粮消化能含量 DE/[MJ/kg(kcal/kg)]	14.02 (3.350)	13.60 (3.250)	13.39 (3.200)	13.39 (3.200)	13.39 (3.200)
饲粮代谢能含量 ME/[MJ/kg(kcal/kg)[b]]	13.46 (3.215)	13.06 (3.210)	12.86 (3.070)	12.86 (3.070)	12.86 (3.070)
粗蛋白质 CP/%	21.0	19.0	17.8	16.4	14.5
能量蛋白比 DE/CP/[kJ/%(kcal/%)]	668 (160)	716 (170)	752 (180)	817 (195)	923 (220)
氨基酸能量比 Lys/DE/[g/MJ(g/Mcal)]	1.01 (4.24)	0.85 (3.56)	0.68 (2.83)	0.61 (2.56)	0.53 (2.19)
氨基酸 amino acids[c]/%					
赖氨酸 Lys	1.42	1.16	0.90	0.82	0.70
蛋氨酸 Met	0.40	0.30	0.24	0.22	0.19

续附表 10

体重 BW,kg	3～8	8～20	20～35	35～60	60～90
氨基酸 amino acids[c],%					
蛋氨酸＋胱氨酸 Met＋Cys	0.81	0.66	0.51	0.48	0.40
苏氨酸 Thr	0.94	0.75	0.58	0.56	0.48
色氨酸 Trp	0.27	0.21	0.16	0.15	0.13
异亮氨酸 Ile	0.79	0.64	0.48	0.46	0.39
亮氨酸 Leu	1.42	1.13	0.85	0.78	0.63
精氨酸 Arg	0.56	0.46	0.35	0.30	0.21
缬氨酸 Val	0.98	0.80	0.61	0.57	0.47
组氨酸 His	0.45	0.36	0.28	0.26	0.21
苯丙氨酸 Phe	0.85	0.69	0.52	0.48	0.40
苯丙氨酸＋酪氨酸 Phe＋Tyr	1.33	1.07	0.82	0.77	0.64
矿物质元素 minerals[d]/%，或每千克饲粮含量					
钙 Ca/%	0.88	0.74	0.62	0.55	0.49
总磷 Total P/%	0.74	0.58	0.53	0.48	0.43
非植酸磷 Nonphytate P/%	0.54	0.36	0.25	0.20	0.17
钠 Na/%	0.25	0.15	0.12	0.10	0.10
氯 Cl/%	0.25	0.15	0.10	0.09	0.08
镁 Mg/%	0.04	0.04	0.04	0.04	0.04
钾 K/%	0.30	0.26	0.24	0.21	0.18
铜 Cu/mg	6.00	6.00	4.50	4.00	3.50
碘 I/mg	0.14	0.14	0.14	0.14	0.14
铁 Fe/mg	105	105	70	60	50
锰 Mn/mg	4.00	4.00	3.00	2.00	2.00
硒 Se/mg	0.30	0.30	0.30	0.25	0.25
锌 Zn/mg	110	110	70	60	50

续附表 10

体重 BW, kg	3～8	8～20	20～35	35～60	60～90
维生素和脂肪酸 vitamins and fatty acid[e]/%或每千克饲粮含量					
维生素 A Vitamin A/IU[f]	2 000	1 800	1 500	1 400	1 300
维生素 D_3 Vitamin D_3/IU[g]	220	200	170	160	150
维生素 E Vitamin E/IU[h]	16	11	11	11	11
维生素 K Vitamin K/mg	0.50	0.50	0.50	0.50	0.50
硫胺素 Thiamin/mg	1.50	1.00	1.00	1.00	1.00
核黄素 Riboflavin/mg	4.00	3.50	2.50	2.00	2.00
泛酸 Pantothenic acid/mg	12.00	10.00	8.00	7.50	7.00
烟酸 Niacin/mg	20.00	15.00	10.00	8.50	7.50
吡哆醇 Pyridoxine/mg	2.00	1.50	1.00	1.00	1.00
生物素 Biotin/mg	0.08	0.05	0.05	0.05	0.05
叶酸 Folic acid/mg	0.30	0.30	0.30	0.30	0.30
维生素 B_{12} Vitamin B_{12}/μg	20.00	17.50	11.00	8.00	6.00
胆碱 Choline/g	0.60	0.50	0.35	0.30	0.30
亚油酸 Linoleic acid/%	0.10	0.10	0.10	0.10	0.10

注：[a] 瘦肉率高于 56%的公母混养猪群(阉公猪和青年母猪各一半)。

[b]假定代谢能为消化能的 96%。

[c]3～20 kg 猪的赖氨酸百分比是根据试验和经验数据的估测值，其他氨基酸的需要量是根据其与赖氨酸的比例(理想蛋白质)的估测值；20～90 kg 猪的赖氨酸需要量是结合生长模型、试验数据和经验数据的估测值，其他氨基酸需要量是根据其与赖氨酸的比例(理想蛋白质)的估测值。

[d]矿物质需要量包括饲料原料中提供的矿物质量，对于发育公猪和后备母猪，钙、总磷和有效磷的需要量应提高 0.05～0.1 个百分点。

[e]维生素需要量包括饲料原料中提供的维生素量。

[f]1 IU 维生素 A＝0.344 μg 维生素 A 醋酸酯。

[g]1 IU 维生素 D_3＝0.025 μg 胆钙化醇。

[h]1 IU 维生素 E＝0.67 mg *D*-α-生育酚或 1 mg *DL*-α-生育酚醋酸酯。

2. 母猪饲养标准

附表 11 妊娠母猪每千克饲粮养分含量(自由采食,88%干物质)[a]

妊娠期	妊娠前期 Early pregnancy			妊娠后期 Late pregnancy		
配种体重 BW at mating. kg[b]	120～150	150～180	> 180	120～150	150～180	>180
预期窝产仔数 Litter size	10	11	11	10	11	11
采食量 ADFI/(kg/d)	2.10	2.10	2.00	2.60	2.80	3.00
饲粮消化能含量 DE/[MJ/kg(kcal/kg)]	12.75 (3 050)	12.35 (2 950)	12.15 (2 950)	12.75 (3 050)	12.55 (3 000)	12.55 (3 000)
饲粮代谢能含量 ME/[MJ/kg(kcal/kg)[c]]	12.25 (2 930)	11.85 (2 830)	11.65 (2 830)	12.25 (2 930)	12.05 (2 880)	12.05 (2 880)
粗蛋白质 CP/%[d]	13.0	12.0	12.0	14.0	13.0	12.0
能量蛋白比 DE/CP/[KJ/%(kcal/%)]	981 (235)	1029 (246)	1013 (246)	911 (218)	965 (231)	1045 (250)
氨基酸能量比 Lys/DE/[g/MJ(g/Mcal)]	0.42 (1.74)	0.40 (1.67)	0.38 (1.58)	0.42 (1.74)	0.41 (1.70)	0.38 (1.60)
氨基酸 amino acids/%						
赖氨酸 Lys	0.53	0.49	0.46	0.53	0.51	0.48
蛋氨酸 Met	0.14	0.13	0.12	0.14	0.13	0.12
蛋氨酸+胱氨酸 Met+Cys	0.34	0.32	0.31	0.34	0.33	0.32
苏氨酸 Thr	0.40	0.39	0.37	0.40	0.40	0.38
色氨酸 Trp	0.10	0.09	0.09	0.10	0.09	0.09
异亮氨酸 Ile	0.29	0.28	0.26	0.29	0.29	0.27
亮氨酸 Leu	0.45	0.41	0.37	0.45	0.42	0.38
精氨酸 Arg	0.06	0.02	0.00	0.06	0.02	0.00
缬氨酸 Val	0.35	0.32	0.30	0.35	0.33	0.31
组氨酸 His	0.17	0.16	0.15	0.17	0.17	0.16
苯丙氨酸 Phe	0.29	0.27	0.25	0.29	0.28	0.26
苯丙氨酸+酪氨酸 Phe+Tyr	0.49	0.45	0.43	0.49	0.47	0.44
矿物质元素 minerals[e],%,或每千克饲粮含量						
钙 Ca/%	0.68					
总磷 Total P/%	0.54					
非植酸磷 Nonphytate P/%	0.32					
钠 Na/%	0.14					
氯 Cl/%	0.11					

续附表 11

妊娠期	妊娠前期 Early pregnancy	妊娠后期 Late pregnancy
矿物质元素 minerals[e],%,或每千克饲粮含量		
镁 Mg/%	0.04	
钾 K/%	0.18	
铜 Cu/mg	5.0	
碘 I/mg	0.13	
铁 Fe/mg	75.0	
锰 Mn/mg	18.0	
硒 Se/mg	0.14	
锌 Zn/mg	45.0	
维生素和脂肪酸 vitamins and fatty acid[f],%或每千克饲粮含量		
维生素 A Vitamin A/IU[g]	3620	
维生素 D_3 Vitamin D_3/IU[h]	180	
维生素 E Vitamin E/IU[i]	40	
维生素 K Vitamin K/mg	0.50	
硫胺素 Thiamin/mg	0.90	
核黄素 Riboflavin/mg	3.40	
泛酸 Pantothenic acid/mg	11	
烟酸 Niacin/mg	9.05	
吡哆醇 Pyridoxine/mg	0.90	
生物素 Biotin/mg	0.19	
叶酸 Folic acid/mg	1.20	
维生素 B_{12} Vitamin B_{12}/μg	14	
胆碱 Choline/g	1.15	
亚油酸 Linoleic acid%	0.10	

注:[a] 消化能、氨基酸是根据国内试验报告、企业经验数据和 NRC(1998)妊娠模型得到的。

[b]妊娠前期指妊娠前 12 周,妊娠后期指妊娠后 4 周;"120～150 kg"阶段适用于初产母猪和因泌乳期消耗过度的经产母猪,"150～180 kg"阶段适用于自身尚有生长潜力的经产母猪,"180 kg 以上"指达到标准成年体重的经产母猪,其对养分的需要量不随体重增长而变化。

[c]假定代谢能为消化能的 96%。

[d]以玉米——豆粕型日粮为基础确定的。

[e] 矿物质需要量包括饲料原料中提供的矿物质。

[f]维生素需要量包括饲料原料中提供的维生素量。

[g] 1 IU 维生素 A=0.344 μg 维生素 A 醋酸酯。

[h] 1 IU 维生素 D_3=0.025 μg 胆钙化醇。

[i]1 IU 维生素 E=0.67 mg *D*-α-生育酚或 1 mg *DL*-α-生育酚醋酸酯。

附表 12 泌乳母猪每千克饲粮养分含量(自由采食,88%干物质)[a]

分娩体重 BW post-farrowing/kg	140～180		180～1240	
泌乳期体重变化/kg	0	－10	－7.5	－15
哺乳窝仔数 Litter size/头	9	9	10	10
采食量 ADFI/(kg/d)	5.25	4.65	5.65	5.20
饲粮消化能含量 DE/[MJ/kg(kcal/kg)]	13.80 (3 300)	13.80 (3 300)	13.80 (3 300)	13.80 (3 300)
饲粮代谢能含量 ME/[MJ/kg[b](kcal/kg)]	13.25 (3 170)	13.25 (3 170)	13.25 (3 170)	13.25 (3 170)
粗蛋白质 CP/%[c]	17.5	18.0	18.0	18.5
能量蛋白比 DE/CP/[KJ/%(kcal/%)]	789 (189)	767 (183)	767 (183)	746(178)
氨基酸能量比 Lys/DE/[g/MJ(g/Mcal)]	0.64 (2.67)	0.67 (2.82)	0.66 (2.76)	0.68(2.85)
氨基酸 amino acids/%				
赖氨酸 Lys	0.88	0.93	0.91	0.94
蛋氨酸 Met	0.22	0.24	0.23	0.24
蛋氨酸＋胱氨酸 Met＋Cys	0.42	0.45	0.44	0.45
苏氨酸 Thr	0.56	0.59	0.58	0.60
色氨酸 Trp	0.16	0.17	0.17	0.18
异亮氨酸 Ile	0.49	0.52	0.51	0.53
亮氨酸 Leu	0.95	1.01	0.98	1.02
精氨酸 Arg	0.48	0.48	0.47	0.47
缬氨酸 Val	0.74	0.79	0.77	0.81
组氨酸 His	0.34	0.36	0.35	0.37
苯丙氨酸 Phe	0.47	0.50	0.48	0.50
苯丙氨酸＋酪氨酸 Phe＋Tyr	0.97	1.03	1.00	1.04
矿物质元素 minerals[d]/%,或每千克饲粮含量				
钙 Ca/%	0.77			
总磷 Total P/%	0.62			
非植酸磷 Nonphytate P/%	0.36			
钠 Na/%	0.21			
氯 Cl/%	0.16			

续附表 12

分娩体重 BW post-farrowing/kg	140～180	180～1240
矿物质元素 minerals[d]/%,或每千克饲粮含量		
镁 Mg/%	0.04	
钾 K/%	0.21	
铜 Cu/mg	5.0	
碘 I/mg	0.14	
铁 Fe/mg	80.0	
锰 Mn/mg	20.5	
硒 Se/mg	0.15	
锌 Zn/mg	51.0	
维生素和脂肪酸 vitamins and fatty acid,%或每千克饲粮含量有[e]		
维生素 A Vitamin A/IU[f]	2050	
维生素 D_3 Vitamin D_3/IU[g]	205	
维生素 E Vitamin E/IU[h]	45	
维生素 K Vitamin K/mg	0.5	
硫胺素 Thiamin/mg	1.00	
核黄素 Riboflavin/mg	3.85	
泛酸 Pantothenic acid/mg	12	
烟酸 Niacin/mg	10.25	
吡哆醇 Pyridoxine/mg	1.00	
生物素 Biotin/mg	0.21	
叶酸 Folic acid/mg	1.35	
维生素 B_{12} Vitamin B_{12}/ug	15	
胆碱 Choline/g	1.00	
亚油酸 Linoleic acid/%	0.10	

注:[a]由于国内缺乏哺乳母猪的试验数据,消化能和氨基酸是根据国内一些企业的经验数据和 NRC (1998)泌乳模型得到的。

[b]假定代谢能为消化能的 96%。

[c]以玉米——豆粕型日粮为基础确定的。

[d]矿物质需要量包括饲料原料中提供的矿物质。

[e]维生素需要量包括饲料原料中提供的维生素量。

[f]1 IU 维生素 A=0.344 μg 维生素 A 醋酸酯。

[g]1 IU 维生素 D_3=0.025 μg 胆钙化醇。

[h]1 IU 维生素 E=0.67 mg *D*-α-生育酚或 1 mg *DL*-α-生育酚醋酸酯。

3. 种公猪饲养标准

附表 13　配种公猪每千克饲粮和每日每头养分需要量(自由采食,88%干物质)

饲粮消化能含量 DE/[MJ/kg(kcal/kg)]	12.95(3100)	12.95(3100)
饲粮代谢能含量 ME/[MJ/kg[b](kcal/kg)]	12.45(2975)	12.45(2975)
消化能摄入量 DE/[MJ/kg,(kcal/kg)]	21.70(6820)	21.70(6820)
代谢能摄入量 ME/[MJ/kg(kcal/kg)]	20.85(6545)	20.85(6545)
采食量 ADFI/(kg/d[d])	2.2	2.2
粗蛋白质 CP/%[c]	13.5	13.5
能量蛋白比 DE/CP/[kJ/%(kcal/%)]	959(230)	959(230)
氨基酸能量比 Lys/DE/[g/MJ(g/Mcal)]	0.42(1.78)	0.42(1.78)
氨基酸 amino acids		
赖氨酸 Lys	0.55%	12.1 g
蛋氨酸 Met	0.15%	3.31 g
蛋氨酸+胱氨酸 Met+Cys	0.38%	8.4 g
苏氨酸 Thr	0.46%	10.1 g
色氨酸 Trp	0.11%	2.4 g
异亮氨酸 Ile	0.32%	7.0 g
亮氨酸 Leu	0.47%	10.3 g
精氨酸 Arg	0.00%	0.0 g
缬氨酸 Val	0.36%	7.9 g
组氨酸 His	0.17%	3.7 g
苯丙氨酸 Phe	0.30%	6.6 g
苯丙氨酸+酪氨酸 Phe+Tyr	0.52%	11.4 g
矿物质元素 minerals[e]		
钙 Ca/%	0.70%	15.4 g
总磷 Total P/%	0.55%	12.1 g
有效磷 Nonphytate P/%	0.32%	7.04 g
钠 Na/%	0.14%	3.08 g
氯 Cl/%	0.11%	2.42 g

续附表 13

矿物质元素 minerals[e]		
镁 Mg/%	0.04%	0.88 g
钾 K/%	0.20%	4.40 g
铜 Cu/mg	5 mg	11.0 mg
碘 I/mg	0.15mg	0.33 mg
铁 Fe/mg	80 mg	176.00 mg
锰 Mn/mg	20 mg	44.00 mg
硒 Se/mg	0.15 mg	0.33 mg
锌 Zn/mg	75 mg	165 mg
维生素和脂肪酸 vitamins and fatty acid[f]		
维生素 A Vitamin A/IU[g]	4 000 IU	8 800 IU
维生素 D_3 Vitamin D_3/IU[h]	220 IU	485 IU
维生素 E Vitamin E/IU[i]	45 IU	100 IU
维生素 K Vitamin K/mg	0.5 mg	1.10 mg
硫胺素 Thiamin/mg	1.0 mg	2.20 mg
核黄素 Riboflavin/mg	3.5 mg	7.70 mg
泛酸 Pantothenic acid/mg	12 mg	26.4 mg
烟酸 Niacin/mg	10 mg	22 mg
吡哆醇 Pyridoxine/mg	1.0 mg	2.20 mg
生物素 Biotin/mg	0.2 mg	0.44 mg
叶酸 Folic acid/mg	1.30 mg	2.86 mg
维生素 B_{12} Vitamin B_{12}/μg	15 ug	33 ug
胆碱 Choline/g	1.25 g	2.75 g
亚油酸 Linoleic acid/%	0.1%	2.2 g

注：[a] 需要的制定以每日采食 2.2 kg 饲粮为基础，采食量需根据公猪的体重和期望的增重进行调整。

[b]假定代谢能为消化能的 96%。

[c]以玉米——豆粕型日粮为基础确定的。

[d]配种前一个月采食量增加 20%～25%，冬季严寒期采食量增加 10%～20%。

[e]矿物质需要量包括饲料原料中提供的矿物质。

[f]维生素需要量包括饲料原料中提供的维生素量。

[g] 1 IU 维生素 A＝0.344 μg 维生素 A 醋酸酯。

[h] 1 IU 维生素 D_3＝0.025 μg 胆钙化醇。

[I]1 IU 维生素 E＝0.67 mg *D*-α-生育酚或 1 mg *DL*-α-生育酚醋酸酯。

参考文献

[1] 薛志成.氨基酸添加剂在饲料中的合理应用.养殖与饲料.饲料世界,2006(8).
[2] 杨金文.饲用酶制剂的应用现状与作用机理.福建畜牧兽医,2011(33):31-32.
[3] 周安国.陈代文.动物营养学.北京:中国农业出版社,2011.
[4] 冯定远.配合饲料学.北京:中国农业出版社,2014.
[5] 计成.动物营养学,北京:高等教育出版社,2008.
[6] 李德发.范石军.饲料工业手册.北京:中国农业大学出版社,2002.
[7] 田金宝.贾晓波,杨志恒,赵献潮.*L*-赖氨酸的应用、生产及展望.氨基酸和生物资源,2004,26(1):44-46.
[8] 杨凤.动物营养学.北京:中国农业出版社,2001.
[9] 韩友文.饲料与饲料学.北京:中国农业出版社,2001.
[10] 杨志忠,艾克拜尔,丁敏,雷志刚.青贮饲料的优点及制作技术[J].草食家畜:2005,(1):57-58.
[11] 林洪金,史东辉.动物营养与饲料.北京:中国农业科学技术出版社,2010.
[12] 杨久仙,宁金友. 动物营养与饲料加工.北京:中国农业出版社,2006.
[13] 李凤刚. 动物营养与饲料.北京: 中国劳动社会保障出版社, 2011.
[14] 邱以亮. 畜禽营养与饲料.2 版. 北京:高等教育出版社,2006.
[15] 王成章,王恬. 饲料学.北京:中国农业出版社, 2011.
[16] 陈代文. 动物营养与饲料学. 北京: 中国农业出版社,2005.
[17] 尤明珍,张玲. 禽的生产与经营.高等教育出版社,2010.
[18] 吴建华,朱文进. 猪的生产与经营.2 版. 北京:高等教育出版社,2010.
[19] 兰俊宝,王中华. 牛的生产与经营.2 版. 北京:高等教育出版社,2010.
[20] 刘国艳,李华慧.动物营养与饲料.3 版. 北京:中国农业出版社,2014.
[21] 伍璋健,赵玉蓉.美国 DDGS 对生长猪生长性能和血液生化指标的影响.饲料与畜牧,2013(11).